动物科学职教师资本科专业培养资源开发项目（VTNE060）特色教材

动物疫病防控技术

胡仕凤　李　芬　肖调义◎主编

U0349745

中国农业科学技术出版社

图书在版编目（CIP）数据

动物疫病防控技术／胡仕凤，李芬，肖调义主编. --北京：中国农业科学技术出版社，2021.10

ISBN 978-7-5116-5444-1

Ⅰ.①动… Ⅱ.①胡… ②李… ③肖… Ⅲ.①兽疫-防疫 Ⅳ.①S851.3

中国版本图书馆 CIP 数据核字（2021）第 158012 号

责任编辑 　金 迪 　李 华
责任校对 　李向荣
责任印制 　姜义伟 　王思文

出 版 者 　中国农业科学技术出版社
　　　　　　北京市中关村南大街 12 号 　邮编：100081
电 　话 　（010）82109705（编辑室） 　（010）82109702（发行部）
　　　　　　（010）82109709（读者服务部）
传 　真 　（010）82109698
网 　址 　http://www.castp.cn
经 销 者 　各地新华书店
印 刷 者 　中煤（北京）印务有限公司
开 　本 　185 mm×260 mm
印 　张 　15.5 　彩插 　4 面
字 　数 　349 千字
版 　次 　2021 年 10 月第 1 版 　2021 年 10 月第 1 次印刷
定 　价 　85.00 元

《动物科学职教师资本科专业培养资源开发项目（VTNE060）特色教材》

编　委　会

《动物疫病防控技术》
编写人员

主　　编：胡仕凤　李　芬　肖调义

副 主 编：刘道新　钟元春

参编人员：刘振湘　李润成　王贵平

　　　　　尹　崇　李晓云　张佩华

　　　　　彭慧珍　唐　家

前　　言

　　本教材是湖南农业大学承担的教育部动物科学职教师资本科专业培养资源开发项目（VTNE060）的重要成果之一。

　　职业教育是一项特定的、以掌握生产技术和相关专业基础理论知识、专业理论知识和实际应用科学为主的教育形式。它要求从事职业教育的教师应具备教育家、工程师和高级熟练工人三种职业所需要的素质与能力，也就是说，他不仅具备从事职业教育的教育理论，还必须具备专业理论知识和较高的专业技能，具有一定的生产操作能力以及解决生产中出现的实际问题的能力。动物科学是旨在满足人们日益增长的动物性食品需求而进行畜牧业生产与加工及其相关行业生产研究的学科。近年来，随着人们食品安全意识的逐渐增强，健康养殖已经成为现代畜牧业的主导方向，"以养代防、预防为主、防重于治"的现代动物疫病防控理念必须贯穿整个动物饲养过程，所以，对于动物科学职教师资专业的学生来说，在掌握养殖的基本知识和基本技能的同时，还必须具备一定的动物疫病防控的基本知识和基本技能，受此嘱托，谨编此书。

　　该书以《中华人民共和国动物防疫法》（2021年版）和相关的《重大动物疫情应急条例》为依据，紧密结合养殖业生产第一线对动物疫病防控的实际需要，从动物疫病的预防与控制的角度，以畜牧生产过程为主线，设立了8章，除第一章介绍动物疫病基础知识外，其他各章分别介绍了动物饲养管理与疫病预防、消毒与疫病预防、动物引种与检疫、动物免疫与药物预防、动物疫病控制与扑灭、动物疫病实验室检测方法和样品采集、动物疫病防控要点等，最后附录部分介绍了畜禽参考免疫程序。本书具有一定的科学性、先进性和实用性，除可作为相关专业的教材外，也可作为基层畜牧兽医工作者、各种规模养殖场动物疫病防控参考用书。

　　在编写本书过程中，得到了湖南省动物疫病预防控制中心长期从事疫病防控和扑灭工作的专家的悉心指导，同时参考了诸多文献资料，在此一并表示衷心的感谢。

　　由于编者水平有限，时间仓促，教材中尚存在许多缺点与不足，恳请各位专家学者批评指正，促进日后补充完善。

编　者

2021年1月于长沙

目　　录

第一章　动物疫病基础知识

第一节　动物疫病概述

动物疫病主要是指生物性病原引起的动物群发性疾病，包括动物传染病和动物寄生虫病。

一、动物传染病

动物传染病是由致病微生物引起的，具有一定的潜伏期和临床症状，并具有传染性的动物疾病。

（一）传染病病程的发展阶段

传染病的发展过程在大多数情况下具有一定的规律性，大致可以分为潜伏期、前驱期、明显期和转归期四个阶段。

1. 潜伏期

从病原体侵入机体开始至最早临床症状出现为止的期间，称为潜伏期。不同的传染病其潜伏期的长短是不相同的，就是同一种传染病的潜伏期长短也有很大的变动范围。这是由于不同的动物种属、品种或个体的易感性不同，侵入病原体的种类、数量、毒力和侵入途径、部位等不同而出现的差异。

2. 前驱期

从开始出现临床症状，到出现主要症状为止的时期，称为前驱期。其特点是临床症状开始表现出来，如体温升高、食欲减退、精神沉郁、生产性能下降等，但该病的特征性症状仍不明显。

3. 明显（发病）期

前驱期之后，疾病的特征性症状逐步明显地表现出来的时期称为明显期。是疾病发展的高峰阶段，这个阶段因为很多有代表性的特征性症状相继出现，在诊断上比较容易识别。

4. 转归（恢复）期

疾病进一步发展为转归期。如果病原体的致病性增强，或动物体的抵抗力减退，则传染过程以动物死亡为转归。如果动物体的抵抗力增强，临诊症状逐渐消退，正常的生理机能逐步恢复，则传染过程以动物康复为转归。但动物机体在一定时期内仍保留免疫学特性，有些传染病在一定时期内还有带菌（毒）、排菌（毒）现象存在。

（二）动物传染病流行过程的基本环节

动物传染病的一个基本特征是能在动物之间通过直接接触或间接接触互相传染，形成流行。病原体由传染源排出，通过各种传播途径，侵入另外易感动物体内，形成新的传染，并继续传播形成群体感染发病的过程称为动物传染病流行过程。

动物传染病流行必须具备传染源、传播途径及易感动物机体三个条件。这三个条件常统称为传染病流行过程的三个基本环节，当这三个条件同时存在并相互联系时就会造成传染病的发生。

1. 传染源

传染源亦称传染来源，是指体内有病原体寄居、生长、繁殖，并能将其排出到体外的动物。具体说传染源就是受感染的动物机体。

传染源一般可以分为患病动物和病原携带者两种类型。

（1）患病动物。患传染病的动物，多数在发病期能排出大量毒力强大的病原体，其传染性很强，所以是主要的传染源。但是，传染病病程的不同阶段，其作为传染源的意义也不相同。多数传染病在前驱期和发病期排出的病原体数量大、毒力强，传染性强，是重要传染源。潜伏期和恢复期的患病动物是否具有传染源的作用，则随病种不同而异。

患病动物能排出病原体的整个时期称为传染期。不同传染病的传染期长短不同。各种传染病的隔离期就是根据传染期的长短来制订的。

（2）病原携带者。病原携带者是指体内有病原体寄居、生长和繁殖并有可能排出体外而无症状的动物或人。

病原携带者排出病原体的数量一般较患病动物少，但因缺乏症状不易被发现，有时可成为十分重要的传染源，还可以随动物的移动散播到其他地区，造成新的暴发或流行。

病原携带者一般又分为潜伏期病原携带者、恢复期病原携带者和健康病原携带者3类。① 潜伏期病原携带者。是指感染后至症状出现前即能排出病原体的动物或人。在这一时期，大多数传染病的病原体数量还很少，同时此时一般没有具备排出条件，因此不能起传染源的作用。但有少数传染病如狂犬病、口蹄疫和猪瘟等在潜伏期后期能够排出病原体，此时就有传染性了。② 恢复期病原携带者。是指在临诊症状消失后仍能排出病原体的动物或人。一般来说，这个时期的传染性已逐渐减少或已无传染性了。但还有些传染病如猪气喘病、布鲁氏菌病等在临诊痊愈的恢复期仍能排出病原体。③ 健康病原携带者。是指过去没有患过某种传染病但却能排出该病原体的动物或人。一般认为这是隐性感染的结果，通常只能靠实验室方法检出。这种携带状态一般为时短暂，作为传染源的意义有限，但是巴氏杆菌病、沙门氏菌病、猪丹毒和马腺疫等病的健康病原携带者为数众多，可成为重要的传染源。

病原携带者存在着间歇排出病原体的现象，因此仅凭一次病原学检查的阴性结果不能得出正确的结论，只有反复多次的检查均为阴性时才能排除病原携带状态。消灭和防止引入病原携带者是传染病防控中的主要任务之一。

2. 传播途径

病原体由传染源排出后，经一定的方式再侵入其他易感动物所经的途径称为传播途径。

传播途径可分两大类。一是水平传播，即传染病在群体之间或个体之间横向传播；二是垂直传播，即母体所患的疫病或所带的病原体，经卵、胎盘传播给子代的传播方式。

（1）水平传播。水平传播在传播方式上可分为直接接触传播和间接接触传播两种。① 直接接触。传播被感染的动物（传染源）与易感动物或人直接接触（交配、撕咬等）而引起感染的传播方式，称为直接接触传播。以直接接触为主要传播方式的传染病为数不多，狂犬病具有代表性，通常只有被患病动物直接咬伤并随着唾液将狂犬病病毒带进动物体内，才有可能引起狂犬病传染。② 间接接触。传播易感动物或人接触传播媒介而发生感染的传播方式，称为间接接触传播。将病原体传播给易感动物的中间载体称为传播媒介。传播媒介可能是生物（媒介者），如蚊、蝇、蛇、蜱、鼠、鸟、人等；也可能是无生命的物体（媒介物或污染物），如饲养工具、运输工具、饲料、饮水、畜舍、空气、土壤等。大多数传染病如口蹄疫、牛瘟、猪瘟、鸡新城疫等以间接接触为主要传播方式，同时也可以通过直接接触传播。两种方式都能传播的传染病也可称为接触性传染病。

间接接触一般通过如下几种途径传播：①空气传播。病原体通过空气（气溶胶、飞沫、尘埃等）而使易感动物感染的传播方式称为空气传播。经飞散于空气中带有病原体的微细泡沫而传播的传染称为飞沫传染。是呼吸道传染病的主要传播方式，如猪气喘病，鸡喉气管炎、肺结核等，病畜呼吸道内往往积聚了不少渗出液，含有大量的病原体，当动物咳嗽、打喷嚏、鸣叫和呼吸时，很强的气流把带有病原体的渗出液，从呼吸道中排出体外，形成飞沫，大滴的飞沫迅速落地，微小的飞沫飘浮于空气中，可被易感动物吸入而感染。从传染源排出的分泌物、排泄物和处理不当的尸体散布在外界环境的病原体附着物，经干燥后，由于空气流动冲击，带有病原体的尘埃在空中飘扬，被易感动物吸入而感染，称为尘埃传染。能借尘埃传播的传染病有结核病、炭疽等。②经污染的饲料和水传播。患病动物排出的分泌物、排泄物，或患病动物尸体等污染了饲料、饲草、饮水，或由某些污染的饲养管理用具、运输工具、畜舍、人员等辗转污染了饲料、饮水，当易感动物采食这些被污染的饲料、饮水时，便能发生感染。③经污染的土壤传播。有些传染病（炭疽、气肿疽、破伤风、恶性水肿、猪丹毒等）的患病动物排泄物、分泌物及其尸体落入土壤，其病原体能在土壤中生存很长时间，当易感动物接触被污染的土壤时，便能发生感染。④经活的媒介物而传播。活的传播媒介主要有节肢动物、野生动物、人类等。节肢动物：节肢动物中作为传播媒介的主要是蛇类、螯蝇、蚊、蠓、家蝇和蜱等。传播主要是机械性的，它们通过在疾病、健康动物间的刺螫吸血而散播病原体。也有少数是生物性传播，某些病原体（如立克次体）在感染动物前，必须先在一定种类的节肢动物（如某种蜱）体内通过一定的发育阶段才能致病。野生动物：野生动物的传播可以分为两大类。一类是本身对病原体具有易感性，在受感染后再传染给家畜和家禽，在此野生动物实际上是起了传染源的作用。如狐、狼、吸血蝙蝠等将狂犬病传染给家畜；鼠类传播沙门氏菌病、钩端螺旋体病、布鲁氏菌病、伪狂犬病，野鸭传播鸭瘟等。另一类是本身对该病原体无易感性，但可机械地传播疾病，如乌鸦在啄食炭疽病畜的尸体后，从粪内排出炭疽杆菌的芽孢；鼠类可能机械地传播猪瘟和口蹄疫等。人类：饲养人员和兽医工作者等在工作中如不注意遵守卫生消毒制度，或消毒不严时，在进出患病动物和健康动物的厩舍时，可将手上、衣服、鞋底沾染的病原体传播给健康动物；兽医使用的体温计、注射针头以及其他器械，如消毒不彻底就可能成为马传染性贫血、猪瘟、炭疽、鸡新城疫等疫病的传播媒介。

（2）垂直传播。垂直传播从广义上讲属于间接接触传播，它包括下列几种方式。① 经胎盘传播。孕畜所患的疫病或所带的病原体经胎盘传播给胎儿，称为胎盘传播。可经胎盘传播的疾病有猪瘟、猪细小病毒病、牛黏膜病、蓝舌病、伪狂犬病、布鲁氏菌病、弯曲菌性流产、钩端螺旋体病等。② 经卵传播。由携带有病原体的卵细胞发育而使胚胎受感染，称为经卵传播。主要见于禽类。可经卵传播的疾病有禽白血病、禽腺病毒感染、鸡传染性贫血、禽脑脊髓炎、鸡白痢等。③ 经产道传播。病原体经孕畜阴道，通过子宫颈口到达绒毛膜或胎盘引起胎儿感染；或胎儿从无菌的羊膜腔穿出而暴露于严重污染的产道时，胎儿经皮肤、呼吸道、消化道感染母体的病原体，称为经产道感染。可经产道传播的病原体有大肠杆菌、葡萄球菌、链球菌、沙门氏菌和疱疹病毒等。

3. 动物的易感性

动物的易感性是指动物对于某种病原体感受性的大小。畜群的易感性与畜群中易感个体所占的百分率成正比。影响动物易感性的主要因素如下。

（1）内在因素。不同种类的动物对于同一种病原体的易感性有很大差异，这是由遗传因素决定的。

（2）外界因素。饲养管理、卫生状况等因素，也能在一定程度上影响动物的易感性。如饲料质量低劣，畜舍阴暗、潮湿、通风不良等都可降低动物抵抗力，促进传染病的发生和流行。

（3）特异性免疫状态。动物不论通过何种方式获得特异性免疫力，都可使动物的易感性明显降低，这些动物所生的后代，通过获得母源抗体，在幼年时期也有一定的免疫力。

二、动物寄生虫病

由寄生虫寄生于宿主体内、外所引起的疾病，称为寄生虫病。凡是体内或体表有寄生虫暂时或长期寄居的动物都称为宿主。

（一）宿主类型

寄生虫的发育过程比较复杂。根据寄生虫的发育特性及其对宿主的适应情况，可将宿主区分为以下几种。

1. 终末宿主

被性成熟阶段虫体（成虫）或有性繁殖阶段虫体寄生的宿主称为终末宿主。如猪是姜片吸虫的终末宿主；人是有钩绦虫的终末宿主；猫是弓形虫的终末宿虫。

2. 中间宿主

被性未成熟阶段虫体（幼虫）或无性繁殖阶段虫体寄生的宿主称为中间宿主。如猪是有钩绦虫和弓形虫的中间宿主。

3. 第二中间宿主

又称补充宿主。某些寄生虫的幼虫阶段需要在两个中间宿主体内发育，才能达到对终末宿主的感染性阶段，则其早期幼虫寄生的宿主称为第一中间宿主，晚期幼虫寄生的宿主称为第二中间宿主。如华枝睾吸虫的第一中间宿主为淡水螺，第二中间宿主是淡水鱼、虾。

4. 带虫宿主

又称带虫者。某种寄生虫感染宿主后，随着宿主抵抗力的增强或通过药物治疗，宿主处于隐性感染、自然康复或临诊治愈状态，不表现临诊症状，对同种寄生虫再感染有一定的免疫力，体内保留有一定数量的虫体，这样的宿主称为带虫宿主，宿主的这种现象称带虫现象。由于带虫宿主不表现明显的症状，往往易被人们忽视，但带虫宿主经常不断地向周围环境散播病原，是重要的感染来源。此外，一旦带虫宿主抵抗力下降，便可导致疾病发生。

5. 贮藏宿主

又称转续宿主或转运宿主。即宿主体内有寄生虫虫卵或幼虫存在，虽不发育繁殖，但保持着对易感动物的感染力，这种宿主叫做贮藏宿主。如蚯蚓是鸡异刺线虫的贮藏宿主。

6. 保虫宿主

某些主要寄生于某种宿主的寄生虫，有时也可寄生于其他一些宿主，但不那么普遍。从流行病学角度看，通常把这种不惯常被寄生的宿主称为保虫宿主。它是一种从防治该寄生虫出发，区别宿主的主次，予以不同对待的一种相对观念。例如，在防治牛羊肝片吸虫的时候，必须注意到牛羊肝片吸虫除主要感染牛羊以外，也可感染野生动物，这些野生动物就是肝片吸虫的保虫宿主。在防治家畜肝片吸虫病时，野生动物就是保虫宿主。寄生于保虫宿主的寄生虫实质是一种多宿主寄生虫。

7. 超寄生宿主

许多寄生虫是其他寄生虫的宿主，此种情况称为超寄生。例如疟原虫在蚊子体内，绦虫幼虫在跳蚤体内。

8. 传播媒介

通常是指在脊椎动物宿主间传播寄生虫病的一类动物，多指吸血的节肢动物。媒介有的是寄生虫的中间宿主，有的是终末宿主，有的则只对寄生虫的传播起着机械性传递的作用。

(二) 动物寄生虫病流行过程的基本环节

寄生虫病的传播和流行必须具备感染来源、传播途径和易感动物三个基本环节，切断或控制其中任何一个环节，就可以有效地防止寄生虫病的发生与流行。

1. 感染来源

感染来源通常是指寄生有某种寄生虫的终末宿主、中间宿主、补充宿主、保虫宿主、带虫宿主及贮藏宿主等。病原体（虫卵、幼虫、虫体）通过这些宿主的血、粪、尿及其他分泌物、排泄物不断排到体外，污染外界环境，然后经过发育，经一定方式或途径侵入易感动物，造成感染。

2. 感染途径

感染途径指来自感染来源的病原体，经一定方式再侵入其他易感动物所经过的途径。寄生虫感染宿主的主要途径如下。

（1）经口吃入感染。即寄生虫通过易感动物采食、饮水，经口腔进入宿主体内的感染方式，如蛔虫、旋毛虫、球虫等。

（2）经皮肤感染。即寄生虫通过易感动物的皮肤进入宿主体的感染方式。如钩虫、血吸虫、猪肾虫等。

（3）接触感染。即寄生虫通过宿主之间互相直接接触或通过用具、人员等间接接触，在易感动物之间传播流行。属于这种传播方式的主要是一些外寄生虫，如蜱、螨、虱等。

（4）经节肢动物感染。即寄生虫通过节肢动物叮咬、吸血而传给易感动物的方式。这类寄生虫主要是一些血液原虫和丝虫等。

（5）经胎盘感染。即寄生虫通过胎盘由母体感染给胎儿的方式。如弓形虫、牛犊新蛔虫等。

（6）自体感染。有时，某寄生虫产生的虫卵或幼虫不需要排到宿主体外，即可使原宿主再次遭受感染，这种感染方式称为自身感染。例如猪带绦虫的患者呕吐时，可使孕卵节片或虫卵从宿主小肠逆行入胃，使原患者再次遭受感染。

3. 易感动物

是指某种寄生虫可以感染、寄生的动物。

(三) 寄生虫病对动物机体的影响

寄生虫侵入宿主或在宿主体内移行、寄生时，对宿主是一种"生物性刺激物"，是有害的，其影响也是多方面的，但由于各种寄生虫的生物学特性及其寄生部位等不同，因而对宿主的致病作用和危害程度也不同，主要表现在以下四个方面。

1. 机械性损害

吸血昆虫叮咬，或寄生虫侵入宿主机体之后，在移行过程中和在特定寄生部位的机械性刺激，可使宿主的器官、组织受到不同程度的损害，如创伤、发炎、出血、肿胀、堵塞、挤压、萎缩、穿孔和破裂等。

2. 夺取宿主营养和血液

寄生虫常以经口吃入或由体表吸收的方式，把宿主的营养物质变为虫体自身的营养，有的则直接吸取宿主的血液或淋巴液作为营养，造成宿主的营养不良、消瘦、贫血、抗病力和生产性能降低等。

3. 毒素作用

寄生虫在生长、发育和繁殖过程中产生的分泌物、代谢物、脱鞘液和死亡崩解产物等，可对宿主产生轻重程度不同的局部性或全身性毒性作用，尤其对神经系统和血液循环系统的毒害作用较为严重。

4. 引入其他病原体，传播疾病

寄生虫在侵害宿主时，将某些病原体如细菌、病毒和原虫等直接带入宿主体内，或为其他病原体的侵入创造条件，使宿主遭受感染而发病。

第二节　动物疫病的特征

一、动物疫病流行特征

1. 突发性

某些动物疫病具有突然发生、传染传播能力强、速度快、蔓延面积广，发病率或死亡率较高，社会危害大的特性。如口蹄疫、高致病性禽流感等重大动物疫病就具有此特性，是由该类疫病的流行病学特性等因素决定的。疫病的突发性多见于非疫区新传入的疫病；病原体的毒型、血清型发生变异，动物原有的免疫力不能抵御；外来动物批量调入自然疫源地区等都存在突发性疫病的可能。

2. 群发性

由于动物疫病均具有传染性，许多动物疫病的发生都有群体性发病的特征。当发生突发性疫病时，因传播能力强、传播范围广、发病率高，往往在短时间内，一定数量的动物群中大批动物发病，即为群发性。另外，由于气候骤变，长途运输的应激状态，饲养管理或饲养条件突变等，也可造成条件性疫病的群体发病。在大群放牧的同样条件下，牛、羊消化道线虫的春季感染高潮中，也可见羔羊、犊牛，甚至成年牛、羊的群发性消化道线虫病等。

3. 区域性

区域性又称地方性流行，是指在一定地域内或动物群中，发病数量较多，但疫病流行范围较小，具有明显的地域性和局限性。形成这种特性的因素主要是由某些病原微生物学特性和动物种群的分布、疫病性质、寄生虫的区系分布和发育类型、自然条件和社会因素等综合原因造成的。如猪气喘病、猪丹毒、炭疽等均为地方性流行疫病。区域性疫病往往和自然疫源地、疫源地的分布密切相关。

疫源地是指传染源及其所排出病原体污染的地区。除包括传染源外，还包括被污染的物体、房舍、活动场所以及这个范围内所有可能被污染的可疑动物和贮存宿主等。许多环境卫生条件恶劣的养殖场极易形成疫源地，使某些动物疫病反复发生，常年不断。

自然疫源地指自然疫源性疫病存在的地区。该地区的自然条件，既能保证动物（包括节肢动物）传染源的存在，又能保证病原体在传播媒介和易感动物中长期存在并循环，当人或家养易感动物进入这一生态环境，就可能被病原感染，这种感染称为自然疫源性疫病，如钩端螺旋体病、日本乙型脑炎等。这种自然疫源性疫病除有明显地方性外，一般还有明显的季节性。

4. 季节性

某些动物疫病经常发生在一定的季节，或在一定季节内出现发病率明显升高的现象。多数寄生虫要在外界环境中完成某些发育阶段，因此，气温、降水量、中间宿主发育等条件的季节性变化，使寄生虫的体外发育和对动物的感染时机也具有明显的季节性。

动物疫病流行的季节性分为 3 种情况。

（1）严格季节性。指某种动物疫病只集中在一年当中的几个月份发生，其他月份几乎没有发病的现象。动物疫病流行的严格季节性与这些疫病的传播媒介活动性有关。如日本乙型脑炎只流行于每年的 7—9 月，鸡球虫病在自然条件下多发生于夏季 6—8 月，血吸虫病、猪丹毒、消化道线虫等病多发生于夏季或雨季。

（2）有一定季节性。指某些疫病一年四季均可发生，但在一定季节内发病率明显升高的现象。主要是由于季节变化能够直接影响病原体在外界环境中的存活时间、动物机体的抗病能力以及传播媒介或宿主的活动性。如传染性胃肠炎、猪气喘病、鸡支原体感染、钩端螺旋体病、流感、口蹄疫等。

（3）无季节性。指一年四季都有病例出现，并且无显著性差异的疫病流行现象。如结核病、马鼻疽、新城疫、猪瘟等。

5. 周期性

经过一个相对规律的时间（常以数年计）间隔后，某些动物疫病可以再次发生流行即为周期性。如口蹄疫、牛流行热等。牛、马等大动物的某些疫病的周期性比较明显，大动物每年群体更新比例不大，几年后易感个体的数量才可以达到再度引起流行的比例，因此呈现周期性流行的特点；而繁殖率高、群体更新较快的猪、禽等动物的疫病，则很少出现周期性流行的现象。

6. 流行形式多样化

在动物疫病的流行过程中，根据一定时间内动物发病率的高低和传播范围的大小（即流行强度），可区分为四种表现形式：散发性、地方流行性、流行性和大流行性。

（1）散发性。发病数量不多，在一个较长时间段内只有个别病例零星发生，而且各个病例在发病时间和地点上没有明显的联系，称为散发性。散发性主要是由于动物群对某种疫病的免疫水平相对较高；某种疫病通常以隐性感染比例较高的形式出现；某种疫病（如破伤风）的传播需要特定的条件等。

（2）地方流行性。某种疾病发病数量较大，但其传播范围限于一定地区，称为地方流行性。地方流行性一般认为有两方面的含义：一方面表示在一定地区、一定的时间里发病的数量较多，超过散发性；另一方面，有时还包含着地区性的意义。例如牛气肿疽、炭疽的病原体形成芽孢，污染了这个地区，成了常在的疫源地，如果防疫工作没有做好，这个地区每年都可能出现一定数量的病例。

（3）流行性。是指某病在一定时间和范围内，发病数量比较多，传播范围比较广，形成群体发病或感染，称为流行性。流行性疾病常可传播到几个乡、县甚至省。流行性是一个相对的概念，仅说明动物疫病的传染性强，且多为急性经过。

"暴发"是指某种动物疫病在局部范围的一定动物群中，短期内突然出现很多病例的现象。暴发是流行的一种特殊形式。

（4）大流行性。指某种疾病在一定时间内迅速传播，发病数量很大，蔓延地区很广，可传播到全省、全国，甚至可涉及几个国家，称为大流行性。如禽流感、口蹄疫等。

流行形式的界定是相对的，可以随影响流行的各种条件变化和防控措施的采取程度而发生改变，如鸡新城疫、猪瘟等，有时会以地方流行性形式出现，有时则以流行或暴发的形式出现。

二、影响动物疫病流行过程的因素

动物疫病的流行过程除受传染源、传播途径及易感动物三者的互相制约外，还受自然因素、饲养管理因素和社会因素的影响。

1. 自然因素

自然因素，主要包括地理位置、气候、植被、地质、水文等。它是通过对传染源、传播途径及易感动物的影响而发挥其作用的。

（1）作用于传染源。一定的地理条件（海、河、高山等）对传染源的转移产生一定的限制，成为天然的隔离条件；季节、气候变化，能影响致病微生物的存在和散播，从而促进或阻止传染病流行过程。如夏季气温高，不利于口蹄疫病毒在外界环境中存活，因而口蹄疫一般在夏季流行减少或平息。又如在多雨和洪水泛滥季节，可使土壤中的炭疽杆菌芽孢、气肿疽梭菌芽孢随洪水散播，因而炭疽、气肿疽的发生增多。

（2）作用于传播媒介。自然因素对传播媒介的影响非常明显。例如，夏秋季节蝇、蚊等吸血昆虫大量滋生和活动频繁，凡是能由它们传播的疾病，都容易发生。洪水泛滥季节，地面粪尿被冲刷至河塘，造成水源污染，易引起钩端螺旋体病等疾病的流行。

（3）作用于易感动物。自然因素对易感动物这一环节的影响主要是增强或减弱机体的抵抗力。例如，低温高湿的影响下，可使动物易受凉，降低呼吸道黏膜的屏障作用，有利于呼吸道传染病的流行。在高气温的影响下，肠道的杀菌作用降低，使肠道传染病增加。长途运输、过度拥挤等，易使机体抵抗力降低，同时使动物接触机会增多，而使某些传染病（如口蹄疫、猪瘟）等易暴发流行。

2. 饲养管理因素

畜舍的建筑结构、通风设施、卫生状况、饲养管理制度等都能影响疾病的发生。例如，鸡舍养鸡密度大或通风不良，常易发生呼吸道疾病。采用"全进全出"饲养管理制度，疾病的发病率会显著下降等。

3. 社会因素

社会因素主要包括社会制度、生产力水平和人民的经济、文化、科学技术水平以及法制建设情况等。它们既可能是促进动物疾病广泛流行的原因，也可以是有效消灭和控制动物疾病流行的关键。因为动物和它所处的环境除受自然因素影响外，在很大程度上是受人们的社会生产活动影响的。

第三节　动物疫病的分类

根据动物疫病对养殖业生产和人体健康的危害程度，《中华人民共和国动物防疫法》将动物疫病分为3类，按照农业部公告第1125号《一、二、三类动物疫病病种名录》如下分类。

一、一类疫病（17种）

指对人和动物构成特别严重危害，可能造成重大经济损失和社会影响，需要采取紧急、严厉的强制预防、控制等措施，防止扩散的动物疫病。

它包括口蹄疫、猪水泡病、猪瘟、非洲猪瘟、高致病性猪蓝耳病、非洲马瘟、牛瘟、牛传染性胸膜肺炎、牛海绵状脑病、痒病、蓝舌病、小反刍兽疫、绵羊痘和山羊痘、高致病性禽流感、鸡新城疫、鲤春病毒血症、白斑综合征。

二、二类疫病（77种）

指对人和动物构成严重危害，可能造成较大经济损失和社会影响，需要采取严格预防、控制等措施，防止扩散的动物疫病。它包括以下几类。

（1）多种动物共患病（9种）。狂犬病、布鲁氏菌病、炭疽、伪狂犬病、魏氏梭菌病、副结核病、弓形虫病、棘球蚴病、钩端螺旋体病。

（2）牛病（8种）。牛结核病、牛传染性鼻气管炎、牛恶性卡他热、牛白血病、牛出血性败血病、牛梨形虫病（牛焦虫病）、牛锥虫病、日本血吸虫病。

（3）绵羊和山羊病（2种）。山羊关节炎脑炎、梅迪-维斯纳病。

（4）猪病（12种）。猪繁殖与呼吸综合征（经典猪蓝耳病）、猪乙型脑炎、猪细小病毒病、猪丹毒、猪肺疫、猪链球菌病、猪传染性萎缩性鼻炎、猪支原体肺炎、旋毛虫病、猪囊尾蚴病、猪圆环病毒病、副猪嗜血杆菌病。

（5）马病（5种）。马传染性贫血、马流行性淋巴管炎、马鼻疽、马巴贝斯虫病、伊氏锥虫病。

（6）禽病（18种）。鸡传染性喉气管炎、鸡传染性支气管炎、传染性法氏囊病、马立克氏病、产蛋下降综合征、禽白血病、禽痘、鸭瘟、鸭病毒性肝炎、鸭浆膜炎、小鹅瘟、禽霍乱、鸡白痢、禽伤寒、鸡败血支原体感染、鸡球虫病、低致病性禽流感、禽网状内皮组织增生症。

（7）兔病（4种）。兔病毒性出血病、兔黏液瘤病、野兔热、兔球虫病。

（8）蜜蜂病（2种）。美洲幼虫腐臭病、欧洲幼虫腐臭病。

（9）鱼类病（11种）。草鱼出血病、传染性脾肾坏死病、锦鲤疱疹病毒病、刺激隐核虫病、淡水鱼细菌性败血症、病毒性神经坏死病、流行性造血器官坏死病、斑点叉尾鮰病毒病、传染性造血器官坏死病、病毒性出血性败血症、流行性溃疡综合征。

（10）甲壳类病（6种）。桃拉综合征、黄头病、罗氏沼虾白尾病、对虾杆状病毒病、传染性皮下和造血器官坏死病、传染性肌肉坏死病。

三、三类疫病（63种）

指常见多发，对人和动物构成危害，可能造成一定程度的经济损失和社会影响，需要及时预防、控制，防止扩散的动物疫病。它包括以下几类。

（1）多种动物共患病（8种）。大肠杆菌病、李氏杆菌病、类鼻疽、放线菌病、肝片吸虫病、丝虫病、附红细胞体病、Q热。

（2）牛病（5种）。牛流行热、牛病毒性腹泻/黏膜病、毛滴虫病、牛皮蝇蛆病。

（3）绵羊和山羊病（6种）。肺腺瘤病、传染性脓疱、羊肠毒血症、干酪性淋巴结炎、绵羊疥癣、绵羊地方性流产。

（4）马病（5种）。马流行性感冒、马腺疫、马鼻腔肺炎、溃疡性淋巴管炎、马媾疫。

（5）猪病（4种）。猪传染性胃肠炎、猪流行性感冒、猪副伤寒、猪密螺旋体痢疾。

（6）禽病（4种）。鸡病毒性关节炎、禽传染性脑脊髓炎、传染性鼻炎、禽结核病。

（7）蚕、蜂病（7种）。蚕型多角体病、蚕白僵病、蜂螨病、瓦螨病、亮热厉螨病、蜜蜂孢子虫病、白垩病。

（8）犬猫等动物病（7种）。水貂阿留申病、水貂病毒性肠炎、犬瘟热、犬细小病毒病、犬传染性肝炎、猫泛白细胞减少症、利什曼病。

（9）鱼类病（7种）。鮰类肠败血症、迟缓爱德华氏菌病、小瓜虫病、黏孢子虫病、三代虫病、指环虫病、链球菌病。

（10）甲壳类病（2种）。河蟹颤抖病、斑节对虾杆状病毒病。

（11）贝类病（6种）。鲍脓疱病、鲍立克次体病、鲍病毒性死亡病、包纳米虫病、折光马尔太虫病、奥尔森派琴虫病。

（12）两栖与爬行类病（2种）。鳖腮腺炎病、蛙脑膜炎败血金黄杆菌病。

第四节　动物疫病的危害及防控基本内容

一、动物疫病的危害

动物疫病严重危害养殖业生产。它不仅会造成动物大批死亡和动物产品的损失，影响人类的生活需要，而且某些人畜共患病还会给人类健康带来严重的威胁，动物疫病的防控对公共卫生和食品安全也具有重要意义。

近年来，随着畜牧业的快速发展，动物饲养规模的扩大，高密度集约化的饲养方式和调运频繁，兽医卫生监督和防疫工作发展不平衡，相关法规滞后或不落实等，使养殖动物更容易发生流行性、群发性疫病。从而使我国畜牧业发展经常遭遇动物疫病的冲击，造成严重损失。

1. 造成动物生产性能和畜产品品质下降，间接损失严重

动物疫病发生后，除可直接导致动物死亡外，还可造成动物生长发育受阻，动物群体生产性能减退，畜产品质量降低，动物饲料消耗增加，人工浪费，防治费用等养殖成本增加，环境损害及相关产业的经济损失更加巨大，据估计，间接经济损失约为动物发病死亡造成的直接经济损失的 3~5 倍。

2. 影响动物及畜产品国际贸易

在国际市场上，动物疫病已成为制约我国畜产品扩大出口的主要障碍。近些年来，我国出口畜产品具有较为明显的价格优势，出口潜力较大。但这种潜力却未能很好地发挥，其中最突出的就是兽医卫生质量问题。主要进口国都认为我国是多种动物疫病的疫区，由于疫病的问题，从 1994 年以来，我国的猪肉、牛肉几乎不能进入美国市场；欧盟至今禁止进口我国的猪肉、牛肉和禽产品；近邻的日本和韩国宁可花高价从其他国家购买，也不从我国进口偶蹄动物产品；俄罗斯因对我国畜产品卫生质量不信任，进口配额远远低于其他国家。我国出口的动物源性食品常因动物疫病问题而被退货、销毁甚至封关，使我国动物和畜产品难以进入国际市场，价格低廉的竞争优势已基本丧失。由于动物疫病问题，使得国外市场对我国的动物和畜产品陷入"禁令、解除""再禁令、再解除"的循环当中，严重影响了我国畜产品的出口和国内生产。

3. 严重威胁人类的健康

动物疫病在直接影响畜牧业生产的同时，还日益严重影响人类的健康。许多人畜共患传染病、寄生虫病的发生、流行和死亡，造成一些国家和地区人们的高度恐慌。目前，全球已知的 200 多种动物传染病和 150 多种寄生虫病中，有 200 多种会或可能会感染给人。同时，由于在临床防治动物疫病时，大量盲目使用或混用抗生素，又带来一系列新的问题：如病原体产生耐药性，且产生耐药性的周期越来越短；具有耐药性的人畜共患病病原在感染人后，同样因耐药性而使许多人类疾病的治疗难度大大上升；由于过

量使用药物防治动物疫病及在饲料中违规添加禁用药物、激素等，使畜产品的药物、激素残留，也越来越严重地影响人类健康，儿童性早熟、成人性别变异、肥胖、食源性中毒、癌症等疑难病的发病率日趋上升。另外，大肠杆菌、沙门氏菌、弯曲杆菌等引起的食源性疾病，也日益成为人们特别关注的食品安全问题。

二、动物疫病防控的基本内容

动物疫病的流行是由传染源、传播途径和易感动物三个相互联系的环节而形成的一个复杂过程。因此，采取适当的措施来消除或切断三个环节的相互联系，就可以使动物疫病的流行终止。在采取具体防疫措施时，必须从"养、防、检、治"四个方面采取综合性的防疫措施，可分为平时的预防措施和发生疫病时的扑灭措施两部分，这两部分又是相互关联、互为补充、互相配合或有可能互相转换的部分，不能偏废和分开，方可控制动物疫病的发生和蔓延。

1. 平时的预防措施

① 科学选择场址。场舍建设要符合防疫要求和兽医卫生技术标准。② 科学饲养管理。严格饲养管理制度，合理饲养，增强动物机体抵抗力。贯彻自繁自养原则，控制和减少疫病的传入。提高饲养和管理人员的动物疫病防控意识，杜绝或减少人为传播动物疫病的因素。③ 严格消毒措施和环境卫生。杀虫灭鼠，消灭病原微生物，切断可能的传播途径。④ 严格检疫。特别是对引入动物要严格检疫，防止外来疫病的侵入和传播。⑤ 坚持科学免疫。通过合理的定期免疫、预防接种和必要的药物预防，控制和防止多发、常见、重大疫病的发生。⑥ 无害化处理养殖场废弃物。包括动物尸体、粪便和其他废弃物等的无害化处理。

2. 发生动物疫病时的扑灭措施

① 及时发现、诊断和上报疫情，并通知邻近单位做好预防工作。② 迅速隔离病畜，对污染和疑似污染的地方进行紧急消毒。③ 若发生"一类"疫病，应采取封锁措施，如口蹄疫、炭疽等。④ 以疫苗实行紧急接种，对病畜进行及时和合理的治疗。⑤ 合理处理死畜和淘汰病畜。

思考题

1. 简述动物疫病的概念和发生要素。
2. 简述动物疫病如何分类？各分类方法的依据是什么？
3. 简述动物疫病的流行特征及在防控过程中的重要意义。
4. 简述动物疫病的危害及防控基本内容。

第二章 动物饲养管理与疫病预防

规模化养殖，特别是猪和禽类动物规模化养殖生产，都面临疫病种类多、病情复杂程度不断加剧，继发感染、混合感染严重的问题，如何杜绝或减少病原体侵入、传播和扩散，防止或减少病原体对动物的致病性攻击，建立完善的生物安全体系，已成为有效控制动物疫病的基础和唯一选择。

养殖场的动物疫病综合防控技术、生物安全措施一般只能在内部才能进行。必须有一个与外界大环境隔离和内部相对闭锁的小环境才能进行。符合兽医卫生要求的场址选择、场区布局和圈舍及附属设施建设是实施封闭饲养的硬件基础。

第一节 养殖场卫生防疫要求

一、动物养殖场场址选择的动物防疫条件要求

动物养殖场应根据饲养动物的种类、品种、用途和当地地理、气候等条件，按照有利于防疫、方便生产的原则，选择养殖场的地址，在选择场址时应基本符合以下条件。

（1）养殖场要选择地势较高、平坦、干燥，水源充足、水质良好、排水方便、无污染、供电和交通方便的地方。

（2）距离铁路、公路（国道、省道等干线）、城镇、居民区、学校、公共场所和人类饮用水源1 000m以上。

（3）距离医院、屠宰场、动物养殖场、动物产品加工厂、垃圾场及污水处理场等2 000m以上。

（4）无或不直接受工业"三废"及农业、城镇生活、医疗废弃物的污染。距离危害动物健康的大型化工厂、厂矿等3 000m以外。

（5）动物养殖场周围环境、空气质量应符合《畜禽场环境质量标准》（NY/T 388—1999）。

二、动物养殖场建筑布局的防疫要求

动物养殖场的建筑应当按照保护人畜健康，人员、动物、物资运转单一流向，利于

防疫，便于饲养，节约用地的原则，结合当地自然条件，按人、畜、污的顺序，因地制宜地进行建筑。

（1）要分区规划。职工生活区、行政管理区、辅助生产区、生产区、病死动物和粪便污水处理区应当分开，相距一定距离并有隔离带或墙，特别是生活区和生产区要严格分开。

（2）要根据主导风向和地形地势，按照生产区、病死动物和粪便污水处理区的顺序由上风头、地势较高处往下风头、地势较低处排列。生产区应位于最安全的位置，职工生活区、生产管理区应位于不受污染的位置，病死动物和粪便污水处理区应位于下风向、地势较低处，距离生产区 50m 以上。

（3）动物饲养场生产区入口处要建宽于门口、长于汽车轮一周半的水泥结构的消毒池（车辆消毒通道）和值班室（严格管理出入人员），以及更衣、淋浴、消毒室（人员消毒通道，该室应为单一流向，出、入口分开）。

（4）畜（禽）舍入口要建宽于门口、长 1.5m 的消毒池。

（5）动物养殖场四周要建筑围墙或其屏障，防止人和动物进入场内。

（6）有条件的养殖场要自建深水井或水塔，用管道将水直接送至畜（禽）舍或使用自动饮水装置。

（7）要建立贮料库。贮料库要建在紧靠围墙处，外门向生产区外，用于卸料；内门向生产区，用场内运料车将料运送至畜（禽）舍，或使用自动送料设备。贮料库要有良好的防鼠、防鸟设施，具备熏蒸消毒条件。

（8）栋舍之间的距离应符合防火和防疫要求，一般应为檐高的 3~5 倍。

（9）道路建筑应污道和净道分设，互不交叉。

三、建筑物的卫生防疫要求

畜（禽）舍要隔热、保温、通风良好，要有良好的防鸟、防鼠设施；地面要坚实、平整、不积水、不渗透、耐酸碱，室内应比室外高 20cm；墙面要平整、光滑、不渗透、不脱落、耐酸碱；道路要坚硬、不渗透、平坦、不积水；畜（禽）舍周围 2m 以内应硬化，便于消毒。

四、饲料及饲养卫生

饲料是动物生长、发育、繁殖、生产必需的营养物质，其质量直接影响动物健康及其产品质量。

（1）要根据饲养动物种类、品种、用途、生长发育阶段等动物的营养需要，饲喂全价配合饲料，满足动物生长、发育、繁殖、生产的需要。

（2）要保证饲料清洁卫生。饲料加工、贮存场所要做好防鸟、杀虫、灭鼠工作，防止在饲料加工、运输、贮存过程中被鸟（麻雀等）、鼠的粪便等污染；饲料库要通风、防潮，防止饲料发霉和变质。

（3）饲料质量应符合"饲料卫生标准"。

（4）饲料从场外运至贮料库，要进行熏蒸消毒后，方可使用。

（5）料槽、饲养用具要经常洗刷、消毒；饲养员要保持清洁卫生，喂料前应用消毒液洗手，防止污染饲料。

（6）禁止饲喂发霉、变质、污染的饲料。

五、饮水卫生

水是动物生长、发育、繁殖、生产的重要物质，水的质量直接影响动物健康和其产品的质量。

（1）饮水供给要充足，水温、水压应适宜，防止高温季节水温过高，低温季节水温过低导致动物饮水量降低，或冬季饮用冰冷的水出现消化功能障碍。

（2）饮水要清洁、卫生，质量应符合《无公害食品 畜禽饮用水水质》（NY 5027—2008）标准。

（3）要经常清洗、消毒饮水设备，避免病原微生物滋生，污染饮水。

六、环境卫生

搞好环境卫生，对保障动物健康是非常重要的。养殖场的环境卫生包括畜（禽）舍卫生和生产区卫生。

（1）畜（禽）舍卫生。为了杀灭畜（禽）舍内的病原微生物，保证动物健康，必须建立畜（禽）舍卫生、消毒制度并认真贯彻执行。

每天清扫畜（禽）舍的走道、工作间、用具、设备、地面等；及时清除粪便等；每天清扫、洗刷、消毒料槽、水槽；经常进行带畜（禽）消毒；饲养人员要坚守岗位，不得串栋；畜（禽）舍内用具要有标记，固定本舍使用，不得串用；饲养人员在接触动物、动物产品（蛋）、饲料、饮水等前必须用消毒水洗手；定期进行全面彻底的清扫和消毒；坚持"全进全出"饲养管理制度，每批动物出栏后，畜（禽）舍必须经彻底清扫、认真冲洗、喷洒消毒药、熏蒸消毒，并空舍一定时间，方可再饲养动物；实行纵向通风和正压过滤通风；畜（禽）要温度、湿度适宜、通风良好、光照适宜，饲养密度适宜，有利于动物生长发育；做好防鸟、杀虫、灭鼠。

（2）生产区卫生。生产区必须经常保持清洁卫生，划分责任区，固定专人负责，定期进行清扫、消毒；净道只能运输饲料、产品（蛋等）等，污道只能运输粪便、垃圾、病死动物等；粪便、污水、病死动物、废弃物等禁止乱堆、乱扔，必须堆放在指定地点，并进行无害化处理；场区应绿化，场内禁止饲养其他动物和禁止场外动物进入；场内食堂不得在外面随意购买动物产品；做好杀虫、灭鼠工作。

七、用具车辆消毒

生产区内、外车辆、用具必须严格分开，生产区内车辆、用具只限在生产区内使用，不准出生产区；生产区外车辆、用具不准进入生产区，必须进入时，需经主管领导批准，经认真消毒后方准进入。

八、人员卫生

生产人员必须定期进行健康检查，患人畜共患传染病者不得直接从事生产；凡进入生产区的人员（包括生产区人员外出重返工作岗位时），必须经淋浴、消毒、更换消毒工作衣、鞋、帽方可进入（工作衣、鞋、帽要定期消毒）；谢绝外来人员进入生产区，必须进入时，需经主管领导批准，并经淋浴、消毒、更换消毒工作衣、鞋、帽，在场内人员陪同下，方可进入；进入畜（禽）舍要脚踏消毒池（或消毒盆）和用消毒水洗手后方可进入；生产区人员家中不得饲养同本场相同的动物；维修工或其他工作人员需要由一栋转移到另一栋时，要重新经消毒、更换消毒工作衣、鞋、帽方可转移。

第二节　各类型养殖场应具备的条件

一、生猪养殖场应具备的条件

1. 必备条件

① 土地使用符合相关法律法规与区域内土地使用规划，场址选择不得位于《中华人民共和国畜牧法》明令禁止的区域。② 具备养殖场备案登记手续，养殖档案完整；种畜禽场具备《种畜禽生产经营许可证》。③ 无非法添加物使用记录。④ 具县级以上畜牧兽医部门颁发的《动物防疫条件合格证》，两年内无重大疫病发生记录。⑤ 能繁母猪存栏 300 头以上（含 300 头），年出栏肥猪 5 000 头以上。

2. 选址与布局

① 选址。水源、通风良好，供电稳定；防疫条件良好，距主要交通干线和居民区 1 000m 以上；占地面积符合生猪养殖需要，每头能繁母猪占地 40m² 以上。② 布局。生产区与生活区分开。生产区内母猪区、保育与生长区分开；净道与污道分开。有污水处理区与病死猪无害化处理区。

3. 设施与设备

① 栏舍。每头能繁母猪配套建设 8m²（销售猪苗）、12m²（销售活大猪）的栏舍面积，其中母猪区每头能繁母猪配套建设 5.5m² 栏舍；有后备猪隔离舍。② 生产设施。

300 头母猪至少配备 72 个产床；分娩舍、保育舍应采用高床式栏舍设计；种猪舍与保育舍应配备必要的通风换气、温度调节等设备；有自动饮水系统。③ 防疫条件。养殖场有防疫隔离带，防疫标志明显；场区入口有车辆、人员消毒池，生产区入口有更衣消毒室；对外销售的出猪台与生产区保持严格隔离状态。

4. 管理与防疫

① 制度建设。根据《畜禽养殖场质量管理体系建设通则》的要求进行制度建设；建立物资及用品（含饲料、药物、疫苗）使用管理、卫生防疫等管理制度；制订不同阶段生猪生产技术操作规程；各项管理制度要求挂墙。② 人员素质。配备与规模相适应的技术人员或有明确的技术服务机构；技术负责人具有畜牧兽医专业中专以上学历并从事养猪业 3 年以上。③ 引种来源。种猪来源于有《种畜禽生产经营许可证》的种猪场。④ 生产与防疫。按照《规模化猪场生产技术规程》的要求进行生产管理；有预防鼠害、鸟害及外来疫病侵袭措施。⑤ 生产水平。每头母猪年提供上市猪数 18 头以上（含 18 头）；母猪配种受胎率 80% 以上（含 80%）；育肥猪 170 日龄以内（含 170 日龄）体重达 100kg。

5. 环保要求

① 环保设施。贮粪场所位置合理，并具有防雨、防渗设施；配备焚烧炉或化尸池等病死猪无害化处理设施；废弃物管理根据"资源化、无害化、减量化"与"节能减排"的原则对猪场废弃物进行集中管理；参照《畜禽粪便无害化处理技术规范》的要求设计无害化处理工艺；排放水达到《畜禽养殖业污染物排放标准》的要求；粪污利用达到《畜禽粪便安全使用准则》的要求。② 无害化处理。病死猪采取深埋或焚烧的方式进行无害化处理。③ 环境卫生。场区内垃圾集中堆放，位置合理，无杂物堆放。

二、蛋鸡养殖场应具备的条件

1. 必备条件

① 场址不得位于《中华人民共和国畜牧法》明令禁止的区域。② 饲养的蛋鸡有引种证明，并附有引种场的《种畜禽生产经营许可证》，养殖场有《动物防疫条件合格证》。③ 两年内无重大动物疫病发生，无非法添加物使用。④ 建立养殖档案。⑤ 产蛋鸡养殖规模（笼位）在 1 万只以上（含 1 万只）。

2. 选址与布局

① 选址。距离主要交通干线和居民区 500m 以上且与其他家禽养殖场及屠宰场距离 1km 以上；符合用地规划；地势高燥；通风良好。② 基础设施。水源稳定；有贮存、净化设施；电力供应充足有保障；交通便利，有专用车道直通到场。③ 场区布局。场区有防疫隔离带；场区内生活区、生产区、办公区、粪污处理区分开；全部采用按栋全进全出饲养模式。

3. 设施与设备

① 鸡舍。鸡舍为全封闭式，分后备鸡舍和产蛋鸡舍。② 饲养密度。笼养产蛋鸡饲

养密度≥500cm²/只。③ 消毒设施。场区门口有消毒池；有专用消毒设备。④ 养殖设备。有专用笼具；有风机和湿帘通风降温设备；有自动饮水系统；有自动清粪系统；有自动光照控制系统。⑤ 辅助设施。有更衣消毒室；有兽医室；有专用蛋库。

4. 管理及防疫

① 管理制度。有生产管理制度、物资及用品使用管理制度，制度上墙，执行良好；有防疫消毒制度并上墙。② 操作规程。有科学的饲养管理操作规程，执行良好；制定科学合理的免疫程序，执行良好。③ 档案管理。有进鸡时的动物检疫合格证明，并记录品种、来源、数量、日龄等情况；有完整生产记录，包括日产蛋、日死淘、日饲料消耗及温湿度等环境条件记录；有饲料、兽药使用记录，包括使用对象、使用时间和用量记录；有完整的免疫、用药、抗体监测及病死鸡剖检记录；有两年内（建场不满两年，应为建场以来）每批鸡的生产管理档案。④ 专业技术人员。有一名或一名以上畜牧兽医专业技术人员。

5. 环保要求

① 粪污处理。有固定的鸡粪储存、堆放设施和场所，储存场所有防雨、防止粪液渗漏、溢流措施。有鸡粪发酵或其他处理设施，或采用农牧结合良性循环措施。② 病死鸡无害化处理。所有病死鸡均采取深埋、煮沸或焚烧的方式进行无害化处理。③ 净道和污道。净道、污道严格分开。

6. 生产性能水平

① 产蛋率。饲养日产蛋率≥90%维持16周以上。② 饲料转化率。产蛋期料蛋比低于2.2∶1。③ 死淘率。育雏育成期死淘率<6%。产蛋期月死淘率<1.2%。

三、肉鸡养殖场应具备的条件

1. 必备条件

① 场址不得位于《中华人民共和国畜牧法》明令禁止的区域。② 两年内无重大动物疫病发生，无非法添加物使用记录。③ 种禽场有《种畜禽生产经营许可证》。④ 拥有《动物防疫条件合格证》。⑤ 建立完整的养殖档案。⑥ 年出栏量≥10万只，单栋饲养量≥5 000只。

2. 选址和布局

① 选址。距离主要交通干线、居民区500m以上，距离屠宰场、化工厂和其他养殖场1 000m以上，距离垃圾场等污染源2 000m以上；地势高燥，背风向阳，通风良好。远离噪声。② 基础条件。有稳定水源及电力供应，水质符合标准。交通便利，沿途无污染源；有防疫围墙和出入管理。③ 场区布局。场区的生产区、生活管理区、辅助生产区、废污处理区等功能区分开，布局合理。粪便污水处理设施和尸体焚烧炉处于生产区、生活管理区的常年主导风向的下风向或侧风向处。④ 净道与污道。净道、污道严格分开；主要路面硬化。⑤ 饲养工艺。采取全进全出饲养工艺，饲养单一类型的禽种，无混养。

3. 生产设施

① 鸡舍建筑。鸡舍建筑牢固,能够保温;结构具备抗自然灾害(雨雪等)能力;鸡舍有防鼠、防鸟等设施设备。② 饲养密度。饲养密度合理,符合所养殖品种的要求。③ 消毒设施。场区门口设有消毒池或类似设施;鸡舍门口设有消毒盆;场区内备有消毒泵;场区内设有更衣消毒室。④ 饲养设备。安装有鸡舍通风设备;安装有鸡舍水帘降温设备;鸡舍配备光照系统;鸡舍配备自动饮水系统;场区使用焚烧炉等无害化处理设施。⑤ 辅助设施。有专门的解剖室;药品储备室有常规用药,且药品中不含违禁药品。

4. 管理及防疫

① 制度建设。有生产管理制度文件;有防疫消毒制度文件;有档案管理制度文件。② 操作规程。饲养管理操作技术规程合理;动物免疫程序合理。③ 档案管理。饲养品种、来源、数量、日龄等情况记录完整;饲料、饲料添加剂来源与使用记录清楚;兽药来源与使用记录清楚;有定期免疫、监测、消毒记录;有发病、诊疗、死亡记录;有病死禽无害化处理记录。④ 生产记录。有日死淘记录;有日饲料消耗记录;有出栏记录,包括数量和去处。⑤ 从业人员。分工明确,无串舍现象;应有与养殖规模相应的畜牧兽医专业技术人员且人员无人畜共患传染病。⑥ 引种来源。从有《种畜禽生产经营许可证》的合格种鸡场引种;进鸡时有动物检疫合格证明和车辆消毒证明保留完好;引种记录完整。

5. 环保设施

① 环保设施。储粪场所合理;具备防雨、防渗设施或措施;有粪便无害化处理设施;粪便无害化处理设施与养殖规模相配套;粪污处理工艺合理。② 粪污处理。场内粪污集中处理;粪污集中处理后并资源化利用;粪污集中处理后达到排放标准。③ 病死鸡无害化处理。使用焚烧炉或采用深埋方式处理。④ 环境卫生。垃圾集中堆放处理,位置合理;无杂物堆放;无死禽、鸡毛等污染物。

四、奶牛养殖场应具备的条件

1. 必备条件

① 生产经营活动必须遵守《中华人民共和国畜牧法》及其他相关法律法规,不得位于法律、法规明确规定的禁养区。② 在所在地县级人民政府畜牧兽医主管部门备案,有《动物防疫条件合格证》,并建立养殖档案。③ 生鲜乳生产、收购、贮存、运输和销售符合《乳品质量安全监督管理条例》《生鲜乳生产收购管理办法》的有关规定。执行《奶牛场卫生规范》。④ 设有生鲜乳收购站的,有《生鲜乳收购许可证》,生鲜乳运输车有《生鲜乳准运证明》。⑤ 奶牛存栏200头以上。生鲜乳质量安全状况良好。

2. 选址与建设

① 选址。距村镇工厂500m以上;场址远离主要交通道路200m以上;远离屠宰、加工和工矿企业,特别是化工类企业;地势高燥、背风向阳、通风良好、给排水方便;

远离噪声。② 基础设施。水质符合《生活饮用水卫生标准》的规定；水源稳定；电力供应方便；交通便利，有硬化路面直通到场。③ 场区布局。在饲养区人员、车辆入口处设有消毒池和防疫设施；场区与外环境隔离；场区内生活区、生产区、辅助生产区、病畜隔离区、粪污处理区划分清楚；犊牛舍、育成牛舍、泌乳牛舍、干奶牛舍、隔离舍分布清楚。④ 净道和污道。净道与污道、雨污严格分开。

3. 设施与设备

① 牛舍。建筑紧凑，节约土地，布局合理，方便生产；牛只站立位置冬季温度保持在-5℃以上，夏季高温季节保持在30℃以下；墙壁坚固结实、抗震、防水防火；屋顶坚固结实、防水防火、保温隔热，抵抗雨雪、强风，便于牛舍通风；窗户面积与舍内地面面积之比应不大于1：12；牛舍建筑面积 6m²/头以上；运动场面积每头不低于25m²；有遮阳棚。② 功能区。管理生活区包括与经营管理、兽医防疫及育种有关的建筑物，与生产区严格分开，距离 50m 以上；生产区设在下风向位置，大门口设门卫传达室、人员消毒室和更衣室以及车辆消毒池；粪污处理区设在生产区下风向，地势低处，与生产区保持 300m 卫生间距；病牛区便于隔离，单独通道，便于消毒，便于污物处理等；辅助生产区包括草料库、青贮窖、饲料加工车间有防鼠、防火设施。③ 挤奶厅。有与奶牛存栏量相配套的挤奶机械；在挤奶台旁设有机房、牛奶制冷间、热水供应系统、更衣室、卫生间及办公室等；挤奶厅布局便于操作和卫生管理；挤奶位数量充足，每次挤奶不超过 3h，有待挤区，宽度大于挤奶厅；储乳室有储乳罐和冷却设备，挤出奶 2h 内冷却到 4℃ 以下；输奶管存放良好无存水、收奶区排水良好，地面硬化处理。

4. 管理制度与记录

① 饲养与繁殖技术。系谱记录规范，有统一编号；参加生产性能测定，有完整记录，进行牛群分群管理；有年度繁殖计划、技术指标、实施记录与技术统计；有完整的饲料原料采购计划和饲料供应计划，有每阶段的日粮组成、配方及记录；有各种常规性营养成分的检测记录；有根据不同生长阶段和泌乳阶段制定的、科学合理的饲养规范和饲料加工工艺，有实施记录。② 疫病控制。有奶牛结核病、布鲁氏菌病的检疫记录和处理记录；有口蹄疫、炭疽等免疫接种计划，有实施记录；有定期修蹄和肢蹄保健计划；有隔离措施和传染病控制措施；有预防、治疗奶牛常见疾病规程；有传染病发生应急预案，责任人明确；有 3 年以上的普通药和 5 年以上的处方药的完整使用记录。记录内容包括兽药名称、兽药用量、购药日期、药物有效日期、供药商信息、用药奶牛或奶牛群号、治疗奶牛数量、休药期、兽医和药品管理者姓名等；只使用经正式批准或经兽医特别指导的兽药，按照兽药的用法说明和特别计划，对到期兽药做安全处理；抗生素使用符合《奶牛场卫生及检疫规范》要求；有抗生素和有毒有害化学品采购使用管理制度和记录；有奶牛使用抗生素隔离及解除制度和记录；有乳腺炎处理方案，包括治疗与干奶处理方案。③ 挤奶管理。有挤奶卫生操作制度；挤奶工/牧场管理人工作服干净、合适，挤奶过程中挤奶工手臂保持干净；挤奶厅干净、整洁、无积粪，挤奶区、贮奶室墙壁与地面做防水防滑处理；完全使用机器挤奶，输奶管道化；挤奶前后两次药

浴，一头牛用一块毛巾（或一张纸巾）擦干乳房与乳头。将前三把奶挤到带有滤网的容器中，观察牛奶的颜色和性状；将生产非正常生鲜乳（包括初乳、含抗生素奶等）的奶牛安排在最后挤奶，设单独储奶容器；输奶管、计量罐、奶杯和其他管状物清洁并正常维护，有挤奶器内衬等橡胶件的更新记录，大奶罐保持经常性关闭；按检修规程检修挤奶机，有检修记录。④ 从业人员管理。从业人员参加技术培训，有相应记录；从业人员有身体健康证明，每年进行身体检查。

5. 环保要求

① 粪污处理。奶牛场粪污处理设施齐全，运转正常，能满足粪便无害化处理和资源化利用的要求，达到相关排放标准；废弃物处理整体状态良好。② 病死牛无害化处理。病死牛均采取深埋等方式无害化处理；有病死牛无害化处理记录。

6. 生产水平和质量安全

① 生产水平。泌乳牛年均单产 6 000～8 000kg。② 生鲜乳质量安全。乳蛋白率3.05%以上，且乳脂率大于 3.4%；体细胞数小于 50 万个/mL；菌落总数小于 20 万个/mL。

五、肉牛养殖场应具备的条件

1. 必备条件

① 场址不得位于《中华人民共和国畜牧法》明令禁止的区域，土地使用符合相关法律法规与区域内土地使用规划。② 架子牛或育成牛（母牛）跨县引进需要动物检疫证复印件，养殖场有"动物防疫条件合格证"。③ 有完整的养殖档案。④ 两年内无重大动物疫病发生，无非法添加物使用记录。⑤ 年出栏育肥牛 500 头肉牛育肥场。

2. 选址与布局

① 选址。距离主要交通干线和居民区 500m 以上；地势高燥；远离噪声。② 基础设施。水源稳定，有贮存、净化设施；电力供应充足有保障；交通便利，有专用车道直通到场。③ 场区布局。场区与外环境隔离；场区内生活区、生产区、办公区、粪污处理区分开；有单独母牛舍、犊牛舍、育成舍、育肥牛舍；有运动场≥15m²/头。④ 净道和污道。净道、污道严格分开。

3. 设施与设备

① 牛舍。牛舍为有窗式、半开放式、开放式。② 饲养密度。牛舍内饲养密度≥3.5m²/头。③ 消毒设施。场门口有消毒池，场内有消毒室；场区有内外环境消毒设备。④ 养殖设备。牛舍有固定食槽，运动场设补饲槽；热带地区有通风降温设备；有全混合饲料搅拌机，有精料搅拌机或使用专业精料补充料，有饲料库；有自动饮水器或独立饮水槽，运动场设饮水槽；有青贮设备，有干草棚；有带棚的贮粪场；有粪便处理设备。⑤ 辅助设施。有资料档案室；育肥牛场有兽医室；母牛繁育场，有兽医室、人工授精室；有装牛台，有地磅；有专用更衣室。

4. 管理及防疫

① 管理制度。有生产管理制度并上墙；有防疫消毒制度并上墙。② 操作规程。有科学的饲养管理操作规程；有科学合理的免疫程序。③ 生产记录。有购牛时的动物检疫合格证明，并记录品种、来源、数量、月龄、出栏月龄、出栏体重等情况，记录完整；有完整生产记录，包括产仔记录、牛群周转、日饲料消耗及温湿度等环境条件记录和生产性能记录，记录完整；有饲料、兽药使用记录，包括使用对象、使用时间和用量记录，记录完整；有完整的免疫、用药及治疗效果等记录，记录完整。④ 档案管理。有牛群购销、疫病防控、饲料采购、人员雇佣等生产管理档案，记录完整。⑤ 人员配备。有一名或一名以上畜牧兽医专业技术人员或聘有当地高级畜牧兽医人员。

5. 环保要求

① 粪污处理。有固定的牛粪储存、堆放场所，并有防止粪液渗漏、溢流措施；对牛场废弃物有处理设备，如有机肥发酵设备或沼气设备等，并有效运行。② 农牧结合。粪污作为有机肥利用，粪污农牧结合处理；有收购农户秸秆、自有粗饲料地或有与当地农户有购销秸秆合同协议。

六、肉羊养殖场应具备的条件

1. 必备条件

① 场址不得位于《中华人民共和国畜牧法》明令禁止的区域，土地使用符合相关法律法规与区域内土地使用规划。② 饲养的种羊有引种证明，并附有引种场的"种畜禽生产经营许可证"，养殖场有"动物防疫条件合格证"。③ 两年内无重大动物疫病发生，且无非法添加物使用记录。④ 农区，育肥场年出栏肉羊 500 只以上，或养殖场年存栏能繁母羊达 100 只以上；牧区，育肥场年出栏肉羊 1 000 只以上，或养殖场年存栏能繁母羊 250 只以上。⑤ 牧区实行科学的放牧制度，草牧场植被盖度、高度、产草量、优质牧草比重等主要指标保持稳定或持续改善。

2. 选址与布局

① 选址。距离主要交通干线和居民区 500m 以上；地势高燥。远离噪声。② 基础设施。水源稳定，有贮存、净化设施；电力供应充足有保障；交通便利，有专用车道直通到场。③ 场区布局。场区与外环境隔离；场区内生活区、生产区、办公区、粪污处理区分开；有单独母羊舍、羔羊舍、育成舍、育肥舍；有运动场。④ 净道和污道。净道、污道严格分开。

3. 设施与设备

① 羊舍。牛舍为有窗式、半开放式、开放式或标准化棚圈。② 饲养密度。羊舍内饲养密度≥1m²/只。③ 消毒设施。有专用消毒设施和专用药浴设施。④ 养殖设备。有专用饲槽，运动场设补饲槽；保温与降温通风设施良好；有配套饲草料加工机具，有饲料库。有自动饮水器或独立饮水槽，运动场设饮水槽；有青贮设备，有干草棚；有粪便处理设施。⑤ 辅助设施。有更衣消毒室；有兽医及防疫、药品存放室；有资料档案室。

4. 管理及防疫

① 管理制度。有生产管理制度并上墙；有防疫消毒制度并上墙。② 操作规程。有科学的饲养管理操作规程；有科学合理的免疫程序。③ 档案管理。有引羊时的动物检疫合格证明，并记录品种、来源、数量、月龄等情况，记录完整；有完整生产记录，包括初生重、断奶重、出栏体重、日饲料消耗及温湿度等环境条件记录；有饲料、兽药使用记录，包括使用对象、使用时间和用量记录；有完整的免疫、用药记录；有两年内（建场低于两年，则为建场以来）羊群的生产管理档案。④ 人员配备。有一名或一名以上畜牧兽医专业技术人员。

5. 环保要求

① 粪污处理。有固定的羊粪储存、堆放设施和场所，储存场所要有防雨设施，防止粪液渗漏、溢流措施；有羊粪发酵或其他废弃物处理设施，或采用农牧结合良性循环措施。② 农牧结合。粪污作为有机肥利用，粪污农牧结合处理；采取对当地农副产品及作物秸秆有效利用的生产模式，或自有粗饲料地或有与当地农户有购销秸秆合同协议。

第三节　饲养模式

一、封闭饲养

封闭饲养，就是实施严格的自繁自养，养殖场只饲养能繁殖的公（或采用人工授精）、母动物和由它们生产的商品动物；全封闭饲养是指种用和商品动物只出不进。这是经过长期养殖实践和动物疫病防控成效证实的最好养殖模式。

（一）封闭饲养的管理和技术措施

封闭饲养或全封闭饲养只是一种好的模式，必须有相应配套管理制度和技术措施的实施才能有成效，否则会流于形式。

1. 做好养殖场封闭管理，防止病原传入

自繁自养或只出不进，解决了经常或批量向外引进同种饲养动物，切断了同种动物疫病传入的主要途径。建立健全相关管理制度，严格控制人员和车辆等进出养殖场，是进一步防止外界病原传入的基本要求。

（1）严格门卫管理。除常规的门卫职责外，应注意以下几点。① 监督进场人员的消毒和登记；饲养人员出场应有相关责任人的批条，未经同意不得出场。② 每2d 1次更换大门消毒池内的消毒液，确保消毒液有效；或按兽医技术人员的安排更换消毒液种类或更换间隔时间；并做好大门内外的卫生消毒工作。③ 严禁外来人员和本场职工、家属携带活体动物、生鲜动物食品、腌腊制品等进入场区。④ 严禁犬、猫和其他动物进入或串入场区。⑤ 严禁无关外来人员进入场区；对外来联系业务的人员，需征得当事人的同意，并经合格消毒后进入，但不得进入生产区；对饲料、兽药、养殖用品等的推销人员和其他养殖场的人员，原则上不予接待，因为他们在各养殖场间经常走动，不能排除携带病原体的可能。

（2）严格进出场和场内消毒制度。① 有需进场的人员和车辆、设备、物资的外包装等，要在门卫的监督下进行全面的喷雾消毒。② 进入生产区的人员要洗澡，更换经洗消的工作服、胶鞋、紫外线灯照射 10min 左右方可进入；外来的设备、物资、工具拆除外包装后，经适宜的方法消毒后，方可进入；外来人员必须进入生产区的，需经相关负责人批准；外来车辆不得进入生产区。③ 生活区、生产区外周环境每周至少进行 2 次全方位喷雾消毒；动物圈舍每周 2 次带动物喷雾消毒；隔离区每两天 1 次全方位消毒，隔离舍每天 1 次带动物消毒。④ 每批次动物转出后，用强力消毒剂（氢氧化铝、漂白粉等）喷淋洗消，再经 48h 熏蒸消毒后，空置 5~7d，方可调入下批次动物。⑤ 日常消毒剂应轮换使用，每种消毒剂使用不得连续超过 8 次；带动物的圈舍消毒剂应使用低刺激、低浓度，并注意雾滴粒径大小在 10nm 以下，即使用电动喷雾器的弥雾喷头；普通手动和普通喷头只能用于环境消毒。

（3）严格动物出入场管理制度。① 养殖场不得饲养任何其他动物或进行不同动物的混养；员工和家属不得喂养任何宠物，包括鸟类宠物。② 养殖动物出场，需用本场车辆驳运或经赶运通道运送出生产区后，再装入外来运输车辆；外来车辆和装运人员、买主严禁进入生产区；本场驳运车辆和人员每次返回生产区，都需进行严密消毒；最好是除驳运车辆驾驶员外，养殖区人员不参加外装车，驾驶员也不下车，只进行车体消毒。③ 本场养殖动物一出生产区或离开本场后，无论任何原因，一概不许再入场或返回场区。④ 种用动物引进后，须有专人在隔离舍饲养观察 45~60d，并在隔离期内进行主要相关疫病的血清学复检，补充免疫至测定抗体合格后，方可进入生产区并入生产动物群。⑤ 隔离舍每 2d 进行 1 次带动物消毒；饲养隔离动物的人员如无特殊情况，隔离观察期间不许出圈舍。

2. 加强水源和饮水卫生管理

养殖场水源污染，特别是生物污染也是疫病传入的重要原因之一。水源和饮水应符合国家和农业农村部制定的相关标准，动物饮用水细菌总数和大肠菌群不得超过 100 个/mL，一般集中供应的自来水可直接使用；如系天然水源则需进行沉淀、过滤、氯化消毒后使用。

3. 加强动物饲料的卫生管理和防鼠杀虫

注意防鼠杀虫，防止动物疫病的传入。特别要严格控制动物源性饲料的使用，严禁使用不可靠的动物饲料或泔（潲）水做动物饲料。

（二）人员控制和管理

1. 稳定饲养队伍

动物疫病传入的防范和综合防疫技术措施，无论制定多完整，其认真的落实和实施最终要靠管理饲养人员进行。另外，许多动物疫病的传入和扩散、蔓延也是由养殖人员的不规范行为造成的。因此，相关人的管理是动物养殖各个环节中不能忽视的一个重点。

养殖场，特别是规模化养殖场，都远离城镇、交通不便、工作环境较差，生活条件较艰苦，物质文化生活匮乏，个人自由和亲朋交往还因养殖业的特殊性受到限制等。养殖业主和管理者如不注意关爱员工，及时发放合理的报酬，改善员工的物质文化生活，那么，员工不安心工作，队伍不稳定，饲养人员频繁流动更换；更有甚者，员工拿饲养动物出气，不认真投料、不认真消毒、不认真免疫，踢打动物、动物异常不处理、不报告、病死与己无关等现象和情况在一些养殖场屡见不鲜。造成的直接、间接损失远大于压扣的员工工资和改善员工物质文化生活所需投入的资金；甚至造成动物疫病传入、流行，导致严重损失。

目前，能在一个养殖场连续工作 3 年以上的饲养员和技术人员已较少见。需知，一个新的称职的饲养员和技术人员、管理人员的成长，都是以饲养动物生产性能降低或死亡增加、非正常淘汰增多为代价才能得到的。有经验的饲养员和技术人员的流失，离开的不仅是人，还有员工所积累的一套成熟的养殖技术和经验，其损失很难估量。一个整天忙于找饲养员、技术人员的养殖场、一个人员频繁流动更换的养殖场，饲养管理和兽医综合防疫措施只能流于形式，陷入盲目状态。

因此，稳定员工队伍，是确保养殖场健康安全生产的重要措施，也是实施封闭式养殖的前提条件之一。没有稳定的员工队伍，就没有稳定的饲养管理程序和疫病防控措施，这是许多养殖场至今没能解决的问题。

稳定员工队伍实质就是对员工实行人性化管理，尊重和理解员工；实施封闭式管理的养殖场要为员工创造较好的物质文化生活环境，提供多一点的学习交流机会和条件；关爱和善待员工，建立奖励制度；结合封闭饲养实行一次性带薪长假制度，实行定额（数量、病死率等）基本工资和超额奖励制度；本场肉食低价供应员工和预留自留地给员工种植蔬菜；建立相应的福利劳保和卫生补贴制度等，让养殖场成为员工较满意的工作场所。

2. 关于其他人员

（1）谢绝现场参观交流。任何人员都可能成为病原的携带者，参观和现场交流又大多为同行业者，携带病原的可能性远大于普通人群。对这种参观交流应坚决谢绝，20 世纪八九十年代，一些办得较好的养殖场，一些部门为宣传所谓政绩、进行经验交流或推广，大批人员不间断进行现场参观、开现场交流会，成百上千的人流在养殖场内、各圈舍间不受任何限制的穿梭走动，结果造成疫病暴发流行，全军覆没的教训不胜枚举。就是一些专家的考察也同样存在危害，应高度重视，对有组织的人数众多的所谓专家考察也应坚决拒绝。对实在无法拒绝的极少数情况，可采取以下方法解决。① 拍摄全景全流程录像在接待室观看，代替现场参观。② 必须进入现场考察的专家，应严格限定人数，一般不超过 3 人，应更换外衣，穿消毒的外工作服，胶鞋经消毒和紫外线 10min 照射后进行。但一般不得进入种用核心群和幼龄动物群，以参观商品育成群、育肥群动物为主进行。③ 外来兽医参加发病动物会诊，一般都应经消毒、更换外工作服在隔离圈舍或兽医室进行，或拍摄临床、病理剖检录像结合相关口述情况进行。

（2）购买商品动物人员原则上不得进入生产区直接选购。经常性出售种用和商品动物的养殖场，应在生产区靠围墙处盖建专门待出场圈舍，并修建靠围墙的封闭走道，供购买者挑选。选中的动物由饲养人员在内标记。

（3）本场其他人员监管本场饲养人员，只能在本养殖小区和本圈舍范围内活动，尽可能减少本场人员进出本场和生产区的次数，各区、各单元的人员禁止随意走动串舍；本圈舍、本小区使用的饲养工具、物品、饲料、药品等实行专用制，不得随意借出或挪用其他圈舍物品、工具。

本场维修水、电、木工等，应在轮换空圈期内进行检修，不得随意串舍；紧急检修应进行消毒、换装后方可进入圈舍，但应控制和动物的直接接触。

本场的饲养人员和兽医、畜牧技术人员，不得接受其他养殖场和养殖农户的邀请，到现场进行技术指导和疫病会诊、治疗等业务活动。

二、分区饲养

分区饲养是养殖场饲养管理的一项重要措施，有利于采取隔离封锁措施进行封闭饲养。是养殖场为有利于合理组织生产，规避风险，有利于疫病防控，避免造成严重经济损失，根据养殖生产流程、生产性质和目的、养殖规模所设计的从建场到投入养殖生产的一种总体生产布局。

养殖场的规范建设都应分为管理生活区、生产区和隔离区，这是养殖场应具备的基本合理布局，并不是分区饲养。目前，在我国的大多数规模养殖场和一些规模很大、圈舍独幢面积很大的养殖场，仍在延续传统的一点一线式养殖模式。就是在同一个地方，同一个养殖场范围内，按动物养殖的自然流程安排动物圈舍和生产过程，即由能繁动物—配种—妊娠—分娩—保育—育成—育肥—出场的生产流程组成。或按品种、用途、生产性能等，将动物分别饲养在不同的圈舍，如种用动物舍、幼龄动物舍、育成舍、成年或育肥舍等，特点是各个生长阶段的动物集中在同一个地点。优点是管理方便，转群简便，动物转群的应激反应小，适合于规模小、占地面积不足、资金少的养殖场，是目前的重要养殖方式。但由于各生长发育阶段的动物都处在同一生产线上，各圈舍、各阶段动物在不断进入，又不断转出、根本做不到空圈、空舍，实质上仍为混养状态。动物疫病极易发生垂直和水平传播，一旦发病极难控制；各阶段动物的疫病防控重点、方法不一，容易疏漏；一旦传入或发生重大疫病，按国家法规将会是毁灭性损失。

鉴于一点一线式养殖模式存在的动物疫病防控问题，一些新的分区饲养模式应运而生，主要有两种类型：①两点式生产即将动物的繁殖配种妊娠—分娩—断乳这前一阶段的养殖定为一点；将保育—育成—育肥后阶段在另一养殖点完成。②三点式生产即在两点式生产中，将保育阶段动物单独设养殖点完成，再到另一养殖点继续完成育成和育肥。

这两种模式多用于猪、羊、兔和鸡、鸭、鹅等动物养殖。其原理是利用母源抗体还没有消失前，如猪 21 日龄、鸡等禽类脱温阶段，就将其转移到远离生产区的清洁干净的保育区（舍）饲养，使免疫系统尚未完全激活的幼龄动物不再受原繁殖场病原的侵袭，减少幼龄动物的抗病消耗，提高成活率和生长速度。有的猪场在仔猪出生吸吮母乳后 10~15d 即强制断奶，进入保育舍人工哺乳、提前补饲；禽类一孵出就转入脱温场（舍），离开母鸡（禽）场；使幼龄动物在母源抗体开始下降时，就离开繁殖场存在的病原侵袭。

分阶段的分点饲养，点与点的隔离尽可能大些，理想距离为 1km 以上，最小不低于 100m，各点之间的人员、饲养用品、日常管理均独立，做到全隔离封闭饲养。后勤供应由后勤基地统一负责。

这种多点分区饲养使养殖的疫病风险大大降低。繁殖点主要抓好源头性动物疫病的防控和净化，抓好主要动物疫病的免疫，增强新生幼龄动物母源抗体水平；保育场点主抓幼龄或初生动物的消化道和呼吸道疫病的防制和强化免疫；育成和育肥阶段抓好常见病、多发病的防制和必要的补充免疫。这样，各阶段动物疫病的防控重点突出，互不干扰，一旦哪个阶段或环节出现问题，不会波及全场，容易阻断疫病的流行和蔓延。

同时，由于各环节周转较快，动物在每个点上的饲养时间都较短，有利于实行同批次动物的人员固定饲养。完成一个批次的阶段饲养后，饲养员再集中休假，准备接手下批次动物饲养。由于周转快，各点的圈舍建设也将趋于小型化，不宜建设几百头、数千只的大型圈舍。有利于水平传播疫病的控制和空圈舍的彻底消毒，避免不同批次和生长时间的动物混养于同一圈舍。但是，搞好分区饲养的前提是各养殖阶段的动物应做到全出全进，全进全出的管理是实现分区饲养的基础。分区饲养的关键点在于动物强制断乳后或育雏阶段的饲养管理和疫病防制。

三、全进全出饲养

全进全出是对传统的一点一线式连续进出养殖的一种新的管理方法。要求养殖动物在一个养殖阶段同时被移出一幢或一间圈舍；并在新一批动物进入前，对腾空圈舍彻底清扫消毒。由于同日龄（禽）、同周龄（猪）或同月龄（羊）等的动物全进全出，依次转入保育、育肥、肥育阶段的圈舍，使养殖的连续性、节律性和均衡性很强，可实现有计划生产。

从疫病防控上看，一线式饲养和连续进出，使圈舍一直处于被占用状态，只能搞带动物消毒，限制了强力消毒剂的使用；另外圈舍的粪便、污物不能彻底清除和有阻碍消毒剂的作用，使病原体不断的滞留和累积，病原的种类和数量日益增加，致使动物受感染的机率逐渐加大，发病率和死亡率也随之增高，甚至达到无法控制的地步。全进全出方式既可做到各批次动物的隔离封闭，又可保证清空圈舍，进行彻底清扫和强力消毒，有效阻止病原体的滞留和累积，抑制了条件性病原体向致病性病原体的转化过程，防止动物疫病在养殖场的传播。

四、多点分散饲养

目前，许多地方和企业一搞就万头、几万头、甚至10万头猪场，10万只、百万只鸡场，似乎越大越好。圈舍密集、无安全间隔；圈舍越大，每幢圈舍养母猪数百头，养育成猪上千头，养鸡上万只；数量巨大的粪尿和污物难以处理，严重污染环境，生物安全和生态环境条件恶劣等问题不断出现。结果，导致动物疫病防控措施不能有效实施，疫病反复发生，连绵不断；疫病传播速度明显加快，特别是接触性、呼吸道和消化道疫病，如口蹄疫、蓝耳病、疥螨、痢疾等的传播极其容易；无法实施全进全出饲养，出售动物也只能选大留小、提强留弱，造成大批僵化、体弱消瘦动物压圈，数量多又舍不得淘汰，形成疫源动物群体，隐患极大。因此，盲目兴办大型规模化养殖场，就我国目前的兽医防疫技术水平而言，尚不适宜。

应大力提倡中等规模养殖，不宜太大或太小。即使要办大型规模化养殖场，也应由多个中型养殖场组成，实行多点分散饲养，不能太集中，各场之间至少要有3~5km以上的安全距离。假如办一个占地20~33.3km² 的大型养殖场，就不如办3~5个各占地6.67km² 左右的中型养殖场。并在每个场内实施两点或三点式饲养，实行全进全出式养殖。这样，可较好的实行动物疫病的综合防控技术措施，有效控制动物疫病，即使有一个场或一个养殖点发生疫病，其他场、点也可避免感染从而造成大的损失。

第四节　养殖档案管理

为了规范畜牧业生产经营行为，加强畜禽标识和养殖档案管理，建立畜禽及畜禽产品可追溯制度，有效防控重大动物疫病，保障畜禽产品质量安全，依据《中华人民共和国畜牧法》《中华人民共和国动物防疫法》和《中华人民共和国农产品质量安全法》，制定了《畜禽标识和养殖档案管理办法》。经2006年6月16日农业部第14次常务会议审议通过，自2006年7月1日起施行。

一、畜禽标识

畜禽标识是建立畜禽养殖档案的基础。依据《畜禽标识和养殖档案管理办法》规定，所有畜禽均应按规定加施畜禽标识，方能进入流通等环节。所谓畜禽标识是指经农业农村部批准使用的耳标、电子标签、脚环以及其他承载畜禽信息的标识物。一般牲畜用耳标，禽类用脚环，它是畜禽及畜禽产品可追溯体系建设的基本信息载体，用于标识畜禽个体身份，为信息采集提供快速通道。

1. 畜禽标识编码

畜禽标识实行一畜一标，牲畜耳标采用了二维码技术，其核心部分是二维码和编码。二维码是采用加密技术的行业专用码，具有贮存、防伪等多种功能；编码由 1 位牲畜种类代码+6 位县级行政区域代码+8 位标识顺序流水号共计 15 位数字组成。编码具有唯一性，就像人的身份证。

猪、牛、羊的牲畜种类代码分别是 1，2，3。

编码形式为：×（种类代码）-××××××（县级行政区域代码）-××××××××（标识顺序流水号）。

2. 牲畜耳标样式

① 耳标组成及结构。牲畜耳标由主标和辅标两部分组成。主标由主标耳标面、耳标颈、耳标头组成。辅标由辅标耳标面和耳标锁扣组成。② 耳标形状。猪耳标为圆形，主标耳标面为圆形，辅标耳标面为圆形。牛耳标为铲形，主标耳标面为圆形，辅标耳标面为铲形。羊耳标为半圆弧的长方形，主标耳标面为圆形，辅标耳标面为带半圆弧的长方形。③ 牲畜耳标颜色。猪耳标为粉红色，牛耳标为浅黄色，羊耳标为橙色。④ 耳标编码。耳标编码由激光刻制，猪耳标刻制在主标耳标面正面，排布为相邻直角两排，上排为主编码，右排为副编码。牛、羊耳标刻制在辅标耳标面正面，编码分上、下两排，上排为主编码，下排为副编码。专用二维码由激光刻制在主、副编码中央。

3. 畜禽标识的佩戴

① 佩戴时间。新出生的家禽，在出生后 7d 内戴上脚环。新出生牲畜，在出生后 30d 内加施牲畜耳标；30d 内离开饲养地的，在离开饲养地前加施；从国外引进的牲畜，在到达目的地 10d 内加施。牲畜耳标严重磨损、破损、脱落后，应当及时重新加施，并在养殖档案中记录新耳标编码。② 佩戴工具。耳标佩戴工具使用耳标钳，耳标钳由牲畜耳标生产企业提供，并与本企业提供的牲畜耳标规格相配备。③ 佩戴位置。家禽脚环戴左脚。牲畜耳标首次在左耳中部加施，需要再次加施的，在右耳中部加施。④ 佩戴方法。牲畜耳标佩戴之前，应对耳标、耳标钳、动物佩戴部位要进行严格的消毒。用耳标钳将主耳标头穿透动物耳部，插入辅标锁扣内，固定牢固，耳标颈长度和穿透的耳部厚度适宜。主耳标佩戴于生猪耳朵的外侧，辅耳标佩戴于生猪耳朵的内侧。⑤ 登记。防疫人员对动物所佩戴的脚环、耳标信息进行登记，造户成册。

4. 畜禽标识的主要作用

① 食品安全的需要。实行动物的可追溯性计划，是一个全球性的趋势，尤其是英国发生疯牛病之后，人们认识到动物疫病潜在危害加大，一定要能够从产品追踪到出生场及其亲本。② 加速市场准入。欧盟等国家和地区把建立动物标识制度作为准入的一个条件。③ 疫病防控的需要。建立标识制度有利于动物疫病的检测、控制和消灭，为建立全国性有效的应急反应机制提供了基础。④ 促进遗传改良。准确的动物标识增加遗传评估的可靠性，为开展后裔测定提供了良好的基础。

5. 畜禽标识在检疫中的监管作用

① 凡没有施加畜禽标识的动物，动物卫生监督机构在实施产地检疫时，不得出具检疫合格证明。② 动物卫生监督机构应在畜禽屠宰前，查验、登记畜禽标识。畜禽屠宰经营者应在畜禽屠宰时回收畜禽标识，交由动物卫生监督机构保存、销毁。③ 畜禽

经屠宰检疫合格后，动物卫生监督机构应在畜禽产品检疫标志中注明畜禽标识编码。④ 在任何单位和个人不得销售、收购、运输、屠宰应当加施标识但没有加施标识的畜禽。

各级动物疫病预防控制机构应做好畜禽标识用具的订购、发放、使用等情况的登记工作。各级动物卫生监督机构应做好畜禽标识用具的回收、销毁等情况的登记工作。

二、养殖档案

畜禽产品质量安全问题，事关人民群众的身体健康和生命安全。畜禽产品质量安全管理涉及多个环节：一是畜禽养殖过程中，投入品使用不规范，造成的畜禽产品残留超标。畜禽在养殖过程中难免发生各种疾病，特别是鸡、兔、猪等饲养周期较短、饲养密度较大的动物，其发病率也较高，饲养过程中不得不使用一些抗生素来预防疫病的发生，这样就容易导致畜禽产品中药物残留超标。更为严重的是受利益的驱动，部分畜禽饲养者无视消费者的生命安全，依然在畜禽饲料中使用违禁药物或者添加剂。如这几年发生较多、影响较大的"瘦肉精"事件。二是畜产品加工过程的污染。畜产品质量问题不仅受其在养殖过程中所处的外界环境的影响，而且在运输、加工、销售等各环节中也可能因操作等原因导致其二次污染。三是个别不法商贩，掺杂使假，发生了诸如注水鸡、注水猪肉、注水牛肉等事件，严重扰乱正常的畜产品市场。因此，为确保畜禽产品安全，必须实行全过程管理，尤其要从养殖环节抓起，从源头保证畜禽产品质量。

建立畜禽养殖档案是实行畜禽产品全过程监管，建立畜禽产品质量可追溯制度和畜禽产品质量责任追究制度的一项基础性工作。需要指出的是，建立养殖档案对保障畜禽产品的质量安全、动物疫病防控和提高畜牧企业的经济效益具有非常重要的作用，但是从我国的现实情况看，农户的分散养殖还占有很大比例，要求其建立养殖档案还有很多实际困难。因此，依照《畜禽标识和养殖档案管理办法》规定，建立养殖档案是畜禽养殖场的法定义务，违反该义务的，养殖场应当依照本法规定承担相应的法律责任。

畜禽养殖场应当建立养殖档案，载明以下内容：① 畜禽的品种、数量、繁殖记录、标识情况、来源和进出场日期；② 饲料、饲料添加剂等投入品和兽药的来源、名称、使用对象、时间和用量等有关情况；③ 检疫、免疫、监测、消毒情况；④ 畜禽发病、诊疗、死亡和无害化处理情况；⑤ 畜禽养殖代码；⑥农业农村部规定的其他内容。

畜禽养殖场、养殖小区应依法向所在地县级人民政府畜牧兽医行政主管部门备案，取得畜禽养殖代码。畜禽养殖代码由县级人民政府畜牧兽医行政主管部门按照备案顺序统一编号，每个畜禽养殖场、养殖小区只有一个畜禽养殖代码。畜禽养殖代码由6位县级行政区域代码和4位顺序号组成，作为养殖档案编号。

饲养种畜禽应建立个体养殖档案，注明标识编码、性别、出生日期、父系和母系品种类型、母本的标识编码等信息。种畜禽调运时应当在个体养殖档案上注明调出和调入地，个体养殖档案应当随同调运。

销售者或购买者属于养殖场的，应及时在畜禽养殖档案中登记畜禽标识编码及相关信息变化情况。

畜禽养殖档案及种畜禽个体养殖档案格式由农业农村部统一制订。

三、防疫档案

县级动物疫病预防控制机构应当建立畜禽防疫档案，载明以下内容：① 畜禽养殖场：名称、地址、畜禽种类、数量、免疫日期、疫苗名称、畜禽养殖代码、畜禽标识顺序号、免疫人员以及用药记录等。② 畜禽散养户：户主姓名、地址、畜禽种类、数量、免疫日期、疫苗名称、畜禽标识顺序号、免疫人员以及用药记录等。③ 防疫情况排查汇总：畜禽饲养户数、规模场所占比例、散养户所占比例、畜禽存栏数量、应防数量、实防数量、免疫密度等。④ 工作部署档案：工作部署有关文件、会议记录等。⑤ 疫苗管理档案：疫苗入库、发放、使用记录等。⑥ 畜禽标识管理档案：包括耳标、免疫证、免疫档案入库、发放记录等。⑦ 应急物质管理档案：包括规章制度，物资入库、发放记录等。⑧ 疫情检测档案：包括疫情三级测报网点情况；采样、送样记录，疫情检测记录等。

养殖档案和防疫档案保存时间：商品猪、禽为 2 年，牛为 20 年，羊为 10 年，种畜禽长期保存。畜禽标识和养殖档案记载的信息应当连续、完整、真实。从事畜禽经营的销售者和购买者应当向所在地县级动物疫病预防控制机构报告更新防疫档案相关内容。

实施畜禽标识和养殖档案管理的目的就是为了实现畜禽及畜禽产品可追溯，规范畜禽生产经营行为，逐步实施畜禽产品生产经营的全过程质量安全监督管理，落实畜禽产品质量责任追究制度，保障畜禽产品的消费安全。这就要求畜牧兽医行政主管等有关部门必须采取有效措施，依法加强畜禽生产经营的监督管理，及时发现和处理违法行为，真正落实畜禽产品质量责任追究制度，保障人民群众的身体健康和生命安全。

当发生下列情形之一时，县级以上人民政府畜牧兽医行政主管部门可根据畜禽标识、养殖档案等信息对畜禽及畜禽产品实施追溯和处理。国外引进的畜禽在国内发生重大动物疫情，由农业农村部会同有关部门进行追溯。①标识与畜禽、畜禽产品不符；②畜禽、畜禽产品染疫；③畜禽、畜禽产品没有检疫证明；④违规使用兽药及其他有毒、有害物质；⑤发生重大动物卫生安全事件；⑥其他应当实施追溯的情形。

思考题

1. 动物饲养场的动物防疫条件主要有哪些？
2. 分区饲养在动物防疫上有什么好处？
3. 简述分区饲养的分类和方法。

第三章　消毒与疫病预防

消毒是指用物理的、化学的或/和生物的方法清除或杀灭畜禽体表及其生存环境和相关物品中的病原微生物的过程。

消毒的目的是切断传播途径，预防和控制传染病的传播和蔓延。各种传染病的传播因素和传播途径是多种多样的，在不同情况下，同一种传染病的传播途径也可能不同，因而消毒对各类传染病的意义也各不相同。对经消化道传播的疾病的意义最大，对经呼吸道传播的疾病的意义有限，对由节肢动物或啮齿类动物传播的疾病一般不起作用。消毒不能消除患病动物体内的病原体，因而它仅是预防、控制和消灭传染病的重要措施之一，应配合隔离、免疫接种、杀虫、灭鼠、扑杀、无害化处理等措施才能取得成效。

第一节　消毒方法

一、物理消毒

物理消毒是指应用机械的方法或高温的方法清除、抑制或杀灭病原微生物的消毒方法。常用的物理消毒方法有机械消毒、焚烧消毒、火焰消毒和紫外线照射消毒等。

（一）机械清除

机械清除是指用清扫、洗刷、通风和过滤等手段机械清除病原体的方法，是最普通、最常用的消毒方法。它不能杀灭病原体，必须配合其他消毒方法同时使用，才能取得良好的杀毒效果。试验证明，清扫可使舍内细菌数减少 20% 左右，清扫后再用清水冲洗，舍内细菌可减少 50%～60%，再用药液喷洒，舍内细菌可减少 90% 左右。另外，借助通风换气，经常地排出污浊气体和潮气，可排出一些病原微生物，改善舍内空气质量，减少呼吸道等疾病的发生。

1. 操作步骤

① 器具与防护用品准备。扫帚、铁锹、污物筒、喷壶、水管或喷雾器等，高筒靴、工作服、口罩、橡皮手套、毛巾、肥皂等。② 穿戴防护用品。③ 清扫。用清扫工具清除畜禽舍、场地、环境、道路等的粪便、垫料、剩余饲料、尘土、各种废弃物等污物即为清扫。④ 洗刷。用清水或消毒溶液对地面、墙壁、饲槽、水槽、用具或动物体表等进行洗刷，或用高压水龙头冲洗，随着污物的清除，也清除了大量的病原微生物。冲洗

要全面彻底。⑤ 通风。一般采取开启门窗，启动排风换气扇等方法进行通风。⑥ 过滤。在动物舍的门窗、通风口处安置粉尘、微生物过滤网，阻止粉尘、病原微生物进入动物舍内，防止动物感染疫病。

2. 注意事项

① 清扫、冲洗畜舍应先上后下（棚顶、墙壁、地面），先内后外（先畜舍内，后畜舍外）。清扫时，为避免病原微生物随尘土飞扬，可采用湿式清扫法，即在清扫前先对清扫对象喷洒清水或消毒液，再进行清扫。② 清扫出来的污物，应根据可能含有病原微生物的抵抗力，进行堆积发酵、掩埋、焚烧或其他方法进行无害化处理。③ 圈舍应当纵向或正压、过滤通风，避免圈舍排出的污秽气体、尘埃危害相邻的圈舍。

（二）焚烧消毒

焚烧是以直接点燃或在焚烧炉内焚烧的方法。主要是用于传染病流行区的病死动物、尸体、垫料、污染物品等的消毒处理。

1. 操作步骤

① 器械与防护用品准备。扫帚、铁锹、焚烧炉等；隔离衣、口罩、隔离帽、手套等。② 穿戴防护用品。③ 选择焚烧地点。自然焚烧地点应当选择远离学校、公共场所、居民住宅区、动物饲养和屠宰场所、村庄、饮用水源地、河流等；或选择焚烧炉焚烧。④焚烧。用不透水的包装物包裹需焚烧的物品。挖掘焚烧坑，坑深应保证堆入焚烧物后，被焚烧物距离坑面有50cm以上距离，坑底应先覆盖一层生石灰。将焚烧物品直接运至焚烧地点，卸入焚烧坑内。加入足量助燃剂，点燃火把投入焚烧坑内，进行焚烧。观察、翻转，保证焚烧彻底。焚烧完毕后，表面撒布消毒剂。填土高于地面，场地及周围消毒，设立警示牌，看管。

2. 注意事项

① 焚烧产生的烟气应采取有效的净化措施，防止一氧化碳、烟尘、恶臭等对周围大气环境的污染。② 进行自然焚烧时应注意安全，须远离易燃易爆物品，如氧气、汽油、乙炔等。燃烧过程不得添加乙醇，以免引起火焰上窜而致灼伤或火灾。③ 运输器具应当消毒。④ 焚烧人员应做好个人防护。

（三）火焰消毒

火焰消毒是以火焰直接烧灼杀死病原微生物的方法，它能很快杀死所有病原微生物，是消毒效果非常好的一种消毒方法。

1. 操作步骤

① 器械与防护用品准备。火焰喷灯或火焰消毒机、工作服、口罩、隔离帽、手套等。② 穿戴防护用品。③ 清扫（洗）消毒对象。清扫畜舍水泥地面、金属栏和笼具等上面的污物。④ 准备消毒用具。仔细检查火焰喷灯或火焰消毒机，添加燃油。⑤ 消毒。按一定顺序，用火焰喷灯或火焰消毒机再进行火焰消毒。

2. 注意事项

① 对金属栏和笼具等金属物品进行火焰消毒时不要喷烧过久，以免将被消毒物品

烧坏。② 在消毒时还要有一定的次序，以免发生遗漏。③ 火焰消毒时注意防火。

（四）紫外线照射消毒

紫外灯，能辐射出波长主要为 253.7nm 的紫外线，杀菌能力强而且较稳定。紫外线对不同的微生物灭活所需的照射量不同。革兰氏阴性无芽孢杆菌最易被紫外线杀死，而杀死葡萄球菌和链球菌等革兰氏阳性菌照射量则需加大 5~10 倍。病毒对紫外线的抵抗力更大一些。需氧芽孢杆菌的芽孢对紫外线的抵抗力比其繁殖体要高许多倍。

1. 操作步骤

① 消毒前准备。紫外线灯一般于空间 6~15m 安装一只，灯管距地面 2.5~3m 为宜，紫外线灯于室内温度 10~15℃，相对湿度 40%~60% 的环境中使用杀菌效果最佳。② 将电源线正确接入电源，合上开关。③ 照射的时间应不少于 30min。否则杀菌效果不佳或无效，达不到消毒的目的。④ 操作人员进入洁净区时应提前 10min 关掉紫外灯。

2. 注意事项

① 紫外线对不同的微生物有不同的致死剂量，消毒时应根据微生物的种类而选择适宜的照射时间。② 在固定光源情况下，被照物体越远，效果越差，因此应根据被照面积、距离等因素安装紫外线灯（一般距离被消毒物 2m 左右）。③ 紫外线对眼黏膜及视神经有损伤作用，对皮肤有刺激作用，所以人员应避免在紫外灯下工作，必要时需穿戴防护工作衣帽，并戴有色眼镜进行工作。④ 房间内存放着药物或原辅包装材料，而紫外灯开启后对其有影响和房间内有操作人员进行操作时，此房间不得开启紫外灯。⑤ 紫外灯管的清洁，应用毛巾蘸取无水乙醇擦拭其灯管，并不得用手直接接触灯管表面。⑥ 紫外灯的杀菌强度会随着使用时间逐渐衰减，故应在其杀菌强度降至 70% 后，及时更换紫外灯，也就是使用 1 400h 后更换紫外灯。

二、化学消毒

化学消毒是指应用各种化学药物抑制或杀灭病原微生物的方法。是最常用的消毒法，也是消毒工作的主要内容。常用化学消毒方法有刷洗、浸泡、喷雾、熏蒸、拌和、撒布、擦拭等。

（一）刷洗消毒

用刷子蘸消毒液进行刷洗，常用于饲槽、饮水槽等设备、用具等的消毒。

（二）浸泡消毒

将需消毒的物品浸泡在一定浓度的消毒药液中，浸泡一定时间后再拿出来。如将食槽、饮水器等各种器具浸泡在 0.5%~1% 新洁尔灭中消毒。

（三）喷雾消毒

喷雾法消毒是利用气泵将空气压缩，然后通过气雾发生器，使稀释的消毒剂形成一定大小的雾化粒子，均匀地悬浮于空气中，或均匀地覆盖于被消毒物体表面，达到消毒目的。

1. 操作步骤

① 器械与防护用品准备。喷雾器、天平、量筒、容器等，高筒靴、防护服、口罩、护目镜、橡皮手套、毛巾、肥皂等。消毒药品应根据污染病原微生物的抵抗力、消毒对象特点，选择高效低毒、使用简便、质量可靠、价格便宜、容易保存的消毒剂。② 配置消毒药。根据消毒药的性质，进行消毒药的配制，将配制的适量消毒药装入喷雾器中，以八成为宜。③ 打气。感觉有一定抵抗力（反弹力）时即可喷洒。④ 喷洒。喷洒时将喷头高举空中，喷嘴向上以画圆圈方式先内后外逐步喷洒，使药液如雾一样缓缓下落。要喷到墙壁、屋顶、地面，以均匀湿润和畜禽体表稍湿为宜，不适用带畜禽消毒的消毒药，不得直喷畜禽。喷出的雾粒直径应控制在 $80 \sim 120 \mu m$，不要小于 $50 \mu m$。⑤ 消毒结束后的清理工作。消毒完成后，当喷雾器内压力很强时，先打开旁边的小螺丝放完气，再打开桶盖，倒出剩余的药液，用清水将喷管、喷头和筒体冲干净，晾干或擦干后放在通风、阴凉、干燥处保存，切忌阳光暴晒。

2. 注意事项

① 装药时，消毒剂中的不溶性杂质和沉渣不能进入喷雾器，以免在喷洒过程中出现喷头堵塞现象。② 药物不能装得太满，以八成为宜，否则，不易打气或可能造成筒身爆裂。③ 气雾消毒效果的好坏与雾滴粒子大小以及雾滴均匀度密切相关。喷出的雾粒直径应控制在 $80 \sim 120 \mu m$，过大易造成喷雾不均匀和禽舍太潮湿，且在空中下降速度太快，与空气中的病原微生物、尘埃接触不充分，起不到消毒空气的作用；雾粒太小则易被畜禽吸入肺泡，诱发呼吸道疾病。④ 喷雾时，房舍应密闭，关闭门、窗和通风口，减少空气流动。⑤ 喷雾过程中要随时注意喷雾质量，发现问题或喷雾出现故障，应立即停止操作，进行校正或维修。⑥ 使用者必须熟悉喷雾器的构造和性能，并按使用说明书操作。⑦ 喷雾完后，要用清水清洗喷雾器，让喷雾器充分干燥后，包装保存好，注意防止腐蚀。不要用去污剂或消毒剂清洗容器内部。定期保养。

（四）熏蒸消毒

1. 操作步骤

① 药品、器械与防护用品准备。消毒药品可选用福尔马林、高锰酸钾粉、固体甲醛、烟熏百斯特、过氧乙酸等；准备温度计、湿度计、加热器、容器等器材，防护服、口罩、手套、护目镜等防护用品。② 清洗消毒场所。先将需要熏蒸消毒的场所（畜禽舍、孵化器等）彻底清扫、冲洗干净。有机物的存在影响熏蒸消毒效果。③ 分配消毒容器。将盛装消毒剂的容器均匀地摆放在要消毒的场所内，如动物舍长度超过 50m，应每隔 20m 放一个容器。所使用的容器必须是耐烧的，通常用陶瓷或搪瓷制品。④ 关闭所有门窗、排气孔。⑤ 配制消毒药。⑥ 熏蒸根据消毒空间大小，计算消毒药用量，进行熏蒸。a. 固体甲醛熏蒸。按 $3.5 g/m^3$ 用量，置于耐烧容器内，放在热源上加热，当温度达到 20℃时即可挥发出甲醛气体。b. 烟熏百斯特熏蒸。每套（主剂+副剂）可熏蒸 $120 \sim 160 m^3$。主剂+副剂混匀，置于耐烧容器内，点燃。c. 高锰酸钾与福尔马林混合熏蒸。进行畜禽空舍熏蒸消毒时，一般每立方米用福尔马林 $14 \sim 42mL$、高锰酸钾 $7 \sim 21g$、水 $7 \sim 21mL$，熏蒸消毒 $7 \sim 24h$。种蛋消毒时福尔马林 28mL、高锰酸钾 14g、水

14mL，熏蒸消毒20min。杀灭芽孢时每立方米需福尔马林50mL。如果反应完全，则只剩下褐色干燥粉渣；如果残渣潮湿说明高锰酸钾用量不足；如果残渣呈紫色说明高锰酸钾加得太多。d. 过氧乙酸熏蒸。使用浓度是3%～5%，每立方米用2.5mL，在相对湿度60%～80%条件下，熏蒸1～2h。

2. 注意事项

① 注意操作人员的防护。在消毒时，消毒人员要戴好口罩、护目镜，穿好防护服，防止消毒液损伤皮肤和黏膜，刺激眼睛。② 甲醛或甲醛与福尔马林消毒的注意事项。甲醛熏蒸消毒必须有适宜的温度和相对湿度，温度18～25℃、相对湿度60%～80%，较为适宜。室温不能低于15℃，相对湿度不能低于50%。如消毒结束后甲醛气味过浓，若想快速清除甲醛的刺激性，可用浓氨水（2～5mL/m³）加热蒸发以中和甲醛。用甲醛熏蒸消毒时，使用的容器容积应比甲醛溶液大10倍，必须先放高锰酸钾，后加甲醛溶液，加入后人员要迅速离开。③ 过氧乙酸消毒的注意事项。过氧乙酸性质不稳定，容易自然分解，因此，过氧乙酸应现用现配。

（五）拌和

在对粪便、垃圾等污染物进行消毒时，可用粉剂型消毒药品与其拌和均匀，堆放一定时间，可达到良好的消毒目的。如将漂白粉与粪便以1∶5的比例拌和均匀，进行粪便消毒。

（1）称量或估算消毒对象的重量，计算消毒药品的用量，进行称量。

（2）按《中华人民共和国动物防疫法》的要求，选择消毒对象的堆放地址。

（3）将消毒药与消毒对象进行均匀拌和，完成后堆放一定时间即达到消毒目的。

（六）撒布

将粉剂型消毒药品均匀地撒布在消毒对象表面。如用消石灰撒布在阴湿地面、粪池周围及污水沟等处进行消毒。

（七）擦拭

擦拭是指用布块或毛刷浸蘸消毒液，在物体表面或动物、人员体表擦拭消毒。如用0.1%的新洁尔灭洗手；用布块浸蘸消毒液擦洗母畜乳房；用布块蘸消毒液擦拭门窗、设备、用具和栏、笼等；用脱脂棉球浸湿消毒药液在猪、鸡体表皮肤、黏膜、伤口等处进行涂擦；用碘酊、酒精棉球涂擦消毒术部等，也可用消毒药膏剂涂布在动物体表进行消毒。

三、生物消毒

生物消毒是利用动物、植物、微生物及其代谢产物杀灭或去除外环境中的病原微生物。主要用于土壤、水和生物体表面消毒生物处理。目前，在兽医临床中常用的是生物热消毒。

生物热消毒　本法是利用微生物发酵产热以达到消毒目的的一种消毒方法，常用的有发酵池法、堆粪法等。常用于粪便、垫料等的消毒。下面简要介绍发酵池消毒法。

（一）操作步骤

（1）器械与防护用品准备。垃圾车、扫帚、铁锹、高筒靴、口罩、橡皮手套、毛巾、肥皂等。

（2）穿戴防护用品。

（3）准备发酵池。一般发酵池应远离居民区、河流、水井等的地方，距离饲养场200m以外，挖成圆形或方形，池的边缘与池底用砖砌后再抹以水泥，使其不渗漏。如果土质干硬，地下水位底，也可不用砖和水泥。

（4）池底铺垫料。可用草、干粪等在池底铺一层，这样有利于发酵的进行。

（5）装入消毒物质。将预消毒物质一次、定期或不定期卸入消毒池内，直至快满为止，一般距离池口20~30cm。

（6）封盖。装完后，在表面再铺盖一层干粪或杂草，上面再用一层泥土封好，如条件许可，可用木板盖上，以利于发酵和保持卫生。

（7）清池。经1~3个月，即可进行清池，清池后可继续使用。

（二）注意事项

（1）注意生物热发酵的适用对象。

（2）选址应远离学校、公共场所、居民住宅区、动物饲养和屠宰场所、村庄、饮用水源地、河流等，防止发生污染。

（3）发酵池应牢固，防止渗漏。

第二节 消毒剂的种类及配制

消毒剂是指能迅速杀灭病原微生物的化学药物。主要用于环境、畜舍、动物排泄物、用具和器械等表面的消毒。

一、消毒剂的作用机理

消毒剂种类很多，其作用机理不同，归纳起来有以下3种。

（1）使菌体蛋白质变性、凝固，发挥抗菌作用。例如酚类、醇类、醛类消毒剂。

（2）改变菌体浆膜通透性。有些药物能降低病原微生物的表面张力，增加菌体浆膜的通透性，引起重要的酶和营养物质漏失，使水向内渗入，使菌体溶解或崩解，从而发挥抗菌作用。例如表面活性剂等。

（3）干扰病原微生物体内重要酶系统，抑制酶的活性，从而发挥抗菌作用。例如重金属盐类、氧化剂和卤素类。

二、消毒剂的种类

根据其化学性质不同，主要分以下几类。

（1）醛类。甲醛溶液（福尔马林）、多聚甲醛、戊二醛、乌洛托品等。

（2）酚类。复合酚、煤皂酚（甲酚、来苏尔）、苯酚（石炭酸）、松节油、鱼石脂、复方煤焦油酸溶液、甲酚磺酸（煤酚磺酸）等。

（3）醇类。乙醇（酒精）、苯氧乙醇、异丙醇等。

（4）表面活性剂。单链季铵盐、双链季铵盐、苯扎溴铵（新洁尔灭）、氯己定（双氯苯双胍己烷、洗必泰）、杜米芬、肥皂等。

（5）氧化剂类。高锰酸钾、过氧化氢（双氧水）、过氧乙酸、过氧戊二酸、臭氧等。

（6）烷基化合物。环氧乙烷。

（7）卤素类。碘、络合碘、聚维酮碘、碘伏、漂白粉、次氯酸钠、二氯异氰尿酸钠、氯胺类等。

（8）酸类。醋酸、硼酸、水杨酸、苯甲酸、苹果酸、柠檬酸、甲酸、丙酸、丁酸、乳酸等。

（9）碱类。生石灰、氢氧化钠（火碱）、草木灰等。

（10）重金属盐类。升汞、红汞、硫柳汞等。

（11）染料类。甲紫（龙胆紫、结晶紫）等。

三、常用消毒剂介绍（表3-1）

表3-1　常用消毒剂

类别	名称	理化性质与作用	用途及注意事项
醛类	福尔马林溶液	无色有刺激性气味的液体，含36%甲醛，低温下易生成沉淀	环境消毒：1%~2%的水溶液 熏蒸消毒：畜禽房舍等每立方米福尔马林42mL、高锰酸钾2.1g，相对湿度60%~80%，7h以上
	戊二醛	挥发慢、刺激性小，碱性溶液，有强大的灭菌作用	2%水溶液，用0.3%碳酸钠调整pH值在7.5~8.5范围消毒，不能用于热灭菌的精密仪器、器材消毒
酚类	苯酚（石炭酸）	白色针状结晶，弱碱性易溶于水，有芳香味，可杀灭细菌繁殖体，但对芽孢、病毒无效	3%~5%用于环境与器械消毒，2%时用于皮肤消毒，忌与碘、溴、高锰酸钾、过氧化氢等配伍
	煤皂酚（来苏尔）	无色，见光和空气变深褐色，与水混合成为乳状液体，毒性小，杀菌作用比苯酚强3倍，能杀灭细菌的繁殖体，但对芽孢作用差	3%~5%用于环境消毒，5%~10%用于器械消毒，2%用于皮肤消毒

（续表）

类别	名称	理化性质与作用	用途及注意事项
醇类	乙醇（酒精）	无色透明液体，易挥发、易燃烧，可以与水和挥发油任意混合。主要去除细菌细胞膜中的脂质并使菌体蛋白凝固和变性。杀死细菌的繁殖体，对细菌芽孢无效	75%用于皮肤和器械消毒
表面活性剂类	苯扎溴铵（新洁尔灭）	无色或淡黄色透明液体，无腐蚀性，易溶于水，稳定而耐热，长期保存不失效，抗菌作用强，光谱作用快，能杀灭多种革兰氏阳性菌，对病毒、霉菌有一定的抑制和杀灭作用	0.1%用于外科器械和手消毒，1%用于手术部位消毒，0.01%～0.05%用于洗眼、阴道冲洗消毒
	杜米芬（消毒灵）	白色粉末，易溶于水和乙醇，对热稳定	0.05%～0.1%用于器械消毒，1%用于皮肤消毒，0.01%～0.02%用于黏膜消毒
	氯己定（洗必泰）	白色结晶粉末，微溶于水和乙醇	0.5%用于环境消毒，0.1%用于器械消毒，0.02%用于皮肤消毒
氧化剂类	过氧乙酸	无色透明酸性液体，易挥发，具有浓烈刺激性，不稳定，对皮肤黏膜有腐蚀性，作用快速，杀灭作用强，迅速杀灭细菌、病毒、霉菌和细菌芽孢	0.5%～5%用于环境消毒，0.2%用于器械消毒
	过氧化氢	无色透明、无异味、微酸、易溶于水，在水中分解成水和氧	1%～3%用于创面消毒，0.3%～1%用于黏膜消毒
	过氧戊二酸	有固体和液体两种，固体难溶于水，为白色粉末，有轻度刺激性作用，易溶于乙醇、氯仿、乙酸	2%用于器械浸泡消毒和物体表面擦拭，0.5%用于皮肤消毒，雾化气溶胶用于空气消毒
	高锰酸钾	深紫色结晶，溶于水。强氧化剂，遇有机物或加热、加酸或碱均能放出初生态氧，呈现杀菌、杀病毒、除臭和解毒作用，对原虫也有杀灭作用	0.1%用于创面和黏膜消毒，0.01%～0.02%用于消化道清洗
	臭氧	臭氧（O_3）是氧气（O_2）的同素异形体，在常温下为淡蓝色气体，有鱼腥臭味，极不稳定，易溶于水，可用于饮水消毒，污水处理，物体表面和空气消毒，强氧化杀菌，除水中异味，不留残毒物质，表面消毒作用缓慢	30mg/m^3、15min用于室内空气消毒；0.5mg/L、10min用于水消毒，15～20mg/L用于污染源污水消毒
烷基化物	过氧乙烷	常温无色气体，沸点14.4℃，易燃烧，易爆，有毒	50mg/L密闭容器内用于器械、敷料等消毒

（续表）

类别	名称	理化性质与作用	用途及注意事项
含碘酒类消毒剂	碘酊（碘酒）	红棕色液体，微溶于水和乙醚、氯仿等有机溶剂，高效广谱，稳定持久，主要用于环境喷雾、种蛋浸泡、孵化皿洗刷和发病动物群的消毒	2%～2.5%用于皮肤消毒
	碘伏（络合碘）	碘与表面活化剂及增溶剂形成的不定性型络合物，其实质是一种含碘的表面活性剂，主要剂型为聚乙烯吡咯烷酮碘和聚乙烯醇碘等，性质稳定，对皮肤无害	0.5%～1%用于皮肤消毒剂，10mg/L浓度用于饮水消毒
含氯化合物	漂白粉（含次氯酸）	白色颗粒状粉末，有氯臭味，久置空气中失效，大部溶于水和醇，杀菌作用快而强，能杀灭细菌及其芽孢、病毒、真菌等，在强酸性环境中的杀菌作用比碱性环境中强	5%～10%用于喷洒动物圈舍、笼架、饲槽及饮水消毒。10%～20%用于被污染的圈舍、粪池、排泄物、运输车辆等场所消毒
	漂白粉精	白色结晶，有氯臭味，属氯稳定类合物	0.5%～1.5%用于地面、墙壁消毒。0.4～0.5g/kg用于饮水消毒
	氯铵类（含氯铵B、氯铵C、氯铵T等）	白色剂结晶，有氯臭味，属氯稳定类消毒，杀菌广谱，对细菌繁殖体、芽孢、病毒、真菌孢子都有杀灭作用，提高溶液酸度，可在短时间内释放大量活性氯，杀菌作用可提高40倍	0.3%溶液用于黏膜消毒。0.5%杀死大肠杆菌、金色葡萄球菌等。0.2%～0.5%溶液喷雾用于室内空气及表面消毒。0.1%～0.2%用于浸泡物品器材消毒
酸类	乳酸	微黄色透明液体，无臭、微酸味，有吸湿性，对伤寒杆菌、大肠杆菌、葡萄球菌和链球菌等都具有抑制或杀灭作用，对某些病毒有作用，适用于空气消毒	20%溶液在密闭空间内置于器皿中加热蒸发30～90min
	醋酸	浓烈酸味，作用同上	5～10mL/m³ 加等量水蒸发 10～15min 用于消毒房间
	十一烯酸	黄色油状溶液，溶于乙醇	5%～10%醇溶液用于皮肤、物体表面消毒
碱类	氢氧化钠（火碱）	白色棒状、片状，易溶于水，溶液易吸收空气中的 CO_2，对细菌、病毒和细菌芽孢都具有强大的杀灭作用	1%～2%用于地面、墙壁、运动场消毒，2%用于病毒，5%用于炭疽消毒，0.5%用于煮沸消毒敷料备品等，喷洒6～12h后清水冲净
	生石灰（氧化钙）	白色或灰白色块状，无臭，易吸水，生成氢氧化钙，对大多数细菌繁殖体有较强的消毒作用	加水配制10%～20%石灰水涂刷畜舍墙壁、畜栏等消毒，用量 2～6L/m²

（续表）

类别	名称	理化性质与作用	用途及注意事项
重金属盐类	汞溴红（红汞、红药水）	带绿色或蓝绿赤褐色的小片或颗粒，无气味，有吸湿性，易溶于水。它的汞离子解离后与蛋白质结合，从而起到杀菌作用，对芽孢无效。对皮肤的刺激较小	2%的水溶液，用于表浅创面皮肤外伤的消毒。但不能与碘酒同时使用
	硫柳汞	乳白至微黄色结晶性粉末，稍有特殊臭，遇光易变质，易溶于水，不沉淀蛋白质	0.01%用于生物制品防腐，0.1%用于皮肤或手术部位消毒
染料类	甲紫（龙胆紫，紫药水）	深绿色块状，溶于水和乙醇	1%用于皮肤和黏膜的化脓性感染，1%~3%溶液用于浅表创面消毒

四、使用消毒剂注意事项

1. 注意选择消毒剂

消毒剂对微生物有一定的选择性，并受环境温度、湿度、酸碱度的影响。因此，应针对所要杀灭的病原微生物特点、消毒对象的特点、环境温度、湿度、酸碱度等，选择对病原体消毒力强，对人畜毒性小，不损坏被消毒物体，易溶于水，在消毒环境中比较稳定，价廉易得，使用方便的消毒剂。如要杀灭革兰氏阳性菌应选择季胺盐类等杀灭革兰氏阳性菌效果好的消毒剂；如果杀灭细菌芽孢，应选择杀菌力强，能杀灭细菌芽孢的消毒剂；如果杀灭病毒，应选择对病毒消毒效果好的碱性消毒剂；如消毒地面、墙壁等时，可不考虑消毒剂对组织的刺激性和腐蚀性，选择杀菌力强的烧碱；如消毒用具、器械、手指时，应选择消毒效果好，又毒性低、无局部刺激性的洗必泰等；消毒饲养器具时，应选择氯制剂或过氧乙酸，以免因消毒剂的气味影响饮食或饮水；消毒畜禽体表时，应选择消毒效果好而又对畜禽无害的0.1%新洁尔灭、0.1%过氧乙酸等。如室温在16℃以上时，可用乳酸、过氧乙酸或甲醛熏蒸消毒；如室温在0℃以下时可用2%~4%次氯酸钠加2%碳酸钠熏蒸消毒。

2. 注意选择消毒方法

根据消毒剂的性质和消毒对象的特点，选择喷洒、熏蒸、浸泡、洗刷、擦拭、撒布等适宜的消毒方法。

3. 注意消毒剂的浓度与剂量

一般来说，消毒剂的浓度和消毒效果成正比，即消毒剂浓度越大，其消毒效力越强（但是70%~75%酒精比其他浓度酒精消毒效力都强）。但浓度越大，对机体、器具的损伤或破坏作用也越大。因此，在消毒时，应根据消毒对象、消毒目的的需要，选择既有效而又安全的浓度，不可随意加大或减少药物的浓度。喷洒消毒时，应根据消毒对象、消毒目的等计算消毒液用量，一般是每平方米用1L消毒液，使地面、墙壁、物品等消毒对象表面都有一层消毒液覆盖。熏蒸消毒时，应根据消毒空间大小和消毒对象计算消毒剂用量。

4. 注意环境温度、湿度和酸碱度

环境温度、湿度和酸碱度对消毒效果都有明显的影响，必须加以注意。一般来说，温度升高，消毒剂杀菌能力增强。例如温度每升高 10℃，石炭酸的消毒作用可增加 5~8 倍，金属盐类消毒剂消毒作用可增加 2~5 倍。

湿度对许多气体消毒剂的消毒作用有明显的影响。这种影响来自两个方面：一是湿度直接影响微生物的含水量。用环氧乙烷消毒时，若细菌含水量太多，则需要延长消毒时间；细菌含水量太少时，消毒效果亦明显降低；完全脱水的细菌用环氧乙烷很难将其杀灭。二是每种气体消毒剂都有其适应的相对湿度范围，如用甲醛熏蒸消毒时，要求相对湿度大于 60% 为宜。用过氧乙酸消毒时，要求相对湿度不低于 40%，以 60%~80% 为宜。直接喷洒消毒干粉剂消毒时，需要有较高的相对湿度，使药物潮解后才能充分发挥作用。

酸碱度可以从两个方面影响杀菌作用，一是对消毒剂作用，可以改变其溶解度、离解程度和分子结构。如酚、次氯酸、苯甲酸在酸性环境中杀菌作用强，戊二醛、阳离子表面活性剂在碱性环境中杀菌作用强等；二是对微生物的影响，微生物生长的适宜 pH 值范围为 6~8，pH 值过高或过低对微生物生长均有影响。

5. 注意把有机物清除干净

粪便、饲料残渣、污物、排泄物、分泌物等，对病原微生物有机械保护作用和降低消毒剂消毒效果的作用。因此，在使用消毒剂消毒时必须先将消毒对象（地面、设备、用具、墙壁等）清扫、洗刷干净，再使用消毒剂，使消毒剂能充分作用于消毒对象。

6. 注意要有足够的接触时间

消毒剂与病原微生物接触时间越长，杀死病原微生物越多。因此，消毒时，要使消毒剂与消毒对象有足够的接触时间。

7. 消毒操作规范

消毒剂只有接触病原微生物，才能将其杀灭。因此，喷洒消毒剂一定要均匀，每个角落都喷洒到位，避免操作不当，影响消毒效果。

五、消毒剂溶液浓度表示方法

1. 以"百分数"表示

溶液浓度的百分数用"%"符号表示。溶质为固体或气体时，系指 100mL 溶液中含有溶质的克数。溶质为液体时，系指 100mL 溶液中含有溶质的毫升数。

2. 以"比例"表示

溶质 1 份相当于溶液的份数，以比例表示，例如溶液所记示 1∶10，系指固体（或气体）溶质 1g 或液体溶质 1mL 加溶媒配成 10mL 的溶液。

3. 以"饱和"表示

在一定温度下，溶质溶于溶媒中达到最大量时，则该溶液即达饱和浓度。饱和溶液的含量随着温度的变化和物质的种类而不同。配制时可根据该药物的溶解度计算称取药物的量。

4. 以摩尔浓度表示

摩尔浓度是用 1L（1 000mL）溶液中所含溶质的摩尔数来表示的溶液浓度。通常用"mol/L"表示。物质的量用 mol 做单位来表示，1mol 在数值上与该物质的分子量相同。

5. 高浓度溶液配制低浓度溶液的方法

高浓度溶液配制低浓度溶液一般采用稀释法，可用下列公式计算：

$$X = (V \times B) \div A$$

式中：X 为需要浓溶液的量；V 为稀溶液的量；B 为稀溶液的浓度；A 为浓溶液的浓度。

六、常用消毒剂的配制

（一）操作步骤

1. 器械与防护用品准备

① 量器的准备。量筒、天平或台秤、称量纸、药勺、盛药容器（最好是搪瓷或塑料耐腐蚀制品）、温度计等。② 防护用品的准备。工作服、口罩、护目镜、橡皮手套、胶靴、毛巾、肥皂等。③ 消毒药品的选择。依据消毒对象表面的性质和病原微生物的抵抗力，选择高效、低毒、使用方便、价格低廉的消毒药品。计算消毒药用量依据消毒对象面积（如场地、动物舍内地面、墙壁的面积和空间大小等）计算消毒药用量。

2. 配制方法

① 70%酒精溶液的配制。用量器称取 95%医用酒精 789.5mL，加蒸馏水（或纯净水）稀释至 1 000mL，即为 75%酒精，配制完成后密闭保存。② 5%氢氧化钠的配制。称取 50g 氢氧化钠，装入量器内，加入适量常水中（最好用 60~70℃热水），搅拌使其溶解，再加水至 1 000mL，即得，配制完成后密闭保存。③ 0.1%高锰酸钾的配制。称取 1g 高锰酸钾，装入量器内，加水 1 000mL，使其充分溶解即得。④ 3%来苏尔的配制。取来苏尔 3 份，放入量器内，加清水 97 份，混合均匀即成。⑤ 2%碘酊的配制。称取碘化钾 15g，装入量器内，加蒸馏水 20mL 溶解后，再加碘片 20g 及乙醇 500mL，搅拌使其充分溶解，再加入蒸馏水至 1 000mL，搅匀，滤过，即得。⑥ 碘甘油的配制。称取碘化钾 10g，加入 10mL 蒸馏水溶解后，再加碘 10g，搅拌使其充分溶解后，加入甘油至 1 000mL，搅匀，即得。⑦ 熟石灰（消石灰）的配制。生石灰（氧化钙）1kg，装入容器内，加水 350mL，生成粉末状即为熟石灰，可撒布于阴湿地面、污水池、粪地周围等处消毒。⑧ 20%石灰乳的配制。1kg 生石灰加 5kg 水即为 20%石灰乳。配制时最好用陶瓷缸或木桶等。首先称取适量生石灰，装入容器内，把少量水（350mL）缓慢加入生石灰内，稍停，使石灰变为粉状的熟石灰时，再加入余下的 4 650mL 水，搅匀即成

20%石灰乳。

（二）注意事项

1. 容器使用注意事项

配制消毒药品的容器必须刷洗干净，以防止残留物质与消毒药发生理化反应，影响消毒效果。

2. 消毒液配制的注意事项

① 配制好的消毒液放置时间过长，大多数效力会降低或完全失效，因此，消毒液应现配现用。② 某些消毒药品（如生石灰）遇水会产热，应在搪瓷桶、盆等耐热容器中配制为宜。③ 配制有腐蚀性的消毒液（如氢氧化钠）时，应使用塑料、搪瓷等耐腐蚀容器配制、储存，禁止用金属容器配制和储存。④ 做好个人防护，配制消毒液时应戴橡胶手套、穿工作服，严禁用手直接接触，以免灼伤。

第三节 器具消毒

一、诊疗器械的消毒

（一）操作步骤

1. 一般诊疗用品的清洗

一般患畜用过的诊疗用品在重复使用前可先清洗后消毒；若是传染病畜禽用过的，应先消毒后清洗，使用前再消毒。

2. 一般诊疗用品的消毒

① 体温计用后应清洗，然后用70%酒精浸泡消毒，作用时间15min以上，不宜用擦拭法，且酒精应定期更换。② 开口器可用蒸馏水煮沸或流动蒸汽20min或压力蒸汽灭菌，也可用0.2%新洁尔灭进行浸泡消毒。③ 听诊器、叩诊器等用质量分数为0.2%~0.5%新洁尔灭擦拭。若有传染性疾病如犬瘟热、传染性肝炎、猪瘟病毒等污染，则应用2%酸性强化戊二醛或0.5%过氧乙酸擦拭消毒。④ 注射器、注射针头每次使用完毕后，应进行蒸煮消毒。

（二）注意事项

1. 注意消毒药品的时效性

长期使用的消毒药品，要定期更换，如消毒体温计用的酒精，使用一定时间后要及时更换，保证其消毒的有效性。

2. 注意选择消毒药品和消毒方法

根据消毒对象的不同，应选用不同的消毒药品和消毒方法。

二、饲养器具的消毒

饲养用具包括食槽、饮水器、料车、添料锹等，所用饲养用具定期进行消毒。

（一）操作步骤

（1）配制消毒药。根据消毒对象不同，配制消毒药。

（2）清扫（清洗）饲养用具。如饲槽应及时清理剩料，然后用清水进行清洗。

（3）消毒。根据饲养用具的不同，可分别采用浸泡、喷洒、熏蒸等方法进行消毒。

（二）注意事项

（1）注意选择消毒方法和消毒药。饲养器具用途不同，应选择的不同消毒药，如笼舍消毒可选用福尔马林进行熏蒸，而食槽或饮水器一般选用过氧乙酸、高锰酸钾等进行消毒；金属器具也可选用火焰消毒。

（2）保证消毒时间。由于消毒药的性质不同，因此在消毒时，应注意不同消毒药的有效消毒时间，给予保证。

三、运载工具的消毒

运载工具主要是车辆，一般根据用途不同，将车辆分为运料车、清污车、运送动物的车辆等。车辆的消毒主要是应用喷洒消毒法。

（一）操作步骤

（1）准备消毒药品。根据消毒对象和消毒目的不同，选择消毒药物，仔细称量后装入容器内进行配制。

（2）清扫（清洗）运输工具。应用物理消毒法对运输工具进行清扫和清洗，去除污染物，如粪便、尿液、撒落的饲料等。

（3）消毒。运输工具清洗后，根据消毒对象和消毒目的，选择适宜的消毒方法进行消毒，如喷雾消毒或火焰消毒。

（二）注意事项

（1）注意消毒对象，选择适宜的消毒方法。

（2）消毒前一定要清扫（洗）运输工具，保证运输工具表面粘附的有机物污染物的清除，这样才能保证消毒效果。

（3）进出疫区的运输工具要按照动物卫生防疫法要求进行消毒处理。

第四节　畜禽舍空气及排泄物消毒

一、空气消毒

空气消毒方法有物理消毒法和化学消毒法。物理消毒法，常用的有通风和紫外线照射两种方法。通风可减少室内空气中微生物的数量，但不能杀死微生物；紫外线照射可杀灭空气中的病原微生物。化学消毒法，有喷雾和熏蒸两种方法。用于空气化学消毒的化学药品需具有迅速杀灭病原微生物、易溶于水、蒸汽压低等特点，如常用的甲醛、过氧乙酸等，当进行加热，便迅速挥发为气体，其气体具有杀菌作用，可杀灭空气中的病原微生物。

二、粪便污物消毒

粪便污物消毒方法有生物热消毒法、掩埋消毒法、焚烧消毒法和化学药品消毒法。

（一）生物热消毒法

生物热消毒法是一种最常用的粪便污物消毒法，这种方法能杀灭除细菌芽孢外的所有病原微生物，并且不丧失肥料的应用价值。粪便污物生物热消毒的基本原理是，将收集的粪便堆积起来后，粪便中便形成了缺氧环境，粪中的嗜热厌氧微生物在缺氧环境中大量生长并产生热量，能使粪中温度达 60～75℃，这样就可以杀死粪便中病毒、细菌（不能杀死芽孢）、寄生虫卵等病原体。此种方法通常有发酵池法和堆粪法两种。

1. 操作步骤

（1）发酵池法。适用于动物养殖场，多用于稀粪便的发酵。① 选址。在距离饲养场 200m 以外，远离居民、河流、水井等的地方挖两个或两个以上的发酵池（根据粪便的多少而定）。② 修建消毒池。可以筑为圆形或方形。池的边缘与池底用砖砌后再抹以水泥，使其不渗漏。如果土质干硬，地下水位低，也可不用砖和水泥。③ 先将池底放一层干粪，然后将每天清除出的粪便、垫草、污物等倒入池内。④ 快满的时候在粪的表面铺层干粪或杂草，上面再用一层泥土封好，如条件许可，可用木板盖上，以利于发酵和保持卫生。⑤ 经 1~3 个月，即可出粪清池。在此期间每天清除粪便可倒入另一个发酵池。如此轮换使用。

（2）堆粪法。适用于干固粪便的发酵消毒处理。① 选址在距畜禽饲养场 200m 以外，远离居民区、河流、水井等的平地上设一个堆粪场，挖一个宽 1.5～2.5m、深约 20cm，长度视粪便量的多少而定的浅坑。② 先在坑底放一层 25cm 厚的无传染病污染的粪便或干草，然后在其上再堆放准备要消毒的粪便、垫草、污物等。③ 堆到 1~1.5m 高度时，在欲消毒粪便的外面再铺上 10cm 厚的非传染性干粪或谷草（稻草等），最后再覆盖 10cm 厚的泥土。④ 密封发酵，夏季 2 个月，冬季 3 个月以上，即可出粪清坑。如粪便较稀时，应加些杂草，太干时倒入稀粪或加水，使其干湿适当，以促使其迅速发热。

2. 注意事项

① 发酵池和堆粪场应选择远离学校、公共场所、居民住宅区、动物饲养和屠宰场所、村庄、饮用水源地、河流等。② 修建发酵池时要求坚固，防止渗漏。③ 注意生物热消毒法的适用范围。

（二）掩埋法

此种方法简单易行，但缺点是粪便和污物中的病原微生物可渗入地下，污染水源，并且损失肥料。适合于粪量较少，且污物中不含细菌芽孢的情况。

1. 操作步骤

① 消毒前准备：漂白粉或新鲜的生石灰，高筒靴、防护服、口罩、橡皮手套、铁锹等。② 将粪便与漂白粉或新鲜的生石灰混合均匀。③ 混合后深埋在地下 2m 左右之处。

2. 注意事项

① 掩埋地点应选择远离学校、公共场所、居民住宅区、村庄、饮用水源地、河流等。② 应选择地势高燥，地下水位较低的地方。③ 注意掩埋消毒法的适用范围。

（三）焚烧法

焚烧法是消灭一切病原微生物最有效的方法，故用于消毒最危险的传染病畜禽粪便（如炭疽、牛瘟等）。可用焚烧炉，如无焚烧炉，可以挖掘焚烧坑，进行焚烧消毒。

1. 操作步骤

① 消毒前准备：燃料、高筒靴、防护服、口罩、橡皮手套、铁锹、铁梁等。② 挖坑，坑宽 75~100cm，深 75cm，长以粪便多少而定。③ 在距坑底 40~50cm 处加一层铁梁（铁梁密度以不使粪便漏下为度），铁梁下放燃料，梁上放欲消毒粪便。如粪便太湿，可混一些干草，以便烧毁。

2. 注意事项

① 焚烧产生的烟气应采取有效的净化措施，防止一氧化碳、烟尘、恶臭等对周围大气环境的污染。② 焚烧时应注意安全，防止火灾。

（四）化学药品消毒法

用化学消毒药品，如含 2%~5% 有效氯的漂白粉溶液、20% 石灰乳等消毒粪便。这种方法既麻烦，又难以达到消毒的目的，故实践中不常用。

三、污水消毒

污水中可能含有有害物质和病原微生物，如不经处理，任意排放，将污染江、河、湖、海和地下水，直接影响工业用水和城市居民生活用水的质量，甚至造成疫病传播，危害人、畜健康。污水的处理分为物理处理法（机械处理法）、化学处理法和生物处理法3种。

1. 物理处理法

物理处理法也称机械处理法，是污水的预处理（初级处理或一级处理），物理处理主要是去除可沉淀或上浮的固体物，从而减轻二级处理的负荷。最常用的处理手段是筛滤、隔泊、沉淀等机械处理方法。筛滤是用金属筛板、平行金属栅条筛板或金属丝编织的筛网，来阻留悬浮固体碎屑等较大的物体。经过筛滤处理的污水，再经过沉淀池进行沉淀，然后进入生物处理或化学处理阶段。

2. 生物处理法

生物处理法是利用自然界的大量微生物（主要是细菌）氧化分解有机物的能力，除去废水中呈胶体状态的有机污染物质，使其转化为稳定、无害的低分子水溶性物质、低分子气体和无机盐。根据微生物作用的不同，生物处理法又分为好氧生物处理法和厌氧生物处理法。好氧生物处理法是在有氧的条件下，借助于好氧菌和兼性厌氧菌的作用来净化废水的方法。大部分污水的生物处理都属于好氧处理，如活性污泥法、生物过滤法、生物转盘法。厌氧生物处理法是在无氧条件下，借助于厌氧菌的作用来净化废水的方法，如厌氧消化法。

3. 化学处理法

经过生物处理后的污水一般还含有大量的菌类，特别是屠宰污水含有大量的病原菌，需经消毒药物处理后，方可排出。常用的方法是氯化消毒，将液态氯转变为气体，通入消毒池，可杀死99%以上的有害细菌。也可用漂白粉消毒，即每千升水中加有效氯0.5kg。

第五节　场所的消毒

一、养殖场

养殖场消毒的目的是消灭传染源散播于外界环境中的病原微生物，切断传播途径，阻止疫病继续蔓延。养殖场应建立切实可行的消毒制度，定期对畜禽舍地面土壤、粪便、污水、皮毛等进行消毒。

1. 操作步骤

（1）入场消毒。养殖场大门入口处设立消毒池（池宽同大门，长为机动车轮一周半），内放2%氢氧化钠溶液，每半个月更换1次。大门入口处设消毒室，室内两侧、顶壁设紫外线灯，一切人员皆要在此用漫射紫外线照射5~10min，进入生产区的工作人员，必须更换场区工作服、工作鞋，通过消毒池进入自己的工作区域，严禁相互串舍（圈）。不准带入可能被污染的畜产品或物品。

（2）畜舍消毒。畜舍除保持干燥、通风、冬暖、夏凉以外，平时还应做好消毒。一般分两个步骤进行：第一步先进行机械清扫；第二步用消毒液。畜舍及运动场应每天打扫，保持清洁卫生，料槽、水槽干净，每周消毒一次，圈舍内可用过氧乙酸做带畜消毒，0.3%~0.5%做舍内环境和物品的喷洒消毒或加热做熏蒸消毒（每立方米空间用2~5mL）。

（3）空畜舍的常规消毒程序。首先彻底清扫干净粪尿。用2%氢氧化钠喷洒和刷洗墙壁、笼架、槽具、地面，消毒1~2h后，用清水冲洗干净，待干燥后，用0.3%~0.5%过氧乙酸喷洒消毒。对于密闭畜舍，还应用甲醛熏蒸消毒，方法是每立方米空间用40%甲醛30mL，倒入适当的容器内，再加入高锰酸钾15g。注意：此时室温不应低于15℃，否则要加入热水20mL。为了减少成本，也可不加高锰酸钾，但是要用猛火加热甲醛，使甲醛迅速蒸发，然后熄灭火源，密封熏蒸12~14h。打开门窗，除去甲醛气味。

（4）畜舍外环境消毒。畜舍外环境及道路要定期进行消毒，填平低洼地，铲除杂草，灭鼠、灭蚊蝇、防鸟等。

（5）生产区专用设备消毒。生产区专用送料车每周消毒1次，可用0.3%过氧乙酸溶液喷雾消毒。进入生产区的物品、用具、器械、药品等要通过专门消毒后才能进入畜舍。可用紫外线照射消毒。

（6）尸体处理。尸体可用掩埋法、焚烧法等方法进行消毒处理。掩埋应选择离养殖场100m之外的无人区，找土质干燥、地势高、地下水位低的地方挖坑，坑底部撒上生石灰，再放入尸体，放一层尸体撒一层生石灰，最后填土夯实。

2. 注意事项

（1）养殖场大门、生产区和畜舍入口处皆要设置消毒池，内放火碱液，一般10~15d更换新配的消毒液。畜舍内用具消毒前，一定要先彻底清扫干净粪尿。

（2）尽可能选用广谱的消毒剂或根据特定的病原体选用对其作用最强的消毒药。消毒药的稀释度要准确，应保证消毒药能有效杀灭病原微生物，并要防止腐蚀、中毒等问题的发生。

（3）有条件或必要的情况下，应对消毒质量进行监测，检测各种消毒药的使用方法和效果。并注意消毒药之间的相互作用，防止互作使药效降低。

（4）不准任意将两种不同的消毒药物混合使用或消毒同一种物品，因为两种消毒药合用时常因物理或化学配伍禁忌而使药物失效。

（5）消毒药物应定期替换，不要长时间使用同一种消毒药物，以免病原菌产生耐药性，影响消毒效果。

二、孵化场

孵化场卫生状况直接影响种蛋孵化率、健雏率及雏鸡的成活率。一个合格的受精蛋孵化为健康的雏鸡，在整个孵化过程中所有与之有关的设备、用具都必须是清洁、卫生的。

孵化场的卫生消毒包括人员、种蛋、设备、用具、墙壁、地面和空气的卫生消毒。

1. 操作步骤

（1）人员的消毒。孵化场的人员进出孵化室必须消毒，其他外来人员一律不准进入。要求在大门口内设二门，门口设消毒池，池内经常更换消毒液，二门内设淋浴室及更衣室，工作人员进入时需脚踏消毒池，入门后淋浴，更换工作服后方可进入。工作服应定期清洗、消毒。消毒池内可用 2% 的火碱水；服装可用百毒杀等洗涤后用紫外线照射消毒。码蛋、照蛋、落盘、注射、鉴别人员工作前及工作中用药液洗手。

（2）种蛋的消毒。首先要选择健康无病的种鸡群且没有受到任何污染的种蛋，种蛋从鸡舍收集后进行筛选，剔除粪蛋、脏蛋及不合格蛋后将种蛋放入干净消过毒的镂空蛋托上立即消毒。种蛋正式孵化前，一般需要消毒 2 次，第一次在集蛋后进行；第二次在加热孵化前。一般每天收集种蛋 2~4 次，每次收集后立即放入专用消毒柜或消毒厨内，用甲醛、高锰酸钾熏蒸消毒。用量为每立方米空间用福尔马林 30mL，高锰酸钾 15g，熏蒸 15~20min。要求密闭，温热（温度 25℃）、湿润（湿度为 60%），有风扇效果较好。种蛋库每星期定期清扫和消毒，最好用拖布打扫，用熏蒸法消毒，或用 0.05% 新洁尔灭消毒。种蛋库保持温度在 12~16℃；湿度 70%~80% 为宜。种蛋入孵到孵化器，但尚未加温孵化前，再消毒一次，方法同第一次。要特别注意的是种蛋"出汗"后不要立即消毒，要等种蛋干燥后再用此方法消毒。另外，入孵 24~96h 的种蛋不能用上述方法消毒。

（3）孵化设备及用具的消毒。孵化器的顶部和四周易积飞尘和绒毛，要由专门值班员每天擦拭一次，最好用湿布，避免飞尘等飞扬。每批种蛋由孵化器出雏器转出后，将蛋盘、蛋车、周转箱全部取出冲洗，孵化器里外打扫干净，断电后用清水冲洗干净，包括孵化器顶部、四壁、地面、加湿器等，然后将干净的蛋车、蛋盘，放入孵化器消毒。可以喷洒 0.05% 的新洁尔灭或 0.05% 的百毒杀，也可以用福尔马林 42mL，高锰酸钾 21g 每立方米的剂量熏蒸消毒。雏鸡注射用针、针头、镊子等需用高温蒸煮消毒。在每批鸡使用前及用后蒸煮 10min。

（4）空气及墙壁地面的卫生消毒。由于种蛋和进入人员易将病原菌带入孵化场，出雏时绒毛和飞尘也易散播病菌，而孵化室内气温较高，湿度较大宜于细菌繁殖，所以孵化室内空气的卫生消毒十分重要。首先要将孵化器与出雏器分开设置，中间设隔墙及门。1~19 胚龄的胚胎在孵化器中，19~21.5 胚龄转入出雏器中出雏，21.5 胚龄后初雏转入专门雏鸡存放室。其次孵化室要设置足够大功率的排风扇，排出污浊的空气。每台孵化器及出雏器要设置通风管道与风门相接，将其中的废气直接排出室外。出雏室在出雏时及出完后都要开排风扇，有条件的孵化场还可以设置绒毛收集器以净化空气。每出完一批鸡都要对整个出雏室彻底打扫消毒一次，包括屋顶、墙壁及整个出雏室。程序为清扫—高压冲洗—消毒。消毒用 0.05% 的新洁尔灭或 0.05% 的百毒杀或 0.1% 的碘伏喷洒。

2. 注意事项

（1）遵守消毒的原则和程序。不同的消毒药物有着不同的消毒对象，选择时应加以注意。

（2）注意孵化用具的定期消毒和随时消毒。

三、隔离场

隔离场使用前后，货主用口岸动植物检疫机关指定的消毒药物，按动植物检疫机关的要求进行消毒，并接受口岸动植物检疫机关的监督。

1. 不同对象的消毒要求

① 运输工具的消毒。装载动物的车辆、器具及所有用具须经消毒后方可进出隔离场。② 铺垫材料的消毒。运输动物的铺垫材料须进行无害化处理，可采用焚烧方法进行消毒。③ 工作人员的消毒。工作人员及饲养人员及经动植物检疫机关批准的其他人员进出隔离区，隔离场饲养人员须专职。所有人员均须消毒、淋浴、更衣；经消毒池、消毒道出入。④ 畜舍和周围环境的消毒。保持动物体、畜舍（池）和所有用具的清洁卫生，定期清洗、消毒，做好灭鼠、防毒等工作。⑤ 死亡和患有特定传染病动物的消毒。发现可疑患病动物或死亡的动物，应迅速报告口岸动植物检疫机关，并立即对患病动物停留过的地方和污染的用具、物品进行消毒，患病（死亡）动物按照相关规定进行消毒处理。⑥ 动物排泄物及污染物的消毒。隔离动物的粪便、垫料及污物、污水须经无害化处理后方可排出隔离场。

2. 注意事项

① 经常更换消毒液，保持有效浓度。② 病死动物的消毒处理应按照有关的法律法规进行。③ 工作人员进出隔离场必须遵守严格的卫生消毒制度。

四、诊疗室

诊疗室是患病畜禽集中的场所，它们患有感染性疾病或非感染性疾病，往往处于抵抗力低下的状态；同时，诊疗室也是各种病原微生物聚集的地方，加上各种医疗活动，患病畜禽间、诊疗人员与畜禽间的特殊接触，常常造成诊疗室感染。导致诊疗室感染的因素除患病畜禽自身抵抗力低下、微生物侵袭外，还有诊疗人员手及器械消毒不规范，以及滥用抗生素和消毒剂使用促使抗性菌株产生。因此，合理使用消毒剂和抗生素是防止诊疗室感染的重要组成部分。在防止交叉感染中，诊疗室的消毒与灭菌工作显得尤为重要。

1. 消毒药物的选择

诊疗室消毒灭菌剂选择的条件一般应满足以下要求：要求可杀灭结核杆菌和速效杀灭细菌繁殖体，可灭活常见病毒，即中效消毒剂以上；杀菌剂的杀菌作用受有机物的影响较小；消毒剂使用浓度对人畜无毒，不污染环境；使用方便，价格便宜。

2. 诊疗室常用消毒灭菌方法

（1）干热消毒。① 焚烧。以电、煤气等作能源的专用焚烧炉，用于焚烧医院具有传染性的废弃物，如截除的残肢、切除的脏器、病理标本、敷料、引流条、一次性使用注射器、输液（血）器等，操作过程中应注意燃烧彻底，防止污染环境。② 烧灼。利用酒精灯或煤气灯火焰，消毒微生物实验室的白金耳、接种棒、试管、剪刀、镊子等。使用时应注意将污染器材由操作者逐渐靠近火焰，防止污染物突然进入火焰而发生爆炸，造成周围污染。③ 干烤。以电热、电磁辐射线等热源加热物体，主要用于耐高热物品的消毒或灭菌。常用的方法有电热干烤、红外线消毒和微波消毒。

（2）煮沸消毒。一般被污染的小件物品或耐热诊疗用品用蒸馏水煮沸 20min，可杀灭细菌繁殖体和肝炎病毒，水中加碳酸氢钠效果更好。

（3）流动蒸汽消毒。在常压条件下，利用蒸屉或专用流动蒸汽消毒器，消毒时间以水煮沸时开始计算，20min 可杀灭细菌繁殖体、肝炎病毒。在消毒设备条件不足时，可用此法消毒一般诊疗器具。

（4）压力蒸汽灭菌。① 物品摆放时，包间应留有空隙，容器应侧放。② 排气软管插入侧壁套管中，加热水沸后排气 15~20min。③ 柜室压力升至 1.03kg/m²，温度达到 121℃，时间维持 30min。④ 慢放气，尤其是灭菌物品中有液体时，防止减压过快液体溢出。需烘干物品可取出放入烘箱烘干保存。

（5）紫外线消毒。诊疗室在应根据消毒的环境、目的选择紫外灯的灯型、照射强度，一般说来，紫外线杀灭细菌繁殖体的剂量为 10 000μW·s/cm²。小病毒、真菌为 50 000~60 000μW·s/cm²，细菌芽孢为 100 000μW·s/cm²。真菌孢子对紫外线有更大抗力，如黑曲霉菌孢子的杀灭剂量为 350 000μW·s/cm²。① 空气消毒。一般在无人活动的室内可采用悬挂 30W 功率的紫外线灯（按室内面积每平方米 1.5W 计算），20m² 室内，在中央 2~2.5m 高处挂一支带有反射罩的紫外线灯，每次消毒时间不少于 30min。② 物体表面（桌面、化验单及其他污染物体表面）消毒。一般桌面可将 30W 带罩紫外线灯挂于桌面上方 1m 高处，照射 15min。污染票据、化验单可采用低臭氧高强度紫外线消毒器，短距离照射（照射剂量可达到 7 500~12 000μW·s/cm²），可在 30s 内对所照射的部位达到消毒要求。

（6）消毒剂消毒。参考本章第二节。

3. 注意事项

① 注意消毒方法的选择。不同消毒对象所用的消毒方法不同，如注射针头一般采用蒸煮消毒，而废弃物一般选择焚烧消毒。② 注意选择消毒药品。不同的消毒药品有着不同的性质、消毒对象，因此应注意消毒药品的选择。

第六节　消毒效果监测

一、紫外线消毒效果的监测

紫外线灯的监测方法有物理监测法、化学监测法和生物监测法。

1. 物理监测法

利用紫外线照度计测定紫外线灯管辐照度值。

（1）检测方法。测定时，用无水乙醇棉球擦拭紫外线灯管，以除去表面灰尘。开启紫外线灯 5min 后，将测定波长为 253.7nm 的紫外线辐照计探头置于被检紫外线灯下垂直距离 1m 的中央处，待仪表稳定后，所示数据即为该紫外线灯的辐照度值。

（2）结果判定。普通 30W 直管型紫外线灯，新灯辐照强度 $\geqslant 90\mu W/cm^2$ 为合格；使用时紫外线灯辐照强度 $\geqslant 70\mu W/cm^2$ 为合格；30W 高强度紫外线新灯的辐照强度 $\geqslant 180\mu W/cm^2$ 为合格。对非直管型或不是 30W 的紫外线灯的检测距离和辐照度值合格标准值，可随产品用途和实际使用方法而定。原则上，应不低于产品使用说明书规定的辐照度值。

2. 化学监测法

利用紫外线与消毒剂量指示卡（化学指示卡）检测紫外线灯管辐照强度。该指示卡是根据紫外线光敏涂料可随照射剂量呈相应色变的原理设计的。

（1）检测方法。测定时，用无水乙醇棉球擦拭紫外线灯管，以除去表面灰尘。开启紫外线灯 5min 后，将紫外线化学指示卡置于被检紫外线灯下垂直距离 1m 的中央处，并将有光敏涂层的一面朝向灯管，照射 1min。

（2）结果判定。照射后，光敏涂层由白色变为紫红色，与旁边相应的标准色块相比较，当光敏涂层与旁边相应的标准色块相一致时，即可判定紫外线灯的辐照强度合格。

（3）生物监测法。物理监测法和化学监测法均是检测紫外线辐射强度，它只是保证杀菌效果的基本条件，但强度达标不等于消毒效果也达标，要确切知道杀菌效果，只有通过直接的微生物学监测。通过对紫外线照射消毒前后的空气或代表性物体表面进行采样，做微生物培养，计算杀灭率，以杀灭 90% 以上的微生物为合格。

二、物品和环境表面及空气消毒效果的生物学监测

用于表面消毒效果监测和空气消毒效果监测，一般采用营养琼脂平板培养法进行。表面消毒效果监测时可采用营养琼脂平板压印法或棉拭子法；空气消毒效果的监测采用布点法，即室内面积 $\geqslant 30m^2$，对角线内、中、外处设 3 点，内、外点布点部位距墙壁

1m 处；室内面积>30m²，设 4 角及中央 5 点，4 角的布点部位距墙壁 1m 处。

三、手和皮肤黏膜消毒效果的监测

1. 手的消毒效果监测

被检人五指并拢，用浸有含相应中和剂的无菌洗脱液棉拭子在双手指屈面从指根到指端往返涂擦两次（一只手涂擦面积约 30cm²），并随之转动采样棉拭子，剪去操作者手接触部位，将棉拭子投入已注入 10mL 含相应中和剂的无菌洗脱液试管内，用营养琼脂平板进行培养，计数菌落，判定结果。

2. 皮肤黏膜的消毒效果监测

用 5cm×5cm 灭菌规格板，放在被检皮肤处；若表面不足 5cm×5cm，在皮肤黏膜部位划一固定区域或用相应面积的规格板采样；不规则的黏膜皮肤处可用棉拭子直接涂擦采样。用浸有含相应中和剂的无菌洗脱液的棉拭子一支，在规格板内横竖往返均匀涂擦各 5 次，并随之转动棉拭子，剪去手接触的部位，将棉拭子投入已经注入 10mL 含相应中和剂的无菌洗脱液的试管内用营养琼脂平板进行培养，计数菌落，判定结果。

思考题

1. 举例说明两种空气消毒方法。
2. 如何进行粪便消毒？
3. 污水消毒措施有哪些？
4. 养殖场的消毒措施有哪些？
5. 诊疗场的常用消毒方法有哪些？
6. 举例说明 3 种常见疫病的消毒方法。
7. 根据什么来选择消毒药品？
8. 影响消毒效果的因素有哪些？

第四章　动物引种与检疫

第一节　动物引种

将优良品种从甲地引到乙地进行繁殖和饲养，是畜牧生产中经常性的工作，但生产中常常因引种而出现动物的不适应，或所引品种生产力不能达到原品种的生产标准，或引进畜禽出现死亡，或引发动物疫病的流行，形成长期的疫源隐患，对养殖业造成大的威胁，有的甚至造成养殖企业倾家荡产，导致重大的经济损失。现就动物引种工作应注意的事项进行说明。

一、要制定切合实际的引种计划

根据生产需求和目的，制定切实可行的引种计划和方案，所引品种用途明确，需求一致。所引畜禽产地的环境和自然条件必须与当地的环境自然条件大体一致。如热带动物品种，寒带就不能饲养，而寒带地区的品种，热带也难以养殖，气候干燥地域的动物难以适应雨量充沛湿润地区的环境条件等。

二、要做好引种前的准备

（1）做好引种动物的饲草饲料准备，备好营养充足、新鲜的饲料。

（2）做好所引动物的隔离舍准备，隔离舍要远离饲养地的畜禽群，对隔离舍根据情况进行彻底的雾消毒和熏蒸消毒处理，保证干净卫生。

（3）对调运动物的车辆做好严格消毒，理想的是用3%~4%的氢氧化钠溶液进行喷雾消毒。

（4）做好引进动物疫苗、药物的准备工作。

三、要对引种场家进行选择

输出地的场家、所在地应是国家畜牧兽医部门划定的非疫区，场内兽医防疫制度健全完善，动物卫生行为操作规范，管理严格；在选择引种场家时，尽量选择新建种畜禽场，建场时间最好不超过 5 年，所引品种规模数量应越大越好，便于挑选，所引场家应有职能部门颁发的"动物防疫合格证""种畜禽生产经营许可证"等法定售种畜禽资格证照等，同时所选择的场家生产水平要高，配套服务质量高，有较高的信誉度。

四、要实行报告登记和凭证运输

引种时要对当地的动物防疫监督机构提出引种申请和登记，取得当地动物防疫监督机构的同意；同时要报告输出地的动物防疫监督机构，经过输出地动物防疫监督机构对所引品种进行产地检疫，对合格的动物出具《产地检疫证明》，持产地证明换取《出县境动物运输检疫证明》，并持《动物及其产品运载工具消毒证明》《重大动物疫病无疫区证明》进行运输，对运输的动物必须要佩带免疫标志。

五、要对种畜禽进行挑选

选择本品种特征明显的种畜禽，要查阅所引畜禽的生产水平档案资料，至少查阅 3 代的档案；同品种的动物要引生产性能高的品系，做到系谱清晰，遗传性能稳定，血统纯正。引进母畜要求乳头数要多，无瞎乳头，阴门要大，背腰平直，后躯发达；引进的公畜要求四肢粗壮，睾丸大而对称，雄性特征明显。

六、要做好运输，减少应激

选择运输的车辆要大小适中，并经过严格的清洗消毒，车上应垫上锯末或沙土等防止缓冲抗击的垫料，防止动物在运输中颠簸碰撞受伤。在装车时要注意畜只体重的大小，尽可能地将畜禽按体重大小分装。选择无疫区且道路平缓的路线运输；对于个性强、猛、特别不安的个体，可适当注射镇定剂；运输畜禽时尽量创造减少应激的环境条件和机会，如夏季运输选择阴凉天气，避免过热温度，防止中暑，注意畜禽的饮水供应；冬季运输做到保温防寒，防止贼风，在运输途中尽量做到匀速行驶，减少紧急刹车造成的应激。

七、要有病死报告，规范处理

种畜禽运输中一旦发现传染病或可疑传染病，要向就近的动物防疫监督机构报告，采取紧急措施；在运输途中病死的畜禽不得随意宰杀出售或乱抛弃，要在当地动物防疫监督机构的监督下，按有关要求和规定处理。

八、要有免疫检测，防止病入

输出地场家必须是按动物疫病免疫程序进行程序化免疫，且挂有免疫标志，场方应提供免疫档案和相关资料；有些畜禽必要时进行实验室检查后再行引进。

九、要做好准备，防止发病

对引进的畜禽要做好保温或降温准备，特别是冬天要保证畜禽舍内的温度，根据所引畜禽的年龄和要求，防止温度过低引起畜禽发病。对所引畜禽要做好饲料过渡，场方应提供所引畜禽 3~5d 的喂养饲料，便于回输入地后饲料逐渐过渡，以适应新的饲养环境，防止发病。

十、要隔离观察，强化免疫

引进的畜禽回到饲养地时应隔离饲养观察 20~30d，个别还可长一些。在此期有必要对一些一类传染病再进行一次免疫注射，如口蹄疫、猪瘟病、高致病性禽流感、鸡新城疫等。

十一、要加强饲养，保障健康

做好引进畜禽的饲养管理。由于动物长途运输和异地迁移饲养，对动物形成很大的应激，因此，动物进场后先供给清洁饮水，并在水里添加电解质、维生素类（维生素 C、维生素 E 等）让其自由饮用，同时让动物充分休息 4~8h 后再喂少量的饲料，最好喂原场的饲料，做好 4~6d 饲料过渡，动物即可进入正常状态。

十二、要对引发的疾病，尽快治疗

引进的畜禽一旦有病，要尽快治疗，且做好隔离，对其他健康动物，饲料中可适当添加抗生素类药物，创造适宜的环境卫生条件，加强管理，确保健康。

第二节　动物检疫

动物检疫是为了防止动物疫病传播，保护养殖业生产和人体健康，维护公共卫生安全，由法定的机构，采用法定的检疫程序和方法，依照法定的检疫对象和检疫标准，对动物和动物产品进行检疫检查、定性和处理的政府行为。检疫必须由法定的动物卫生监督机构和取得国家兽医主管部门颁发的资格证书的检疫人员实施才具有法律效力。逃避检疫将承担相应的法律责任。

　　动物检疫是一项内容十分广泛的工作，它不仅仅是政府行为和国家各级动物疫病预防控制中心、兽医卫生监督检验所、检疫站等业务部门的疫病检疫和监测行为。根据《中华人民共和国动物防疫法》和相关规定，动物检疫的性质范围中包括各种规模动物养殖场、个人家庭养殖动物的生产性检疫和贸易性检疫。本节讲述的内容，主要是养殖场和养殖农户在动物养殖过程中，涉及的生产性检疫和贸易性检疫。

一、种用动物引进检疫

　　1. 种用动物引进检疫的必要性

　　种用动物的引进和更新，是规模化养殖场在自繁自养条件下都会发生的情况。

　　种用动物引进是指从异地引进经过选育、具有种用价值，适于繁殖后代的动物及其卵子（种蛋）、胚胎、精液等。种用动物具有繁殖后代、生存时间长、流动性强的特点。一旦种用动物患病或成为病原携带者，不仅会成为长期的传染源，同时能通过精液、胚胎、种蛋垂直传播给后代，造成动物疫病持续传播。因此种用动物引进检疫及审批是一项法律规定，未经审批的引种是一种违法行为，要承担相应法律责任。从事种用动物生产经营活动的个人和单位应自觉知法守法，以免造成损失。

　　2. 有关种用动物引进检疫的法规

　　2004年7月1日起实行的《关于修订农业行政许可规章和规范性文件的决定》规定："跨省引进种用动物及其精液、胚胎、种蛋的，货主应当填写《异地引种检疫审批表》，到输入地省级动物防疫监督机构办理检疫审批手续。输入地省级动物防疫监督机构应当根据输出地动物疫病发生情况在3日内作出是否同意引种的决定。"

　　3. 种用动物引进检疫的程序

　　（1）引种审批手续。准备跨省（自治区、直辖市）引种的单位和个人，应先向输入地（省、自治区、直辖市）动物防疫监督机构办理审批手续，输入地动物防疫监督机构在调查输出地动物疫情的同时，派人前往引种单位检查临时隔离检疫场，符合要求后方可批准引种。要求输出地无规定的动物疫病，输入地无重大动物疫情，引进的动物要有种用动物档案（系谱）。

　　（2）种用动物启运前的检疫。引种单位和个人持同意引种决定，向输出地县级以上动物防疫监督机构报检。当地动物防疫监督机构收到报检申请后15日内，在原种用动物养殖场实施隔离检疫，检疫合格的签发检疫合格证明。

　　（3）种用动物运输时的检疫。运载种用动物的交通和饲养工具应符合动物防疫卫生要求，并在输出地动物防疫监督机构的监督下进行清扫、洗刷和消毒，经检疫合格后，出具《动物及动物产品运载消毒证明》。运输途中不准在疫区车站、港口、机场装填草料、饮水和夹带其他有关动物及其产品；押运员发现动物异常的，应停止运输，就近向当地动物卫生监督机构报告，不随意抛扔病死动物、垫料等可能传播动物疫病的物质；并需从规定的动物卫生监督检查站进入省境。

（4）种用动物到达目的地的检疫。种用动物到达输入地后，必须隔离观察饲养15～30d 以上，并进行疫病监测。建议货主在隔离期间凭检疫合格证明，向输入地动物防疫监督机构报验，采集检样送省动物疫病预防控制中心作相关动物疫病的实验室检验，确定健康后方可混群饲养。

4. 种用动物检疫的疫病对象

（1）种牛和乳用牛。口蹄疫、布鲁氏菌病、蓝舌病、结核病、牛地方性白血病、副结核病、牛传染性胸膜肺炎（牛肺疫）、牛传染性鼻气管炎、牛病毒性腹泻/黏膜病。

（2）种马、种驴。鼻疽、马传染性贫血、马鼻腔肺炎。

（3）种羊和乳用。羊口蹄疫、布鲁氏菌病、蓝舌病、山羊关节炎脑炎、绵羊梅迪-维斯那病、羊痒、螨病。

（4）种猪。口蹄疫、猪瘟、猪传染性水痕病、猪霉形体肺炎、猪密螺旋体痢疾。

（5）种兔。兔病毒性败血症、兔魏氏梭菌病、兔螺旋体病、兔球虫病。

（6）种禽。鸡新城疫、雏白病、禽白血病、禽支原体病、鸭瘟、小鹅瘟。

5. 省（自治区、直辖市）内引入或调运动物

省内调动动物应按照省级政府和农业主管行政部门的有关规定和程序进行。

二、商品动物引进检疫

目前，我国畜牧业发展较快，虽然集约化、规模化养殖场日愈增多，但仍有大量不规范、条件简陋的小规模专业养殖户。农户散养和专业户养殖大多数做不到自繁自养，特别以养殖周转较快的肉食商品动物（如禽类、猪、羊、兔、肉牛等）为主的，其养殖动物来源主要依靠随时少量补充或不定时批量引进。这就使大量处于不同生长发育阶段的商品动物，随时处在一种市场大流通、频繁交易或长途调运的环境中；加之产地检疫、市场检疫和运输检疫等工作尚无法适应动物交易市场发展格局的需要，为一些动物疫病随动物的流通快速传播、跳跃式的蔓延流行、大面积的散发和地方性流行创造了条件，造成过严重的损失。

因此，农村养殖户和养殖场，应重视引进商品动物的检疫工作，注意引进的几个环节，避免不必要的损失。

1. 商品动物的来源选择

（1）自繁自养。农户养殖和农村的专业户养殖场，小规模养殖场要根据自身的饲养量和商品生产能力、周转需要，饲养一定比例的能繁动物，提供自需的商品动物；或根据本村、本地的情况，专门养殖能繁动物，就地为其他农户和专业户提供商品养殖动物。实行自身的或本村本地范围的自繁自养。这是最可靠的商品动物来源，有利于防止动物疫病传入，为维护小环境内的动物疫病防控创造条件。

（2）建立动物养殖产业链。要根据本地（县、乡镇、行政村）的养殖习惯，畜牧业发展规划或计划，结合养殖基地、养殖小区和无特定动物疫病区建设，利用市场调节

机制和相应扶持引导政策，形成本地区内的动物养殖产业链。即形成种用动物繁殖场→商品动物繁殖场（户），育成幼龄商品动物→商品养殖场（户）的循环养殖体系，实现商品养殖动物的本地区自给，切断疫病传入途径，这也是许多地方的成功经验，也是公司+基地+农户，促进科学养殖的必由之路。使动物疫病检疫、免疫预防等大部分工作在商品动物繁殖场这一环节基本完成。

（3）市场或交易购入。目前仍是农户养殖、专业户养殖和大多数商品养殖场饲养动物的主要来源。也是动物疫病防控中的薄弱环节，存在极大的隐患。

2. 引进商品动物的检疫

引进商品动物是一个在较短时间内就需要完成的工作。需引进商品动物的农户、养殖场，应在引进中注意以下几个环节和问题。

（1）注意当地疫情。引入动物应注意掌握引入地疫情，做到心中有数。向原畜主问清关于动物来源、产地有无疫病流行、动物健康状况和主要疫病的免疫病种、时间、使用的疫苗等情况，确认为来自非疫区方可引进。如引入量较大时，最好选择有养殖许可证、兽医卫生合格证和工商登记完善，饲养管理和兽医防制较规范的养殖场；不要从农贸集市、动物交易市场同时购入来源地不一、品种混杂、生长发育阶段不同的混群动物。

（2）现场检疫。不要光听原畜主的介绍，还要进行现场检疫。可委托当地兽医防疫机构和市场动物检疫方进行。现场检疫主要包括对所选动物的验证查物和"三观一察"。

验证查物：验证就是查看有无动物检疫证明，检疫证明的出证机关是否合法（县动物检疫站或派出机构），检疫证明是否在有效期内；查验有无免疫证明或动物是否佩戴国家规定的统一免疫标识。如无检疫证明、免疫证明和免疫标识的"三无"动物，不能引进。查物就是核对检疫证明、免疫证明与所选购的动物种类、品种、数量和年龄等是否相符，必须做到证物一致。

三观一察：三观是对所选动物群体进行静态、动态和饮水饮食状态的认真仔细观察，通过问诊、视诊对动物群体的健康状况作出判断。如通过三观发现有异常表现的病态动物或可疑病态动物，应进行可疑个体动物的查看和检查。通过常规的临床触诊、听诊、天然孔和可视黏膜视诊、所排粪尿的查看和嗅诊等技术手段，确定动物是否健康。必要时可逐头进行体温测定。

只有检疫证、免疫证和免疫标识齐全，证物相符，临床检查无异常的动物，才能引入或购入。只要发现一头（只）发病动物，全群动物均不能引进。

（3）隔离饲养观察。对新引入的动物，都应利用空置房屋或圈舍，进行 15d 以上的隔离饲养观察，并加强对隔离圈舍的消毒和饲养管理，必要时进行某些疫病的补充免疫。隔离观察无异常，方可与原有动物混群混圈饲养。

三、动物源性饲料购入检疫和使用

1. 动物源性饲料

动物源性饲料是指来源于动物，经加工制作后又供动物饲用的饲料。主要包括：肉骨粉、骨粉、肉粉、血粉、血浆粉、干血浆及其他血液产品、蹄粉、角粉、羽毛粉、鱼粉、油脂、油渣、蚕娟、动物下脚料、磷酸二钙（不含蛋白或脂肪的矿物源性磷酸二钙除外）、皮粉（含皮革粉）、明胶、胶原、乳及乳制品等单一饲料，以及含有上述成分的饲料添加剂，预混合饲料，浓缩饲料，配合饲料和精料补充料等各类供动物饲用的饲料。动物源性饲料是动物养殖的重要原料，具有蛋白质含量丰富及生物学价值高等特点，被饲料企业和养殖场（户）广为利用。

2. 动物源性饲料检疫的必要性

我国动物源性饲料的原料，多为食品加工厂的副产品或下脚料，成分和来源复杂，新鲜度差异大，加工方法简单，无法保证原料不被微生物或重金属污染，加之缺乏有效的管理，产品卫生状况不甚理想，给饲料安全卫生带来隐患。加强动物源性饲料安全检查，不仅是保证饲料安全和养殖业安全的需要，而且是加强动物防疫和保证人体健康的迫切需求。

3. 动物源性饲料质量标准

养殖场使用的动物源性饲料，外观应无腐败变质、粘连结块、发霉异臭等异常，质地应均匀，色泽一致，松散干燥。产地、厂家、生产日期、保质期等应标示清楚；厂家应有安全卫生合格证、生产许可证和销售许可证。并附有相关的质检证书，已按照国家标准的测定方法，动物源性饲料中不得检出沙门氏菌，鱼粉和肉骨粉中每克产品中霉菌的允许量不超出 20×10^3 个，每克鱼粉中细菌总数的允许量小于 20×10^6 个。

4. 动物源性饲料的使用

（1）选购时的注意事项。选购时首先要查看标签，是否严格按照《饲料标签》的标准执行，没有标签的不要买；其次是看价格，价格很低的要慎重；购入批量大时可与标签上注明的生产企业或进口企业联系核实；不购买未取得《动物源性饲料生产企业安全卫生合格证》的企业生产的动物源性饲料产品；原料选用要确保不采用腐败、污染和来自疫区的动物原料。

（2）动物源性饲料的保存。动物源性饲料蛋白质含量高，极易腐败，仓储布局要合理，防止交叉污染。原料采购和出库要有完整记录；原料分类堆放并明确标识，保证合格原料与不合格原料、哺乳类动物原料与其他原料分开；使用前进行筛选，去除不合格原料并做无害化处理。

（3）动物源性饲料的使用。使用环节是动物源性饲料管理的一个重点。反刍动物食用同类动物源性饲料是导致疯牛病和痒病的直接原因。2001 年农业部发布《关于禁止在反刍动物饲料中添加和使用动物饲料的通知》，对反刍动物中使用动物源性饲料产品（乳及乳制品除外）作出了禁止性规定。因此，动物源性饲料产品的使用者，尤其是从事反刍动物养殖的养殖场（户）一定要严格遵守该规定和其他禁止事项。

四、人用动物源性食品购入的控制

人用动物源性食品，是指饲养管理人员在饲养场生活所需的动物源性食品，养殖场购入人用的鲜活动物或新鲜肉食品造成动物疫病的传入和流行，甚至造成严重损失的事例屡见不鲜。严格控制养殖场人用动物食品的购入和使用，是动物疫病防控的重要环节和技术措施之一。

1. 控制人用动物性食品的依据

动物疫病中有许多是人畜共患病，也有相当部分是多种动物共患病，还有一些是隐性感染和带毒、带菌动物，可以成为其他种类动物疫病的传染来源，如猪流感和禽流感；羊口蹄疫的隐性感染和带毒较高，常成为牛、猪口蹄疫的传播者等。因此，养殖场强调养殖的单一性、专业化、集约化，不允许两种或两种以上动物混养；同一养殖公司的不同种动物必须分区养殖，并有足够的分区间隔距离。

同样，从市场上购入鲜活动物或新鲜肉食品作为员工的食品，也起到一样的作用和效果，其危险性和隐患不容忽视。

另外，目前和今后很长时间内，不可能对商品动物、屠宰动物每头（只）都做到主要疫病的监测，不可能完全剔除商品动物中的隐性感染和带毒动物。从严格意义上讲，所有鲜活动物和新鲜肉食品包括严格、特殊净化饲养的都只能是假定健康，没有绝对健康的动物和新鲜肉食品，SPF动物也只是无特定病原的动物。

因此，在集约化、规模化养殖场的动物疫病防控中，不能对任何环节和细节疏忽。必须对进入养殖场的人用肉食品进行严格控制。

2. 控制措施

（1）用自养动物作为员工的主要新鲜肉食来源，"养什么吃什么"，这是新鲜肉食品的主要来源。同种和其他动物的外购活体、鲜肉、内脏、脂蜡制品等需要熟食加工的制品禁止购入。但正规渠道的熟食制品可以购入使用；经高温或消毒处理的动物油脂、乳和乳制品可以使用；养殖哺乳动物和禽类的可以购入水产品新鲜使用。

（2）本场正规淘汰的养殖动物可以用作员工肉食品，但不得将发病动物和不明原因濒死的动物作为食品使用，应按有关规定做无害化处理。

（3）不得在养殖生产区内宰杀本场动物供食用。宰杀本场动物的污水、污物不得随意排入经过养殖区的污水道。外来和本场员工食堂的泔（潲）水不得用于养殖区动物的饲料。

（4）任何情况下，员工食堂的采购和炊事人员不得进入养殖区。

（5）饲养肉食动物狐、貂、犬等的，除病死动物和腐败变质动物产品外，不受上述条件限制。

思考题

1. 从动物疫病的角度，谈谈动物引种工作的注意事项。
2. 种用动物引进时为什么要进行检疫？
3. 商品用动物引进检疫有什么意义？

第五章　动物免疫与药物预防

第一节　免疫概述

一、免疫的概念

免疫是动物（或人）机体对自身或非自身的识别，并清除非自身的大分子物质，从而保持机体内外环境平衡的一种生理学反应。是动物机体免疫系统发挥的一种保护性防御功能。

保持机体内外环境平衡是动物健康成长和进行生命活动最基本的条件。动物在长期进化中形成了与外部入侵的病原体和内部产生的异常细胞作斗争的防御系统——免疫系统。通常的免疫一般都是指后天获得性的特异性免疫。

二、免疫的功能

免疫具有抵抗病原微生物感染，监视和消灭自身细胞诱变成的异常细胞，清除体内衰老或损伤的组织细胞，保证动物机体正常的生理活动，维持机体内环境正常的功能。但在某些条件下，免疫也会造成动物机体的免疫性疾病，如变态反应性、自身免疫性疾病。

三、机体的免疫力

构成机体免疫力的因素包括非特异性免疫和特异性免疫两大因素。

1. 非特异性免疫（先天性免疫）

非特异性免疫是个体出生后就具有的天然免疫力，故又称先天性免疫。这种免疫可以遗传。非特异性免疫能识别与清除一般性异物，对多种病原微生物都有一定程度的防御作用，没有特殊的针对性，所以称为非特异性免疫。在抗传染免疫中，该种免疫发挥作用最快，起着第一线的防御作用，是特异性免疫的基础和条件。

非特异性免疫主要由皮肤黏膜等组织的生理屏障功能、吞噬细胞的吞噬作用、体液因子的抗微生物作用等构成。

2. 特异性免疫（获得性免疫）

特异性免疫是机体在生长过程受到抗原物质刺激后产生的、具有专一性作用的免疫力，又称获得性免疫。其特点是具有高度的特异性。

特异性免疫的抗感染作用，包括体液免疫和细胞免疫两个方面，所有的哺乳动物和家禽都具有这种功能。由于每种微生物感染的特点不同，特异性免疫的抗感染作用也不尽相同。例如，对细胞外细菌感染，以体液免疫的抗感染作用为主；对于细胞内细菌感染，则以细胞免疫的抗感染作用为主；而对许多病毒感染，虽然抗体有中和病毒能力，但一般说来细胞免疫在抗病毒感染中起着主要作用。尽管如此，在一般情况下，机体内的体液免疫和细胞免疫是同时存在的，且互相配合和互相调节，以清除入侵的病原微生物，保持机体内部环境的平衡。

根据获得方式的不同，特异性免疫的获得又可分为 4 种。

（1）天然被动免疫。新生动物通过母体胎盘、初乳或卵黄从母体获得某种特异性抗体，从而获得对某种病原体的免疫力，称为天然被动免疫。如用小鹅瘟疫苗免疫母鹅，雏鹅可通过母体获得抗体来增强机体的免疫力，以预防雏鹅患小鹅瘟等。这种免疫只有幼畜禽才有，且持续时间较短。

（2）天然主动免疫。是指动物在感染某种病原微生物耐过后产生的对该病原体再次侵入的不感染状态，或称抵抗力。例如患过天花的人，终生不再得天花。这种免疫持续的时间很长，甚至持续终生。

（3）人工主动免疫。指给动物接种疫苗等生物制品，刺激机体免疫系统发生免疫应答反应，产生特异性免疫力，称为人工主动免疫。这种主动免疫的免疫力出现较慢，一般要在接种后的 1~3 周才能产生。但免疫保护的维持时间较长，可达 6 个月至数年。

（4）人工被动免疫。将免疫血清或自然发病后的康复动物血清人工输入未免疫的动物，使其获得对某种病原的抵抗力，这种免疫接种法称为人工被动免疫。由于免疫制剂中所含的免疫球蛋白并非动物自身产生，免疫保护作用出现快，但维持时间较短（数周），多用做治疗或紧急预防。如用口蹄疫血清预防口蹄疫，卵黄抗体等。其中以抗毒素的效果最好，如破伤风抗毒素等在病初症状尚未明显前疗效最显著。

四、免疫预防

动物疫病的发生流行，需要有传染源、传播途径和易感动物这 3 个基本环节。切断任何一个环节，新的感染就不可能发生，也不能构成传染病或寄生虫病在动物群中的流行。通过免疫接种，减少动物群体中易感动物的个体数量，使易感群体转化为非易感群体，是养殖场主动预防动物疫病发生和传播的重要技术手段。

导致动物易感性升高的因素有许多，主要因素有：① 一定地区饲养动物的种类或品种。目前，许多地区的养殖业都形成了以某些种类或品种动物为主的格局，不同种类或品种动物对不同病原体甚至对同一种病原体的易感性都有差异。因此造成某些动物疫病在某一地区的发病率上升或流行。② 群体免疫力降低。某种传染病流行结束后，动物群的自然免疫力逐渐消退。一些具有明显周期性的动物疫病，其周期性流行的主要原因之一是针对该病的免疫力消退，当群体易感动物上升到一定比例时，该病就再次流行。③ 新生动物或新引进动物的比例增加。这种情况在地方流行性疫病较多见。④ 免疫接种程序的混乱或接种的动物数量不足。同时注射几种单种疫苗，多种疫苗混用；农村大面积搞春秋突击性预防注射等均易造成这种情况。⑤ 生物制品质量不合格或毒型不符。使用已过期失效、保存不当的疫苗；使用疫苗的毒型、血清型与应免疫疫病的毒型或血清型不相符等，均可造成免疫无效。⑥ 各种应激因素也可以造成动物群体的免疫力下降、易感性升高。如饲料质量差、营养成分不全、饥饿、寒冷、暑热、运输和疾病状态等因素均可导致机体的抵抗力和免疫应答能力降低。

有计划的免疫接种可使动物群体对相应疫病的易感性明显下降，是切断或中止疫病发生和流行的重要技术手段，任何忽视对养殖动物主要疫病免疫接种的观点都是错误的。免疫接种是根据特异性免疫的原理，采用人工方法给动物机体接种疫苗、虫苗、类毒素等生物制品，使动物机体产生对相应病原体的抵抗力的过程。它实际上是模拟一个轻度的自然感染过程，使机体产生相应抗体，以保护个体乃至群体而达到预防和控制疫病的目的。在预防疫病的诸多措施中，免疫是最经济、最方便、最有效的手段，对动物以及人类健康均起着积极主动的保护作用。免疫接种对贯彻"预防为主，养防结合，防重于治"方针具有十分重要的意义。

第二节　疫　苗

一、疫苗

疫苗是指由病原微生物或其组分、代谢产物经过特殊处理所制成的用于人工免疫的生物制品。

预防兽医学中的疫苗包括由细菌、支原体、螺旋体或组分等制成的菌苗，由病毒、立克次氏体或其组分制成的疫苗，由某些细菌外毒素制成的类毒素以及由寄生虫或组分等制成的虫苗。

按疫苗构成成分及其特性，将其分为常规疫苗、亚单位疫苗和基因工程疫苗三大类。

（一）常规疫苗

指由细菌、病毒、立克次氏体、螺旋体、支原体等完整微生物制成的疫苗，又称传统疫苗。常规疫苗分为灭活疫苗和弱毒疫苗两种。

1. 灭活疫苗

又称死苗，指选免疫原性强的细菌、病毒等经人工大量培养，用物理或化学方法致死（灭活），使传染因子被破坏而保留其免疫原性所制成的疫苗。灭活苗保留的免疫原性物质在细菌中主要为细胞壁，在病毒中主要为结构蛋白。灭活疫苗的作用机理是当灭活疫苗注射入动物体内后，疫苗中的抗原在动物体内不能复制，当适量的抗原被机体吸收时，刺激机体产生免疫应答，从而产生针对该抗原的抗体，抵抗环境中的该抗原对动物机体的侵袭。如果疫苗中的抗原含量过低，动物机体吸收速度过快，产生的免疫应答就不够强烈，产生的保护效力就比较低。因此，生产中往往需在灭活疫苗中加入佐剂，使抗原释放的速度变慢，抗原持续释放、持续刺激机体产生较强的免疫应答。

在生产实践中，常常使用自家苗（包括自家灭活苗和组织灭活苗）进行免疫接种，有利于提高免疫效果和保护力。需要注意的是，自家苗主要针对自家使用。

（1）自家灭活苗。是指由本场分离的病原体制成的灭活苗，主要用于该场同种动物该传染病的预防控制。

（2）组织灭活苗。是将含有病原微生物的患病或死亡动物脏器制成乳剂，经过灭活后制成的疫苗。这种疫苗对病原尚不清楚或病原体不易人工培养的传染病预防具有重要意义。

2. 弱毒疫苗

又称活苗，是指通过人工诱变获得的弱毒株、筛选的天然弱毒株或失去毒力但仍能保持抗原性的无毒株所制成的疫苗。寄生虫活疫苗是指用连续选育或其他方法将寄生虫致弱成弱毒虫株后所制成的疫苗。弱毒疫苗的作用机理是动物接种弱毒疫苗后，疫苗里的微生物在动物体内复制，在复制过程中，微生物刺激机体产生免疫反应，激发体液免疫和细胞免疫，从而达到对机体的有效保护的作用。弱毒疫苗可分为同源和异源两种。

（1）同源疫苗。指用同种病原体的弱毒株或无毒变异株制成的疫苗。如新城疫Ⅰ系和 Lasota 系毒株。

（2）异源疫苗。指含交叉保护性抗原的非同种微生物制成的疫苗。是利用有共同保护性抗原的另一种病毒制成的疫苗。如预防鸡马立克氏病的火鸡疱疹病毒（HVTFC126 株）疫苗和预防鸡痘的鸽痘病毒疫苗等。

弱毒疫苗与灭活疫苗的优缺点比较见表 5-1。

表 5-1　弱毒疫苗与灭活疫苗的比较

特点	弱毒疫苗	灭活疫苗
优点	用量少，可多途径免疫，接种后能增殖	易于贮藏、运输
	不需要佐剂，成本较低	不存在返祖或返强的可能，安全，不散毒
	免疫不良反应较小	不同疫苗间干扰较小，不受母源抗体干扰
	可诱导机体产生体液免疫和细胞免疫，还能诱导机体的黏膜免疫	诱导机体产生体液免疫反应，免疫后可产生较高效价的抗体，免疫保护期长
	抗体产生快	适宜制成联苗或多价苗

（续表）

特点	弱毒疫苗	灭活疫苗
缺点	运输、贮藏要求条件高，需要冷冻贮运。贮运不当或反复冻融易失效	用量大，免疫途径单一（只能注射），在体内不能增殖
	易受母源抗体干扰	需要佐剂，成本较高
	存在毒力易返强的潜在威胁	免疫注射反应大，注射部位组织易受损伤
	多种疫苗同时应用相互干扰较大	引起细胞免疫能力弱，不产生局部黏膜免疫
	生产中易污染外源病毒或细菌	抗体产生慢，一般为 14～21d
	免疫保护期较短	免疫保护期长

3. 类毒素

指由某些细菌产生的外毒素经适当浓度（0.3%～0.4%）甲醛脱毒后而形成的生物制品。类毒素接种后诱导机体产生抗毒素，如破伤风类毒素等。

4. 联苗和多价苗

不同种病原体或其代谢产物组成的疫苗称为联合疫苗或联苗。如猪瘟—猪丹毒—猪肺疫三联苗，新城疫—减蛋综合征—传染性法氏囊病三联苗等。同种病原体不同型或株所制成的疫苗称为多价苗。如巴氏杆菌多价苗，大肠杆菌多价苗。

特点：应用联苗或多价苗，可以简化接种程序，节省人力、物力，减少被免疫动物应激反应的次数。但联苗需解决不同抗原间相互产生的免疫干扰问题。

（二）新型疫苗

1. 亚单位苗

指用理化方法提取病原微生物中的某一种或几种具有免疫原性的成分所制成的疫苗。目前，已投入使用的有脑膜炎球菌的荚膜多糖疫苗、巴氏杆菌的荚膜抗原苗、A 群链球菌 M 蛋白疫苗、沙门氏菌共同抗原疫苗、大肠杆菌菌毛疫苗及百日咳杆菌组分疫苗等。

特点：亚单位疫苗除去了病原体中与激发保护性免疫无关的成分，又没有病原微生物的遗传物质，副作用小，安全性高，但生产工艺复杂，生产成本高。

2. 生物工程疫苗

生物工程疫苗即利用分子生物学技术研制生产的新型疫苗。通常包括以下 6 种。

（1）基因工程亚单位苗。指将病原微生物中编码保护性抗原的肽段基因，通过基因工程技术导入细菌、酵母菌或哺乳动物细胞中，使该抗原高效表达后，产生大量保护性肽段，提取此保护性肽段，加佐剂后制成的疫苗。

特点：免疫原性弱，往往达不到常规免疫水平，且生产工艺复杂，目前尚未被广泛应用。

（2）合成肽疫苗。指根据病原微生物中保护性抗原的氨基酸序列，人工合成免疫性多肽并连接到载体蛋白后制成的疫苗。如猪口蹄疫 O 型合成肽疫苗。

特点：性质稳定，无病原性，能够激发动物免疫保护性反应，可将不同抗原性的短肽段连接到同一载体蛋白上构成多价苗，但其免疫原性差，合成成本昂贵。

（3）基因工程活载体苗。是指将病原微生物的保护性抗原基因，插入病毒疫苗株等活载体基因组中或细菌质粒中，利用这种能够表达抗原但不影响载体抗原性和复制能力的重组病毒或质粒制成的疫苗。它是目前生物工程疫苗研究的主要方向之一，并已有多种产品成功地应用于生产。如鸡传染性喉气管炎鸡痘二联基因工程活载体疫苗，禽流感重组鸡痘病毒载体活疫苗。

特点：活载体疫苗容量大，可以插入多个外源基因而制成联苗，应用剂量小而安全，能同时激发体液免疫和细胞免疫；生产和使用方便，成本低，但受母源抗体的影响较大。

（4）基因缺失苗。是指通过基因工程技术在 DNA 或 cDNA 水平上除去病原体毒力相关的基因，但仍然能保持复制能力及免疫原性的毒株制成的疫苗。目前生产中使用的有猪伪狂犬病病毒 TK/gG 双基因缺失活疫苗、猪伪狂犬病病毒 gG 基因缺失灭活疫苗。

特点：毒株稳定，不易返祖，故免疫原性好，安全性高。

（5）DNA 疫苗。是指用编码病原体有效抗原的基因与细菌质粒构建的重组体。DNA 疫苗在预防细菌性、病毒性及寄生虫性疫病方面，已经显示出广泛的应用前景，被称为疫苗发展史上的一次革命。

特点：使用相对安全，可诱导机体产生持久的细胞免疫和体液免疫。目前的主要问题是免疫效果较差，使用不方便，需要用到基因枪。

（6）抗独特型疫苗。是根据免疫调节网络学说设计的疫苗。由于抗体分子的可变区不仅有抗体活性，而且也具有抗原活性，故任何一种抗体的 Fab 段不仅能特异地与抗原结合，同时其本身也是一种独特的抗原决定簇，能刺激自身淋巴细胞产生抗抗体，即抗独特性抗体。这种抗独特性抗体与原始抗原的免疫原性相同，故可作为抗独特性疫苗而激发机体对相应病原体的免疫力。

（三）其他生物制品

1. 免疫血清

又称为抗病血清、高免血清。为含有高效价特异性抗体的动物血清制剂，能用于治疗、紧急预防相应病原体所致的疫病，所以又称为被动免疫制品。通常给适当动物反复多次注射特定的病原微生物或其代谢产物，促使该动物不断产生免疫应答，在血清中含有大量相应的特异性抗体的制成品。虽然高免血清的因使用成本高、生产周期长而受到限制，但毒素血清如破伤风抗毒素血清、肉毒抗毒素血清、葡萄球菌抗毒素血清的早期应用仍具有十分重要的意义等。

2. 康复动物血清

自然发病后康复动物的血清中含有大量相应的特异性抗体，利用该血清的制成品即为康复动物血清。其作用与免疫血清相同。

3. 高免卵黄抗体

也称为卵黄免疫球蛋白，是用抗原免疫禽类后由卵黄中分离得到的高效价特异性抗体。其原理是用抗原大剂量强化免疫健康产蛋鸡（鸭），蛋鸡（鸭）体内产生大量抗体，垂直传递到鸡（鸭）蛋的卵黄中。将卵黄中的抗体分离提纯并稀释后，测定效价，合格者用于临床预防、治疗相应的动物传染病。与哺乳动物来源的 IgG 比较，卵黄抗体具有取材方便、分离纯化方法简单、产量高、价格便宜，同时具有特异性高、稳定性较好等优点，在疫病预防、诊断、防治等诸多方面得到了广泛的应用。对于雏鸭病毒性肝炎、小鹅瘟等危害幼雏的疫病，使用高免卵黄抗体早期预防，具有较好效果。

二、疫苗储藏和运输

动物疫病预防控制机构、疫苗生产企业、疫苗批发企业应具有从事疫苗管理的专业技术人员，接种单位、规模饲养场应有专（兼）职人员负责疫苗管理，并应配备保证疫苗质量的储存、运输设施设备，建立疫苗储存、运输管理制度，做好疫苗的储存、运输工作。

（一）疫苗储藏

根据不同疫苗品种的储藏要求，疫苗生产企业、疫苗批发企业、动物疫病预防控制机构设置相应的储藏设备，如冷库、冰箱、冰柜或保温箱等。疫苗生产企业、疫苗批发企业在销售疫苗时，应提供疫苗运输的设备、时间、温度记录等资料。动物疫病预防控制机构在供应或分发疫苗时，应提供疫苗运输的设备、时间、温度记录等资料。

1. 储藏设备

（1）动物疫病预防控制机构、疫苗生产企业、疫苗批发企业应具备符合疫苗储存、运输温度要求的设施设备：① 专门用于疫苗储存的冷库，其容积应与生产、经营、使用规模相适应。② 冷库应配有自动监测、调控、显示、记录温度状况以及报警的设备，备用发电机组或安装双路电路，备用制冷机组。③ 用于疫苗运输的冷藏车或配有冷藏设备的车辆。④ 冷藏车应能自动调控、显示和记录温度状况。

（2）接种单位、规模饲养场应配备冰箱储存疫苗，使用配备冰排的冷藏箱（包）运输、储存疫苗。

2. 储藏条件

（1）储藏温度。动物疫病预防控制机构、接种单位、疫苗生产企业、疫苗批发企业应采用自动温度记录仪对普通冷库、低温冷库进行温度记录。应采用温度计对冰箱（包括普通冰箱、冰衬冰箱、低温冰箱）进行温度监测。温度计应分别放置在普通冰箱冷藏室及冷冻室的中间位置，冰衬冰箱的底部及接近顶盖处，低温冰箱的中间位置。每天上午和下午各进行一次温度记录。冷藏设施设备温度超出疫苗储存要求时，应采取相应措施并记录。① 冻干活疫苗。分-15℃和2~8℃两种保存方式，前者加普通保护剂，后者加耐热保护剂。加耐热保护剂的疫苗在2~8℃环境下，有效期可达2年，是冻干活疫苗的发展方向。如果超越此限度，温度越高影响越大。如鸡新城疫Ⅰ系弱毒冻干苗在-15℃以下保存，有效期为2年；在0~4℃保存，有效期为8个月；在10~15℃保存，有效期为3个月；在25~30℃保存，有效期为10d。生物制品保存期间，切忌温度忽高忽低。② 灭活疫苗。灭活疫苗分油佐剂、蜂胶佐剂、铝胶佐剂和水剂苗。一般在 2~8℃储藏，严防冻结，否则会出现破乳现象（蜂胶佐剂苗既可 2~8℃保存，也可-10℃保存）。③ 细胞结合型疫苗。如马立克氏病血清Ⅰ、Ⅱ型疫苗等必须在液氮中（-196℃）储藏。

（2）避光，防止受潮。光线照射，尤其阳光的直射，均影响生物制品的质量，所有生物制品都应严防日光暴晒，储藏于冷暗干燥处。潮湿环境，易长霉菌，可能污染生物制品，并容易使瓶签字迹模糊和脱落等。因此，应把生物制品存放于有严密保护及除湿装备的地方。

（3）分类存放。按疫苗的品种和批号分类码放，并加上明显标志。

3. 建立疫苗管理台账

收货时应核实疫苗运输的设备、时间、温度记录等资料，并对疫苗品种、剂型、批准文号、数量、规格、批号、有效期、供货单位、生产厂商等内容进行验收，做好记录。符合要求的疫苗，方可接收。疫苗的接货、验收、在库检查等记录应保存至超过疫苗有效期 2 年备查。疫苗应按照先产先出、先进先出、近效期先出的原则进行销售、供应或分发。

4. 包装要完整

在储存过程中，应保证疫苗的内、外包装完整无损，以防被病原微生物污染及无法辨别其名称、有效期等。

5. 及时清理超过有效期的疫苗

发现质量异常或超过有效期等情况，应暂停发货，并及时报告所在地兽医药品监督管理部门，集中处置。

（二）疫苗运输

1. 妥善包装

运输疫苗时，要妥善包装，防止运输过程中发生损坏。

2. 严格执行疫苗运输温度

（1）冻干活疫苗。应冷藏运输。如果量小，可将疫苗装入保温瓶或保温箱内，再放入适量冰块进行包装运输；如果量大，应用冷藏运输车运输。

（2）灭活疫苗。宜在 2~8℃的温度下运输。夏季运输必须使用保温瓶，放入冰块。避免阳光照射。冬季运输应用保温防冻设备，避免冻结。

（3）细胞结合型疫苗。鸡马立克氏病血清Ⅰ型、Ⅱ型疫苗必须用液氮罐冷冻运输。运输过程中，要随时检查液氮，尽快运达目的地。

3. 疫苗运输的注意事项

（1）专人负责。疫苗生产企业、疫苗批发企业应指定专人负责疫苗的发货、装箱、发运工作。发运前应检查冷藏运输设备的启动和运行状态，达到规定要求后，方可发运。

（2）应严格按照疫苗储藏温度要求进行运输。冷藏车或配备冷藏设备的疫苗运输车在运输过程中，温度条件应符合疫苗储存要求。动物疫病预防控制机构、疫苗生产企业、疫苗批发企业应对运输过程中的疫苗进行温度监测并记录。记录内容包括疫苗名称、生产企业、供货（发送）单位、数量、批号及有效期、启运和到达时间、启运和到达时的疫苗储存温度和环境温度、运输过程中的温度变化、运输工具名称和接送疫苗人员签名。

冻干活疫苗在运输、储藏、使用过程中，避免温度过高和反复冻融（反复冻融3次疫苗即失去效力）。

（3）运输过程中，避免日光暴晒。

（4）应用最快的运输方法运输，尽量缩短运输时间。

（5）应采取防震减压措施，防止生物制品包装破损。

三、过期及失效疫苗的处理

过期及失效的疫苗不可再用于免疫接种，应当立即停止使用，并及时进行无害化处理。

（1）兽用生物制品有下列情况时应予废弃：无标签或标签不完整者；无批准文号者；疫苗瓶破损或瓶塞松动者；瓶内有异物或摇不散凝块者；有腐败气味或已发霉者；颜色改变、发生沉淀破乳或超过规定量的分层、无真空等性状异常者；超过有效期者。

（2）处理不适于应用而废弃的灭活疫苗、免疫血清及诊断液，应倾倒于小口坑内，加上石灰或注入消毒液，加土掩埋；活疫苗，应先采用高压蒸汽消毒或煮沸消毒方法消毒，然后再掩埋；用过的活疫苗瓶，必须采用高压蒸汽消毒或煮沸消毒方法消毒后，方可废弃；凡被活疫苗污染的衣物、物品、用具等，应当用高压蒸汽消毒或煮沸消毒方法消毒；污染的地区应喷洒消毒液。

第三节　免疫接种

一、免疫接种的类型

1. 预防免疫接种

为预防动物疫病的发生，平时有目的地给健康动物进行一种或几种疫苗的定期或不定期的免疫接种，称为预防免疫接种。预防接种要有针对性，预防什么疫病、何时接种，要根据该地区的具体情况而定。免疫接种前要做好准备。查清被接种动物的种别、数量和健康情况；准备好接种用疫苗、器械或必要的冷藏箱（包）；协调领导组织人员，分工负责，做好宣传，确定时间地点；明确接种方法，掌握接种技术。

在农村家庭散养动物情况下，强调"春秋防疫注射"，往往是突击式一次性进行，猪、马、牛、羊、鸡同步开展，免疫密度和免疫效果都难以保障，弊病较多。

2. 紧急免疫接种

紧急免疫接种是指在发生动物疫病后，为迅速控制和扑灭疫病的蔓延流行，而对疫区和受威胁区尚未发病的动物进行的应急免疫接种。其目的在于建立环状免疫隔离带或免疫屏障以包围疫区，防止疫情向外扩散。实践证明，在疫区和受威胁区内采用疫苗紧急免疫接种，不但可以防止疫病向周围地区蔓延，而且还可以减少未发病动物的感染死亡。

实施紧急免疫接种时的注意事项：

（1）只能对临床的假定健康动物进行紧急免疫接种，对于患病动物和与患病动物同圈舍并有密切接触、处于潜伏期的动物不能接种只能淘汰扑杀或隔离治疗。紧急免疫一般使用高免血清、卵黄抗体等传统生物制品和新型非特异性免疫制品，具有安全、产生免疫快的特点，但免疫期短，用量大，价格高。有些疫病（如口蹄疫、猪瘟、鸡新城疫、鸭瘟）能使用疫苗紧急接种，因这些弱毒疫苗产生免疫力较快，也可取得较好效果。

（2）对疫区、受威胁区域的所有易感动物，不论对所发疫病是否免疫过或免疫是否到期，都应重新进行一次免疫，以建立稳固的免疫隔离带。紧急免疫顺序应由外到里，即从受威胁区到疫区；养殖场内应从无病圈舍到已发病圈舍的未发病动物群。

（3）紧急免疫必须使免疫达到高密度，力争达到100%，即易感动物全部免疫，才能较一致地获得较均衡的免疫力。同时，操作人员必须做到一头动物用一个针头，避免人为传播导致的动物间交叉感染。

（4）为了保证紧急免疫接种效果，有时免疫剂量可加倍使用。必须注意，不是所有疫苗都可用于紧急接种，只有实践证明对紧急接种有效的疫苗才能使用，一般使用弱毒疫苗。在受威胁区也可使用安全性和抗原性较好的其他疫苗。

（5）紧急免疫接种必须与隔离、封锁、消毒及发病、死亡动物的生物安全处理等防疫措施密切结合进行，才能收到较好的效果。

3. 补充免疫接种

补充免疫接种又称为临时免疫接种。是在对农村大量动物免疫后，对未免疫的少量动物实施的免疫。凡属以下情况的动物应实施补充免疫：由于动物个体暂不适于免疫，如生病、妊娠等，在群体免疫时未予免疫的动物；因各种原因免疫失败的动物；散养动物在每年春、秋两季集中免疫后，每月应对未免疫的动物进行定期补充免疫。这就是为什么在我国农村家庭散养条件下，被称为"春秋两季防疫注射和定期补针相结合"的免疫接种方针。

4. 临时免疫接种

临时免疫接种是补充免疫在规模养殖条件下的一种免疫技术措施。是为了避免某些疫病发生而临时进行的免疫接种称临时免疫接种。如引进、外调、运输动物时，为避免在途中或到达目的地后暴发某些疫病，而临时进行的免疫接种。另外，在家畜去势、手术时或动物被狂犬病犬咬伤时，为防止发生相关疫病而进行破伤风、狂犬病疫苗的临时性免疫接种等。

二、免疫接种的途径

疫苗的免疫接种途径需要根据疫苗的种类、性质、特点以及病原体侵入门户和它在机体内的定位等因素来确定，选择合适的接种途径能充分发挥全身体液免疫和细胞免疫的作用，大大提高动物机体的局部免疫应答能力。动物的免疫方法可分为个体免疫法和群体免疫法。动物个体免疫途径包括注射、点眼、滴鼻、刺种等，动物群体免疫包括饮水、拌料、气雾免疫等。

（一）家禽免疫接种途径

1. 点眼与滴鼻

点眼与滴鼻是局部免疫接种途径，同时也有激发机体全身免疫的作用，因为鼻腔黏膜下有丰富的淋巴组织，禽眼部有哈德氏腺，对抗原的刺激都能产生很强的免疫应答。这种方法多用于雏禽，尤其是雏鸡的首次免疫，主要适用于鸡新城疫、鸡传染性支气管炎等需经黏膜免疫途径免疫的疫苗。

操作时用带乳胶吸头的滴管吸取疫苗滴于眼内或鼻孔内。点眼时，要等待疫苗在眼睑内扩散后才能放开雏鸡；滴鼻时，可用固定雏鸡的一手的食指堵住非滴鼻侧的鼻孔，加速疫苗吸入鼻腔。

接种时应注意：接种时均使用弱毒苗，如果有母源抗体存在，会影响疫苗刺激机体产生抗体，可适当增大疫苗接种量。

特点：点眼与滴鼻两种免疫效果相同，母源抗体干扰不大，产生抗体迅速。

2. 经口免疫接种

对具有弱毒活疫苗且主要通过呼吸道和消化道传播的传染病，常采用经口免疫。分为拌料、饮水两种方法，即将疫苗均匀地混于饲料或饮水中经动物口服后获得免疫。常用的是饮水免疫。拌料主要用于球虫的免疫。

饮水免疫：① 常规使用生理盐水或蒸馏水，也可使用凉开水，不可用含有氯消毒剂的自来水。如用自来水，先将自来水放于大口容器内让太阳晒，使氯挥发或添加去氯剂（通常每 10L 水加 10% 硫代硫酸钠 3~10mg）。计算好疫苗和用水量，在水中先加入 0.1%~0.3% 的脱脂奶粉作缓冲保护剂，5min 后再将疫苗加入水中混匀，立即饮用。一般使用 3~5 倍量的疫苗剂量。② 免疫前后应根据季节和天气情况适当停水，夏季 3~4h，冬季 5~6h，以保证免疫时动物摄入足够剂量的疫苗，所以免疫时间最好在早晨或傍晚。③ 器具适宜搪瓷、木制、塑料器具。饮水器具应适宜，确保应免禽同时饮到疫苗水，不得用金属器具。④ 饮水量依鸡日龄大小而定。一般 7~10 日龄鸡，每只 5~10mL；20~30 日龄鸡，每只 10~20mL；30 日龄以上鸡，每只 30mL。⑤ 疫苗饮水时间一般掌握在 30~45min 内饮完，可取得较好的免疫效果。⑥ 服苗后 1~2h 再供正常饮水。疫苗接种前后至少 24h 内饮水中不加入消毒剂、抗病毒药物及免疫抑制药物。

拌料免疫：洁净容器中加入 1 200mL 蒸馏水或凉开水，将疫苗倒入水中（冲洗疫苗瓶和盖），然后加入加压式喷雾器中，把球虫疫苗均匀地喷洒在饲料上，搅拌均匀，让鸡在 6~8h 内采食干净。注意免疫前后应停喂饲料 2~4h 以保证免疫时动物摄入足够剂量的疫苗。

特点：经口免疫效率高、省时省力、操作方便，能使全群动物在同一时间内共同被接种，群体的应激反应小，但动物群体的抗体滴度往往不均匀，免疫持续期短，免疫效果较易受到其他多种因素的影响。

3. 气雾免疫接种

是一种常用群体免疫技术。指稀释的疫苗在气雾发生器作用下，形成雾化粒子悬浮于空气中，通过呼吸作用刺激动物口腔和呼吸道等部位黏膜的免疫接种方法。气雾免疫的效果与疫苗雾滴的大小直接相关，粒子过大容易快速沉落，粒子过小则在空气中会快速上升，通常直径为 4~10μm 粒子容易通过屏障进入肺泡，被吞噬细胞吞噬后产生良好的免疫力。该法最关键的是控制疫苗雾滴的大小。

一般 1 日龄雏鸡喷雾，每 1 000 只鸡的喷雾量为 100~200mL；平养鸡 250~500mL；笼养鸡为 250mL。免疫前，应关闭门窗、通风和取暖设备，尽量减少空气流动，使鸡舍处于黑暗中。喷雾器和气雾机的位置约在禽群上方 60~70cm。支原体发病场严禁喷雾或气雾免疫。

特点：省时、省力、省工、省苗，受母源抗体干扰较小，免疫剂量均匀，效果可靠，全群在短时间内获得免疫，尤其适合大规模集约化养殖场，但易激发呼吸道病。

4. 注射免疫接种

适用于各种灭活疫苗和弱毒疫苗的免疫接种。注射接种剂量准确、免疫密度高、效果确切可靠，在实践中应用广泛。但捕捉动物困难，费时费力，消毒不严格时容易造成病原体人为传播和局部感染，而且捕捉动物时易出现应激反应。

（1）颈背部皮下注射。主要用于接种灭活疫苗及免疫血清、高免卵黄抗体。针头从颈部下 1/3 处，针孔向下与皮肤呈 45°角从前向后方向刺入皮下 0.5~1cm，使疫苗注入皮肤与肌肉之间。

（2）双翅间脊柱侧面皮下注射。该部位是最佳皮下注射部位，由头部向尾部方向进针，局部反应较小，特别适合油乳灭活疫苗。

（3）胸部肌内注射。注射器与胸骨成平行方向，针头与胸肌成 30°~40°倾斜的角度，于胸部中 1/3 处向背部方向刺入胸肌。切忌垂直刺入胸肌，以免出现穿破胸腔的危险。

（4）腿部肌内注射。主要用于接种水剂疫苗（弱毒疫苗），也可用于油乳灭活疫苗。以大腿无血管处为佳。

（5）皮内注射。禽皮内注射部位宜在肉髯部。

5. 皮肤刺种

常用于禽痘、禽脑脊髓炎等弱毒疫苗接种。在鸡翅膀内侧无毛处，避开血管，用刺种针或钢笔尖蘸取疫苗刺入皮下。刺种后，要在 7~10d 检查免疫的效果。一般说来，正确接种后在接种部位会出现红肿、结痂反应，如无局部反应，则应检查鸡群是否处于免疫保护期内，疫苗质量有无问题或接种方法是否有差错，必要时进行补充免疫。每 1

瓶疫苗应更换一个新的刺种针。接种 1 日龄禽可以在大腿或腹部的皮肤刺种。

6. 涂擦

适用于禽痘和禽传染性喉气管炎免疫。接种禽痘时，首先拔掉禽大腿部的 8~10 根羽毛，然后用高压灭菌的棉签或毛刷蘸取疫苗，逆着羽毛生长的方向涂刷 2~3 次。擦肛法常用于鸡传染性喉气管炎弱毒疫苗的免疫，可减少疫苗的应激反应。翻开肛门，用消毒棉拭或专用刷子，蘸满稀释好的疫苗，涂抹或轻轻地刷拭肛门黏膜。毛囊涂擦鸡新城疫疫苗后 10~12d，局部会出现同刺种一样的反应；擦肛后 4~5d，可见泄殖腔黏膜潮红，否则应重新接种。

（二）家畜免疫接种途径

1. 滴鼻

如伪狂犬疫苗，用于 3 日龄内乳猪滴鼻。

2. 口服

如牛、羊口服猪 2 号布鲁氏菌苗。注意口服菌苗时，必须空腹，最好是清晨喂饲，服苗 30min 后方可喂食。

3. 注射免疫接种

（1）皮下接种。选择动物皮薄、被毛少、皮肤松弛、皮下血管少的部位。大家畜宜在颈侧中 1/3 部位、尾根皮下注射；猪在耳根后或股内侧；羊宜在股内侧；犬、猫在背部；兔在耳后。注射部位消毒干燥后，注射者一手持注射器，另一手食指与拇指将皮肤提起呈三角伞状，沿基部刺入皮下约注射针头的 2/3，将牵拉皮肤的手放开后，再推动注射器活塞将疫苗液尽可能地缓慢注入。然后用酒精棉球按住注射针孔部位，将针头拔出。

特点：吸收较皮内快，缺点是用量较大，副作用较皮内稍大。

（2）皮内接种。选择皮肤致密、被毛少的部位。牛、马选择颈侧、尾根、肩胛中央；猪在耳根后；羊在颈侧、尾根或耳根部。注射部位如有被毛的应先将其剪去，用酒精棉球消毒干燥后，一手将皮肤捏起形成皮裙，或用手指绷紧固定皮肤，另一手持注射器，使针头斜面向前，与皮肤面呈 15° 刺入皮内约 0.5cm，即刺入皮肤的真皮层中。应注意针刺时宜慢，以防刺穿出表皮或深入至皮下。注入药液时阻力较大，后在注射部位皮肤上有一小包，且小包会随皮肤移动，证明确实注入皮内后缓慢拔出针头。如针孔有药液溢出，用捏干的灭菌生理盐水棉球沾取即可。

特点：皮内接种疫苗的使用剂量和局部副作用小，相同剂量疫苗产生的免疫力比皮下接种高，但注射操作精确度要求较高，难度较大，所以应用范围较小。

（3）肌内注射。可用于多种类型疫苗的接种。应选择肌肉丰满、血管少、远离神经干的部位。选择合适的针头，牛、马、羊、猪多在臀部及颈部，但猪以耳后、颈侧为宜。

特点：肌内注射操作简便、应用广泛、副作用较小，药液吸收快，免疫效果较好。

（4）静脉注射。主要用于注射免疫血清，进行紧急预防和治疗。注射部位为：马、牛、羊在颈静脉，猪在耳静脉，疫苗因残余毒力等原因，一般不通过静脉注射接种。

肌内注射选择合适针头，猪于耳后颈部肌内注射，牛、马、羊等于颈中部肌内注射。

（5）穴位注射。①后海穴注射。局部消毒后，于后海穴向前上方进针，刺入0.5～4cm。根据畜体大小注意进针深度。②风池穴注射。局部剪毛、消毒后，垂直刺入1～1.5cm（依猪只大小、肥瘦掌握进针深度）。

（6）胸腔肺内注射。用于猪气喘病弱毒疫苗的免疫注射。猪胸腔肺内注射的部位是在猪右侧，倒数第7肋间至肩胛骨后缘3～5cm处进针，针头进入胸腔有入空感，回抽针发现无血或其他内容物，即可注入疫苗。

对于出生后发病较早的传染病，可通过对怀孕动物的免疫接种，使幼龄动物由母源抗体提供被动免疫保护力，如猪大肠杆菌、仔猪红病、猪传染性胃肠炎。

三、免疫接种前的准备

1. 制订免疫接种工作计划

根据当地动物传染病的流行情况和流行特点，制订免疫接种工作计划，包括接种动物、疫苗种类、接种数目、接种途径和方法、接种日期等。

2. 准备器械、防护物品和药品

①器械。注射器、针头、镊子、剪毛剪、体温计、煮沸消毒器、搪瓷盘、疫苗冷藏箱、耳标钳、保定用具等。②防护物品。毛巾、防护服、胶靴、工作帽、护目镜、口罩等。③药品。疫苗、稀释液、75%酒精、2%～5%腆町、急救药品等。④其他物品。免疫接种登记表、免疫证、免疫耳标、脱脂棉、纱布、冰块等。

3. 器械消毒

①冲洗。将注射器、点眼滴管、刺种针等接种用具用清水冲洗干净。玻璃注射器应将注射器针管、针芯分开，用纱布包好；金属注射器应拧松活塞调节螺丝，放松活塞，用纱布包好；将针头用清水冲洗干净，成排插在多层纱布的夹层中；镊子、剪子洗净。②灭菌。将洗净的器械高压灭菌15min；或煮沸消毒，放入煮沸消毒器内，加水淹没器械2cm以上，煮沸30min。③冷却备用。待冷却后放入灭菌器皿中备用。④注意事项。器械清洗一定要保证清洗的洁净度；灭菌后的器械一周内不用，下次使用前应重新消毒灭菌；禁止使用化学药品消毒。

4. 消毒和防护

①消毒免疫接种人员剪短手指甲，用消毒液洗手。②个人防护穿戴工作服、胶靴、橡胶手套、口罩、帽等。③注意事项。不可使用对皮肤能造成损害的消毒液洗手；在进行气雾免疫和布鲁氏菌病免疫时应戴护目镜。

5. 检查待接种动物健康状况

为了保证免疫接种动物安全及接种效果，接种前应了解预备接种动物的健康状况。
①检查动物的精神、食欲、体温，不正常的不接种，必要时可以测量体温。②检查动物是否发病；是否瘦弱。③检查是否存在幼小的、年老的、怀孕后期的动物，这

些动物应不予接种或暂缓接种（注意登记，以便以后补种）。

6. 检查疫苗外观质量

检查疫苗外观质量，凡发现疫苗瓶破损、瓶盖或瓶塞密封不严或松动、无标签或标签不完整（包括疫苗名称、批准文号、生产批号、出厂日期、有效期、生产厂家等）、超过有效期、色泽改变、发生沉淀、破乳或超过规定量的分层、有异物、有霉变、有摇不散凝块、有异味，无真空等，疫苗质量与说明书不符者，一律不得使用。

7. 详细阅读使用说明书

详细阅读疫苗使用说明书，了解疫苗的用途、用法、用量和注意事项等。

8. 预温疫苗

使用前，从冰箱中取出疫苗，置于室温（25℃左右）2h 左右，平衡疫苗温度。

9. 稀释疫苗

① 按疫苗使用说明书规定的稀释方法、稀释倍数和稀释剂，稀释疫苗。无特殊规定可用蒸馏水（或无离子水）或生理盐水；有特殊规定可用规定的专用稀释液稀释疫苗。② 稀释时先除去稀释液和疫苗瓶封口的火漆或石蜡。

四、接种疫苗后的不良反应

免疫接种后，要观察免疫动物的饮食、精神等状况，并抽检体温，对有异常表现的动物应予登记，反应严重的应及时救治。一般经 7~10d，没有反应，可以停止观察。

1. 正常反应

疫苗注射后出现短时间的精神不好或食欲稍减等症状，此类反应属正常反应，是由于疫苗本身的特性而引起的，其性质与反应强度因疫苗制品不同而异。一般可不做任何处理，能自行消退。

2. 严重反应

这和正常反应在性质上没有区别，主要表现在反应程度较严重或出现反应的动物超过正常反应的比例。常见的反应有震颤、流涎、流产、瘙痒、皮肤丘疹、注射部位出现肿块、溃烂等综合症状，最为严重的可引起免疫动物的急性死亡，需要及时救治。引起严重反应的原因可能是某批疫苗质量问题，或免疫方法不当或某些动物敏感性不同等。

严重反应主要有以下表现。

① 禽肿头。注射油乳剂灭活疫苗后，头和脸部肿胀，一般于注射后 2~5d 出现，重则 15d 后方逐渐消失。不用治疗和处理。② 硬脖、头颈部不同程度的扭曲。多见于禽注射油乳剂灭活疫苗后，脖子出现僵硬，头颈部不同程度的扭曲姿势，多因注射操作失误，颈部注射位置靠前，且注入肌肉过深，直接损伤肌肉或神经，或注射感染所致。若有细菌继发感染可用抗生素治疗。③ 禽猝死。禽注苗后突然死亡，多因胸肌注射过深而注入心脏、肝脏或动脉血管所致。④ 瘫痪或腿部肿胀、跛行。注射后一侧不能站立或行走困难，多因在腿部肌内注射时方法不当，损伤神经、刺伤血管、注射部位感染所致。禽应尽量避免腿部肌内注射。⑤ 注射部位溃烂。注射后 5~7d 注苗部位大面积

发炎、溃烂、坏死。若发生率很低，多因注射时个别已感染细菌或换针头不及时所致，可用抗菌药治疗。⑥ 注射部位肿块。注射油乳剂灭活疫苗后 10~20d，发现注射疫苗部位出现肿块，切开肿块，内有白色乳状液体，多因注射疫苗时疫苗温度过低吸收不良所致。注射前应将疫苗预温至30℃左右。⑦ 呼吸道反应。多见于仔鸡，经滴鼻、点眼接种新城疫活疫苗、支气管炎活疫苗、喉炎活疫苗等后发生的一种呼吸道免疫反应，一般不需治疗，多于 2~3d 自行恢复。如果在寒冷饲养密度过高，鸡舍中尘埃和各类有害气体或感染鸡毒支原体时，也可引起严重的呼吸道反应，表现出呼吸啰音、摇头和流泪等。⑧ 暴发疫病。接种疫苗 2~3d 后，大群暴发疫病。一般是由于畜禽群接种疫苗时已有病原的潜在感染，免疫接种后，诱使处在感染潜伏期的畜禽发病。⑨ 变态反应（过敏反应）。个别动物属过敏体质，接种疫苗后出现过敏反应。症状表现为于注射疫苗后 30min 内出现不安、呼吸困难、四肢发冷、出汗、大小便失禁、呕吐、打颤、呼吸迫促、皮肤发红、发紫等，需立即救治，可用肾上腺素、地塞米松等药物脱敏抢救。

3. **动物免疫接种后不良反应的处理**

① 免疫接种后如产生严重不良反应，应采用抗休克、抗过敏、抗炎症、抗感染、强心、补液、镇静解痉等急救措施。② 对局部出现的炎症反应，应采用消炎、消肿、止痛等处理措施；对神经、肌肉、血管损伤的病例，应采用理疗、药疗和手术等处理方法。③ 对合并感染的病例，用抗生素治疗。

4. **预防动物免疫接种后的不良反应**

① 保持动物舍温度、湿度、光照适宜，通风良好；做好日常消毒工作。② 制定科学的免疫程序，选用适宜的毒力或毒株的疫苗。③ 应严格按照疫苗的使用说明进行免疫接种，注射部位要准确，接种操作方法要规范，接种剂量要适当。④ 免疫接种前对动物进行健康检查，掌握动物健康状况。凡发病的，精神、食欲、体温不正常的，体质瘦弱的、幼小的、年老的、怀孕后期的动物均应不予接种或暂缓接种。⑤ 对疫苗的质量、保存条件、保存期均要认真检查，必要时先做小群动物接种实验，然后再大群免疫。⑥ 免疫接种前，避免动物受到寒冷、转群、运输、脱水、突然换料、噪声、惊吓等应激反应。可在免疫前后 3~5d 在饮水中添加速溶多维，或维生素 C、维生素 E 等以降低应激反应。⑦ 免疫前后给动物提供营养丰富、均衡的优质饲料，提高机体非特异免疫力。

五、动物免疫失败的原因分析

生产实践中造成免疫失败的原因是多方面的，也非常复杂，各种内外因素可通过不同的机制干扰动物免疫力的产生。从近年来的情况看，猪和禽类、特别是鸡免疫失败的情况较为突出。分析造成免疫失败的原因，主要由以下几个方面入手。

（一）疫苗方面

1. **查来源**

通过查看免疫记录和免疫档案，确认疫苗的生产厂家和生产批号。

疫苗中免疫原性成分的高低和纯度，是疫苗免疫效果的决定因素。同一种疫病的疫苗，有不同种类、不同厂家甚至不同批次，在性能和质量方面存在很大差异。如效价降低或蚀斑量不够；油乳剂灭活疫苗乳化程度不高，抗原均匀度不好；疫苗毒力太强；过期失效或受到污染等，都可造成免疫失败。

2. 查疫苗

① 查疫苗的外观、运输、保存情况是否与疫苗要求相符合。② 查疫苗毒株的血清型与所预防的疫病病原的血清型是否一致。

3. 查疫苗使用情况

① 疫苗稀释不当。没有按规定使用指定的稀释液配制，如饮水免疫时没有加脱脂乳，饮水免疫中使用了含氯的自来水，使用了金属饮水器或饮水器中有残留的消毒药。气雾免疫中没按规定量使用疫苗，疫苗稀释中没按规定使用无离子水或蒸馏水等。② 操作不当。如在免疫接种过程中，无菌观念不强；接种剂量不足或过大（剂量过大产生免疫抑制）；饮水免疫时，饮水器数量过少，畜禽饮水不均匀；饮水免疫前没有断水，因而免疫畜禽饮水时间太长，造成疫苗效力下降；实施喷雾免疫时未调试好喷雾器，造成雾滴过大或过小等；针头过短、过粗，拔出针头后，疫苗从针孔溢出；有时打"飞针"，注射不确实或注射器定量控制失灵；疫苗稀释后，未在规定时间内注射完，此刻疫苗中的病毒量减少；滴鼻或点眼免疫时，放鸡过快，药液未完全吸入等。

4. 查同批疫苗在其他场免疫情况

看同批疫苗在其他养殖场的免疫情况是否正常。

（二）动物机体方面

1. 查母源抗体水平

母源抗体水平高会影响免疫效果。

2. 查免疫时机体的健康状况

免疫抑制性疾病（鸡新城疫、鸡传染性法氏囊炎、鸡传染性贫血、网状内皮组织增生症、呼肠孤病毒、禽流感、马立克氏病、禽白血病、猪瘟、猪圆环病毒病Ⅱ型、猪繁殖与呼吸综合征等）、中毒病、代谢病等疾病都会影响机体对疫苗的免疫应答能力，从而影响免疫效果。

3. 查机体的营养、日龄、遗传因素

畜禽发生严重的营养不良，维生素A、硒、锌等缺乏，特别是蛋白质营养缺乏时，会影响免疫球蛋白的产生，造成机体免疫功能下降，从而影响免疫效果。幼龄动物，机体免疫器官尚未发育成熟，免疫应答能力不完全，因此，过早免疫，免疫效果不好。由于遗传因素，不同品种、不同个体对疫苗免疫应答能力也有差异。

（三）查免疫程序

免疫程序不合理，如接种时间和次数的安排不恰当，不同疫苗之间相互干扰；如经气雾、滴鼻、点眼或饮水进行鸡新城疫免疫后，在7d内以同样方法接种鸡传染性支气管炎疫苗时，其免疫效果受影响；如接种鸡传染性支气管炎疫苗后2周内接种鸡新城疫疫苗，其效果不好；鸡传染性喉气管炎弱毒疫苗接种前后1周内接种鸡传染性支气管炎疫苗或鸡新城疫、传染性支气管炎联苗时，鸡传染性喉气管炎免疫效果降低等。

（四）环境因素

（1）查免疫时环境中病原性微生物污染情况。当环境中有大量的病原微生物存在时，使用任何一种疫苗，往往都不能达到最佳的免疫效果。

（2）查免疫时的环境卫生情况。环境卫生不良可造成动物机体抵抗力下降，也可影响免疫效果。

（五）其他因素

饲养密度过大，舍内温、湿度过高，舍内通风不良，严重的噪声污染、突然惊吓及突然换料等因素，均可对畜禽群造成不同程度的应激，从而使其在一段时间内抵抗力降低，影响免疫效果。因此，免疫接种时应尽量避免产生应激因素。

在使用活菌苗免疫前后7d内使用抗菌药物，影响免疫效果。

第四节 免疫程序与计划免疫

一个地区、一个动物饲养场发生的传染病往往不止一种，动物饲养场往往需要多种疫苗来预防不同的疫病。但是，多种疫苗的同时使用或短间隔使用，往往造成免疫干扰，甚至出现免疫抑制，导致免疫失败。为了避免这些问题和现象的发生，在动物疫病的防控实践中，制订科学的免疫程序和计划免疫的方法，显得尤为重要。

免疫程序和计划免疫并无实质性区别。养殖动物群体免疫的程序或计划都是人根据实际情况、防疫的实际需要设定和制定的，只是称谓上的不同。

免疫程序有广义和狭义之分。广义的免疫程序是指根据一定地区或养殖场内不同传染病的流行状况及疫苗特性，为特定动物群制定的免疫接种方案，主要包括所用各种类疫苗的名称、类型、接种顺序、用法、用量、次数、途径及间隔时间。狭义的免疫程序指在某些商品动物在一个生产周期中，为预防某些疫病而制定的免疫接种过程，其内容包括所用疫苗的品系、来源、用法、用量、免疫时机和免疫次数等。各个养殖场都应重视免疫程序的制定和实施。

一、制定免疫程序的依据

制定免疫程序应充分考虑到上述影响免疫接种效果的因素，尽可能消除或避免一切不利因素的影响，充分发挥疫苗的效力，使动物体产生坚强的免疫力。免疫程序不是统一的或一成不变的，目前并没有一个能够适合所有地区和养殖场的免疫程序标准。外地的免疫程序只能作为参考，而不能盲目照搬。各地应在实践中根据不同动物或不同传染病的流行特点和生产实际情况，充分考虑本地区常发多见或威胁大的疫病分布特点、疫苗类型及其免疫效能和母源抗体水平等因素，设计出符合本地区、本场具体情况的免疫程序，并在使用一段时间后，根据免疫效果及时调整。总的来说制定免疫程序的主要依据如下。

1. 疫病流行情况

免疫接种前首先要进行流行病学调查，了解当地及周边地区有哪些传染病流行范围、流行特点（季节、畜别、年龄、发病率、死亡率），然后制定适合本地区或本场的免疫计划。免疫接种的种类主要是有可能在该地区暴发与流行的疫病，有目的地开展免疫接种，狠抓主要病毒病的免疫。对当地没有发生可能，也没有从外地传入可能性的传染病，就没有必要进行传染病的免疫接种。尤其是毒力较强和有散毒危险的弱毒疫苗，更不能轻率的使用。有些传染病流行持续时间长、危害程度大，应制定长期的免疫预防对策。

2. 抗体水平

动物体内的抗体水平（先天所获得的母源抗体和后天免疫所获得的抗体）与免疫效果有直接关系，抗体水平越高，对免疫接种效果干扰越大，科学的免疫程序应该是先进行抗体水平监测，特别是猪瘟、口蹄疫、禽流感、新城疫等严重疫病的免疫抗体监测，依据使用情况、抗体消长规律等来确定免疫接种时机，避免盲目、随意免疫。

3. 疫病的发生规律

不同的疫病各有其发生发展规律，有的疫病对各种年龄的动物都有致病性（如鸡新城疫、猪瘟等），而有的疫病只为害一定年龄的动物（仔猪黄痢病主要危害 5 日龄以内仔猪，仔猪白痢病主要为害 10~30 日龄仔猪，仔猪副伤寒主要为害 1~4 月龄幼猪，猪丹毒主要危害架子猪；鸡传染性法氏囊病主要为害 2~5 周龄鸡，鸡产蛋下降综合征主要危害产蛋高峰的鸡；鸭瘟主要为害产蛋鸭，鸭病毒性肠炎主要危害 1~3 周龄的雏鸭等）；有的传染病一年四季均可发生（猪瘟、鸡新城疫等），有的传染病发生有一定季节性（日本乙型脑炎、鸡痘等以蚊子活跃的季节最易流行等）。因此，应依据不同疫病发生的日龄、季节设计免疫程序，免疫的时间应在该病发病高峰前 1~2 周。这样，一则可以减少不必要的免疫次数，二则可以把不同疫病的免疫时间分隔开，避免了同时接种多种疫苗所导致的疫苗间相互干扰及免疫应激。这是免疫程序的时间设计基础。

4. 动物种类和生产需求

使用何种疫苗应根据动物的种类、日龄而定。动物的用途不同，生长期或生产周期会有差异，也会影响疫苗的使用效果。对于种畜（禽）来说，一是生产周期长，一次免疫不足以提供长期的免疫力，因此需多次免疫。二是种畜（禽）免疫后还应保证子代母源抗体水平。因此，其免疫程序与商品用畜（禽）是不同的。同时，还要考虑减少捕捉动物的次数等。

5. 饲养管理水平

农村散养动物，小、中、大型饲养场，其饲养管理水平不同，传染病发生的情况及免疫程序实施情况也不一样，免疫程序设计也应有所不同。规模化养殖场的配套防疫措施及饲养管理条件较好，制定的免疫程序应用效果良好时，在外界条件和疫病状况无明显变化的情况下，一般应使这一免疫程序固定实施。如发现有缺陷和不足，应查明原因，有针对性地及时调整。

6. 疫苗的性质

疫苗的种类、品系、性质不同，其免疫途径、产生免疫力需要的时间、免疫保护期等也存在差异，另外不同疫苗间使用还有可能产生相互干扰，因此，在制定免疫程序时应予充分考虑，选择合理的疫苗类型、合理的免疫途径去刺激动物产生有效的免疫力。

7. 免疫效果

一个免疫程序实行一段时间后，可根据免疫效果、免疫监测情况，进行适当调整或继续实施。

二、评估免疫效果

免疫接种后是否达到了预期的效果，为改进免疫接种方法和改进疫苗质量就必须通过一定的方法对免疫效果进行评价，一般可采用以下几种方法。

1. 抗体监测

大部分疫苗接种动物后可产生特异性的抗体，通过抗体来发挥免疫保护作用。因此，通过监测动物接种疫苗后是否产生了抗体以及抗体水平的高低，就可评价免疫接种的效果。

用免疫学方法随机抽样，检查免疫接种畜禽的血清抗体阳性率和抗体几何平均滴度。由血清抗体阳性率可以看出是否达到了该病的防疫密度，由抗体几何平均滴度可以看出是否达到了抵抗该疾病的总体免疫水平。实用简单粗算法是：

血清抗体阳性率（%）＝抗体几何平均滴度的对数/免疫检测总畜禽数×100

抗体几何平均滴度的对数＝各被检畜禽抗体滴度的对数和/被检畜禽数

2. 攻毒保护试验

如无法进行免疫监测时，可选用攻毒保护试验来评价免疫接种的效果。

一般是从免疫接种动物中抽取一定数量的动物，用对应于疫苗的强毒的病原微生物进行人工感染，若试验动物可以很好地抵抗强毒攻击，则说明免疫效果良好。如果攻毒后部分动物或大部分动物仍然发病，则说明免疫效果不好或免疫失败（此方法有散毒危险，只限于科研单位研究疫苗时应用）。

3. 流行病学评价

可通过流行病学调查，用发病率、病死率、成活率、生长发育与生产性能等指标与免疫接种前的或同期的未免疫接种畜禽群的相应指标进行对比，可初步评价免疫接种效果。

用流行病学调查的方法随机抽样，检查免疫接种组和未接种对照组的患病率，计算其保护率（保护效价）和保护指数，保护率越高，防疫效果越好。简单计算法是：

保护率（保护效价）＝对照组患病率－接种组患病率

保护指数＝对照组患病率/接种组患病率

正确的免疫效果评价结论，应将抗体监测、攻毒保护试验与流行病学效果评价结合起来综合评定。

第五节　药物预防

药物预防是在正常饲养管理下，在某些疫病可能发生或传入之前给动物有计划地投服药物以防止疫病的发生或蔓延。因为目前，在动物疫病中，还有许多疫病没有疫苗可供主动免疫使用或不需使用疫苗来进行预防，可用药物预防作为补充和应急，这也是集约化、规模化养殖场过去经常使用的疫病预防的措施。但是，动物疫病的药物预防，主要使用的是抗病原微生物药品，常见的有抗生素类、磺胺类、呋喃类、喹诺酮类、抗病毒药、抗真菌药、抗菌增效剂等7类。这些抗微生物药品的使用，目前已泛滥成灾，这不但增加了生产成本，更重要的是造成细菌耐药菌株的迅速增加，甚至出现了超级细菌，以致在关键时刻不能挑选出敏感药物来控制传染病，这不但危害养殖业的健康发展，还会造成食品中的药物残留，危害人类健康，所以养殖场应慎重对待，合理选择。

一、病毒性动物疫病的药物预防

《中华人民共和国动物防疫法》规定的一类疫病，均为病毒病，暴发流行的二三类疫病，也多数为病毒病。而病毒病目前尚无特效药物可供治疗和预防。在此情况下，应以提高动物的抵抗力和免疫力为主进行预防。

1. 慎用或不用抗生素等药品

抗生素或磺胺类、呋喃类、喹诺酮类抗菌药物没有抗病毒作用，选择这些药物作为病毒性疫病的预防用药，不仅错误，往往有害无益，还增加防控成本，造成浪费。如果养殖动物本身存在一些细菌性疫病，为提高动物群体对所发重大疫病的抵抗能力，使用抗生素是可行的，但应在内部隔离这些有病动物的基础上进行，而不是对全部养殖动物普遍使用抗生素或抗菌类药物；如系无治疗价值的病弱动物，应坚决淘汰，因这些病弱动物抵抗力极低，最易受到重大疫病病原体的攻击。

2. 提高动物抵抗力和免疫力

在预防疫病传入的过程中，应及时调整饲料配方，提高饲料的营养配比和价值，保障动物有较高的营养水平和较好的体质，增强抗病能力和免疫功能。并添加"保健"类药物添加剂，如在饲料和饮水中添加电解质（钠、钾、钙等）、维生素、酶制剂、微量元素、抗氧化剂、微生态制剂等，增强动物的抗病力、免疫力和疫病应激能力。

3. 合理使用病毒抑制类药物

根据所发生须防控疫病的病毒类型和生物学特性，可选用金刚烷胺、吗啉胍、利巴韦林，干扰素、黄芪多糖等有抗病毒作用的药物（前3种食品动物禁用）作为预防用药。应根据外界重大疫情的流行动态和趋势，选择用药的时机。不能一听到外面发生重大疫情，也不管疫点的远近、自身动物受威胁的程度和自身采取的综合防控措施的条件，就马上使用这些药品，甚至在整个扑灭疫情期间全过程使用这些药品。

在猪的病毒性疫病防控上，通过基因工程、蛋白工程、细胞工程等现代生物技术，研发的猪用干扰素（IFN）、猪用白细胞介素-4（IL-4）、猪用转移因子（TF）、排疫肽（IgG，猪用浓缩免疫球蛋白）、免疫核糖核酸（I-RNA）等新型生物制品，均有良好的预防治疗作用。另外，研发的微生物溶菌酶（Lyso-zyme）产品，被称"天然抗生素"，具有明显的抗病毒、抗菌效果。这些新型生物制品，不仅对常见猪疫病有较好的治疗预防效果，并且对提高猪体的非特异性免疫力有十分明显的效果，而且无药残、无毒副作用，应用前景十分广泛。

兽用中药和制剂在预防、治疗动物病毒病上日益受到重视，已成为一些地方和养殖场防控动物疫病重点使用的药物和饲用药物添加剂。兽用中药药效的整体性、全面性和调理性等天然属性，对防控疫病，提高动物的免疫力和抗病力有明显作用。临床上常用的有黄芪多糖、板蓝根、金银花、鱼腥草、大青叶等单方或复方制剂。

二、细菌性疫病的药物预防

在现在的环境条件下，《中华人民共和国动物防疫法》的二、三类细菌性疫病中，很少出现大面积暴发流行而采取重大疫病强制扑灭措施的情况，但局部性、地方流行性和呈散发流行较为多见。细菌性疫病根据病原的生物学特性，可供使用的抗菌类药物很多，选择的余地也很大。应根据需防控疫病的病原种类，可能感染的群体、时间，选择敏感药物按预防用量和疗程使用即可。一般情况下预防效果都较可靠。

三、寄生虫病的药物预防

《中华人民共和国动物防疫法》的二、三类寄生虫引起的疫病中，如流行条件具备，常会引起范围广泛的暴发流行，周期性和季节性流行。其中，以寄生原虫病较为突出，如兔、鸡球虫病、牛羊梨形虫病、牛马锥虫病、弓形虫病等，还有肝片吸虫病、羊疥螨病等也会呈局部或地方性暴发流行状态。但这些寄生虫病一般都不会采取强制性行政措施进行扑灭，因为这些寄生虫病都有疗效确切的抗虫药进行治疗和预防，个体和群体性投药的方法也比较成熟，控制和扑灭的难度远低于传染病。

定期驱虫是控制和消灭寄生虫病的主要措施。它是按照寄生虫的生物学特性、生活史、寄生虫病的流行规律，在计划的季节时间内，给动物投药，杀灭或驱除寄生虫，从而达到治疗或者预防寄生虫病的目的。

驱虫前要对动物的种类、年龄、是否怀孕等情况加以区分。如怀孕母畜会因为驱虫而流产，一般应该在配种前进行驱虫；对体质差的，先要增加营养，加强饲养管理，待其恢复后再驱虫。

1. 驱虫药选择原则

应选择低毒、高效、广谱、方便和廉价的药物。预防性驱虫应以广谱药物为首选，但还要依据当地主要寄生虫危害种选择高效驱虫药。治疗性驱虫应以药物高效为首选，兼顾其他。

（1）低毒。低毒是指治疗量对动物不具有急性中毒、慢性中毒、致畸形和致突变作用。要求对寄生虫有选择性毒性作用，对宿主动物则表现出良好的安全效果。驱虫药的安全性常以治疗指数（LD_{50}/ED_{50}）或安全系数（最小有效量与最小中毒量间的距离倍比值）表示。指数越大，安全系数越大，对动物的毒性就越小，越安全。一般抗蠕虫药物安全系数要大于3，新药需在5以上。

（2）高效。高效是指药物对寄生虫的成虫和幼虫都有高度驱除效果。在自然状态下应用药物必须达到高水平的驱虫活性，如果能驱除95%以上的虫体，则属于高效；如果只达到70%驱虫效果，则属于低效。理想的驱虫药最好是对成虫、幼虫及虫卵都具有抑制杀灭作用。如果仅对成虫有效，则必须重复多次用药，这样才能驱除首次投药时没死亡的幼虫及虫卵发育形成的成虫。然而对于后期虫体具有100%的效率也不必要，虫体的完全驱除会使宿主失去抗原刺激，不利于宿主产生良好的带虫免疫状态。

（3）广谱。广谱是指驱除寄生虫的种类多。多数动物的寄生虫病均属混合感染，有时甚至是多科、属、种的蠕虫混合感染，故对单一虫体有效的药物不能满足需要。应该选用一种可以驱除动物体内多种寄生虫的驱虫药，以解决联合用药、多次用药的问题。

（4）适口性。集约化的饲养，较为实际，经济的用药方法是将药物加到饮水或拌入饲料中喂服，若因驱虫药适口性不佳，动物拒食或少饮，则会明显影响驱虫效果。

2. 驱虫时机选择

驱虫时间的确定，要依据当地动物寄生虫病流行病学调查结果来确定。对放牧饲养的动物一般要赶在虫体发育成熟前驱虫，防止性成熟的成虫排出虫卵、幼虫对外界环境的污染。或采取"秋冬季驱虫"，此时驱虫有利于保护动物安全过冬；另外，秋冬季外界寒冷，不利于大多数虫卵或幼虫存活发育，可以减轻对环境的污染。对寄生虫感染严重的地方，应根据感染季节动态，进行按季、双月1次驱虫都是可行措施。

在规模化养殖场，圈养动物寄生虫感染的环境和环节条件有较大改变，蠕虫感染明显降低，但原虫或体外寄生虫感染明显上升，生产中的驱虫应进行相应的调整。

3. 驱虫的实施及注意事项

① 驱虫前应选择驱虫药，确定剂型、计算剂量，给药方法和疗程，对药品的生产单位、批号等加以记载。② 规模化养殖场驱虫之前，先随机选出少部分动物做驱虫试验，观察驱虫效果及安全性，得出结果后再选择用哪种药物。③ 将动物的来源、健康状况、年龄、性别等逐头编号登记，为使驱虫药用量准确，要预先称重或用体重估测法计算体重。④ 在驱杀体外寄生虫时，要注意药物的浓度不能过高，使用面积不能过大，以避免动物自己或同伴舔食中毒。⑤ 投药前后1~2d，尤其是驱虫后3~5h，应严密观

察动物群，注意给药后的变化，发现中毒应立即急救。在驱虫药的使用过程中，一定要注意正确合理用药，避免频繁地连续几年使用同一种或同一类驱虫药，尽量争取推迟或消除抗药性的产生。⑥ 驱虫应在专门的、有隔离条件的场所进行，驱虫后 3~5d 内使动物圈留，将粪便集中用生物热发酵处理，以杀灭虫卵。⑦ 给药期间应加强饲养管理，役畜解除使役。

4. 寄生虫病的预防药物

防治动物寄生虫病的药物很多，具体使用时应根据实际情况选取。

（1）驱线虫药。① 噻苯唑。为广谱、高效、低毒驱虫药。对成虫效果好，对未成熟虫体有一定作用，对雌虫产卵有抑制作用。本品有很强的驱线虫作用，但对哺乳动物的毒性很小，主要能干扰虫体特异代谢环节，阻断虫体能量产生，而对宿主糖代谢没有影响。对牛、羊胃肠道主要寄生线虫均有效，但对毛首线虫、毛细线虫、肺线虫效果不好；对猪除毛首线虫、蛔虫外的其他线虫均有较好驱虫效果；对犬预防驱虫，比一次治疗效果好，以 0.025% 浓度，连用 16 周几乎能全部清除钩虫、蛔虫和毛首线虫；用 0.1% 浓度混饲喂鸡，连用 1~2 周，可消除气管交合线虫。本品对牛、羊等毒性小，安全范围大，一般应用 20 倍治疗量无明显不良反应。② 硫苯咪唑。本品对牛、羊胃肠道主要寄生线虫，除毛首线虫外均有较好驱虫效果。对猪蛔虫、食道口线虫、红色猪圆线虫和未成熟虫体均有效。对犬、猫蛔虫、钩虫、毛首线虫和带状绦虫驱除有良好效果；在禽类可驱除胃肠道和呼吸道寄生虫。对羊安全性大，一次内服 1 000 倍治疗量也能耐受。③ 丙硫咪唑。驱虫范围广，对动物胃肠道线虫、肺线虫、绦虫和肝片吸虫等均有效，可同时驱除混合感染的多种寄生虫。对牛、羊消化道线虫的成虫，驱除效果最好，对未成熟幼虫效果较好，对虫卵也有抑制作用；对猪胃肠道大部分寄生虫效果优于噻苯唑，尤其对蛔虫、毛首线虫效果更好，其幼虫也随之减少；对犬弓蛔虫有特效；对鸡蛔虫、异刺线虫，鸭膜壳科绦虫等有高效，毒性小。④ 敌百虫。为有机磷醋类广谱驱胃肠道线虫药，不仅对多种内寄生虫有效，且对外寄生虫亦有杀灭作用。能抑制虫体内胆碱酯酶的活性，使虫体内的乙酰胆碱蓄积，表现先兴奋后麻痹死亡。以 1%~3% 溶液内服，对哺乳动物各种线虫均有效；对猪蛔虫、毛首线虫、食道口线虫和姜片吸虫均有较好的驱虫作用，对犬的蛔虫、钩虫和蛲虫等效果良好。但一般不用于禽类。⑤ 哈乐松。是毒性很小的有机磷驱虫药。对牛、羊血矛线虫、毛圆线虫、古柏线虫、食道口线虫、奥氏线虫，猪蛔虫、鸡毛细线虫等都有较好的驱虫效果。不但对成虫而且对幼虫也有一定作用。⑥ 萘肽磷。为有机磷酸酯类。对牛、羊胃及小肠内寄生线虫均有较好驱虫效果，但对细颈线虫效果不稳定，对夏伯特线虫、食道口线虫效果很差。对马副蛔虫有良好的驱虫作用。⑦ 左咪唑。本品广谱、高效、低毒，使用方便。可用于各种动物，对多种线虫有驱除作用，如胃肠道线虫、肺线虫、肾虫、心丝虫、眼吸吮线虫等。主要影响虫体糖代谢和能量供应，使虫体肌麻痹而被驱除。对成虫和幼虫均有效。主要用于驱杀牛、羊、猪的胃肠道线虫、肺线虫和猪肾虫。犬蛔虫、钩虫和心线虫，猫的肺线虫，禽类的多种线虫如鸡蛔虫、异刺线虫、鹅裂口线虫、同刺线虫、鸽蛔虫、毛细线虫、气管线虫、鸭丝虫等。另外，阿维菌素、伊维菌素、越霉素 A、潮霉素 B 等驱线虫药也被广泛使用。

（2）驱绦虫类药。① 吡喹酮。是一种广谱、高效、低毒的较理想药物。是当前治疗血吸虫病的首选药物。对多种绦虫的成虫及蚴虫也有良好的作用。在极低浓度就能刺激绦虫活动，并损害吸盘功能，使虫体麻痹、瘫痪，使部分虫体肿胀、变性。对动物多种绦虫如牛、猪莫尼茨绦虫、无卵黄腺绦虫、带属绦虫、犬细粒棘球绦虫、复殖孔绦虫、牛线绦虫、家禽和兔各种绦虫；多种囊尾蚴如束状囊尾蚴、豆状囊尾蚴、细颈囊尾蚴、牛囊尾蚴、猪囊尾蚴、细粒棘球蚴等均有显著的驱杀作用。② 氯硝柳胺。是目前国内首选驱绦虫药，具有广谱、高效、低毒、使用安全等优点。其作用机理是抑制虫体细胞内线粒体的氧化磷酸化作用，杀灭绦虫头节和近段，使绦虫从肠壁脱落随粪便排出。对犬多头绦虫、带属绦虫、鸡赖利绦虫，兔、猴、鱼和爬行类绦虫，及对牛、羊前后盘吸虫和幼虫、牛双口吸虫、日本血吸虫中间宿主钉螺均有驱杀作用。另外，硫酸二氯酚（别丁）、硝硫氰醚和硫酸铜等也可选用。

（3）驱吸虫药。① 硝氯酚。为目前国内较理想的驱肝片吸虫药，具有高效、低毒、剂量小、使用方便、价格低等特点。不但对牛、羊肝片吸虫成虫有很强的杀灭作用，而且对幼虫也有一定作用。目前在兽医临床已取代四氯化碳、六氯乙烷。其驱虫作用是干扰虫体能量代谢，阻止三磷酸腺苷的生成。② 六氯酚。对牛羊肝片吸虫、巨片吸虫、前后盘吸虫有显著的驱杀作用，对幼虫则无效。这是由于六氯酚在胆汁中比在血液中杀虫作用大，而幼虫主要存在于肝实质的血液中。此外对犬细粒棘球综虫、带绦虫和鸡绦虫都有驱杀作用。安全系数较小，用药过量可出现神经症状和视力持久性损害，还可使奶牛产奶量、鸡产蛋率下降。另外，氯氰碘柳胺、肝蛭净、硝碘酚腈等较新型的抗吸虫药也已广泛使用。

（4）驱球虫药。① 氯苯胍。本品是较常用的抗球虫药。对球虫的作用可能是抑制虫体内磷酸化、氧和 ATP 酶的活性。主要抑制球虫第一代裂殖体的生长繁殖，对第二代裂殖体也有作用，而且还能抑制卵囊的发育，使卵囊的排出数减少。作用峰期在感染后第 3 天。它对动物的多种球虫和弓形虫有效。具有广谱、高效、低毒、适口性好等优点。② 氨丙啉。毒性小，安全范围大，对产蛋鸡能使用。抗球虫范围小，只能对鸡三四种球虫有效。如与别的药物合用（磺胺喹噁啉），可扩大抗球虫范围，作用峰期为感染后第 3 天，抑制球虫第一代裂殖体生长繁殖，是唯一用于产蛋鸡的抗球虫药。③ 球痢灵。对鸡、火鸡球虫有效，对寄生在小肠危害大的毒害艾美耳球虫最好。主要抑制第一代裂殖芽孢的增殖阶段，作用峰期在感染后第 3 天。④ 莫能菌素。对鸡多种艾美耳球虫有抑制作用。有广谱抗球虫，促进生长，不易产生耐药性等优点。本品对鸡多种艾美耳球虫有抑制作用，对牛、羔羊球虫有效。主要作用球虫第一代裂殖体繁殖阶段，作用峰期为感染后第 2 天，效果最好。⑤ 盐霉素。本品通过杀灭或显著延迟球虫成熟而起作用时，主要用于杀灭鸡球虫。

思考题

1. 简述活疫苗和灭活疫苗的作用机理。
2. 接种疫苗常见的不良反应有哪些？如何急救和预防？
3. 紧急免疫接种的目的和意义是什么？
4. 免疫失败的常见原因有哪些？应采取哪些对策？
5. 制定免疫程序的依据有哪些？
6. 如何评价免疫效果？
7. 动物免疫接种的途径有哪些？实践中如何进行选择？
8. 驱虫药物选择原则包括哪些内容？
9. 生物制品如何保存？应注意哪些事项？
10. 生物制品如何运输？应注意哪些事项？
11. 紧急免疫接种的概念有哪些？注意事项有哪些？

第六章 动物疫病控制与扑灭

第一节 疫情报告

一、动物疫情的报告、通报和公布

《中华人民共和国动物防疫法》第三章第三十一条：从事动物疫病监测、检测、检验检疫、研究、诊疗以及动物饲养、屠宰、经营、隔离、运输等活动的单位和个人，发现动物染疫或者疑似染疫的，应当立即向所在地农业农村主管部门或者动物疫病预防控制机构报告，并迅速采取隔离等控制措施，防止动物疫情扩散。其他单位和个人发现动物染疫或者疑似染疫的，应当及时报告。

接到动物疫情报告的单位，应当及时采取临时隔离控制等必要措施，防止延误防控时机，并及时按照国家规定的程序上报（图6-1）。

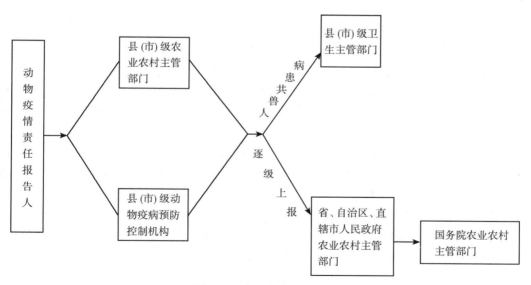

图6-1　动物疫情报告流程

《中华人民共和国动物防疫法》第三章第三十二条第一款：动物疫情由县级以上人民政府农业农村主管部门认定；其中重大动物疫情由省、自治区、直辖市人民政府农业农村主管部门认定，必要时报国务院农业农村主管部门认定。

《中华人民共和国动物防疫法》第三章第三十三条：国家实行动物疫情通报制度。

国务院农业农村主管部门应当及时向国务院卫生健康等有关部门和军队有关部门以及省、自治区、直辖市人民政府农业农村主管部门通报重大动物疫情的发生和处置情况。

海关发现进出境动物和动物产品染疫或者疑似染疫的，应当及时处置并向农业农村主管部门通报。

县级以上地方人民政府野生动物保护主管部门发现野生动物染疫或者疑似染疫的，应当及时处置并向本级人民政府农业农村主管部门通报。

国务院农业农村主管部门应当依照我国缔结或者参加的条约、协定，及时向有关国际组织或者贸易方通报重大动物疫情的发生和处置情况。

《中华人民共和国动物防疫法》第三章第三十六条：国务院农业农村主管部门向社会及时公布全国动物疫情，也可以根据需要授权省、自治区、直辖市人民政府农业农村主管部门公布本行政区域的动物疫情。其他单位和个人不得发布动物疫情。

《中华人民共和国动物防疫法》第三章第三十七条：任何单位和个人不得瞒报、谎报、迟报、漏报动物疫情，不得授意他人瞒报、谎报、迟报动物疫情，不得阻碍他人报告动物疫情。

二、重大动物疫情报告的程序和时限

国家《重大动物疫情应急条例》中明确规定了发生重大动物疫情后的报告程序及时限（图6-2）。

《重大动物疫情应急条例》第三章第十六条：从事动物隔离、疫情监测、疫病研究与诊疗、检验检疫以及动物饲养、屠宰加工、运输、经营等活动的有关单位和个人，发现动物出现群体发病或者死亡的，应当立即向所在地的县（市）动物防疫监督机构报告。

《重大动物疫情应急条例》第三章第十七条：县（市）动物防疫监督机构接到报告后，应当立即赶赴现场调查核实。初步认为属于重大动物疫情的，应当在2小时内将情况逐级报省、自治区、直辖市动物防疫监督机构，并同时报所在地人民政府兽医主管部门；兽医主管部门应当及时通报同级卫生主管部门。

省、自治区、直辖市动物防疫监督机构应当在接到报告后1小时内，向省、自治区、直辖市人民政府兽医主管部门和国务院兽医主管部门所属的动物防疫监督机构报告。

省、自治区、直辖市人民政府兽医主管部门应当在接到报告后1小时内报本级人民政府和国务院兽医主管部门。

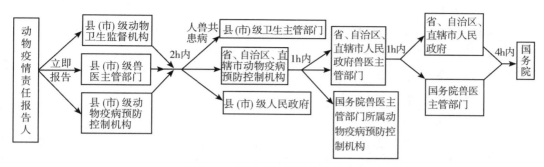

图 6-2　重大动物疫情报告流程

　　重大动物疫情发生后，省、自治区、直辖市人民政府和国务院兽医主管部门应当在 4 小时内向国务院报告。

第二节　疫情处理

一、发生一类动物疫病的控制、扑灭措施

　　《中华人民共和国动物防疫法》第四章第三十八条：发生一类动物疫病时，应当采取下列控制措施：（一）所在地县级以上地方人民政府农业农村主管部门应当立即派人到现场，划定疫点、疫区、受威胁区，调查疫源，及时报请本级人民政府对疫区实行封锁。疫区范围涉及两个以上行政区域的，由有关行政区域共同的上一级人民政府对疫区实行封锁，或者由各有关行政区域的上一级人民政府共同对疫区实行封锁。必要时，上级人民政府可以责成下级人民政府对疫区实行封锁；（二）县级以上地方人民政府应当立即组织有关部门和单位采取封锁、隔离、扑杀、销毁、消毒、无害化处理、紧急免疫接种等强制性措施；（三）在封锁期间，禁止染疫、疑似染疫和易感染的动物、动物产品流出疫区，禁止非疫区的易感染动物进入疫区，并根据需要对出入疫区的人员、运输工具及有关物品采取消毒和其他限制性措施。

（一）划定疫点、疫区、受威胁区

　　当地县级以上人民政府兽医主管部门应立即派人到现场，划定疫点、疫区、受威胁区的范围，按照不同动物疫病病种及其流行特点、危害程度和实现动物疫病有效控制、扑杀为目的来划定。

　　疫点是指发生疫病的自然单位，一般指患病动物所在的场、饲养小区、户或其他有关的畜禽屠宰、加工、经营单位；如为农村散养，应将患病动物所在自然村划为疫点。

　　疫区根据国家有关规定，是以疫点为中心，半径 3~5km 的区域。

　　受威胁区是指疫区外延伸 10~30km 的区域内。

（二）调查疫源

当地县级以上地方人民政府兽医主管部门应立即派人到疫点实地调查现场所发生疫病的传染来源、传播方式以及传播途径。查明动物疫病的发病原因；对不能查明的应做出科学的推断。按有关规定采取病料，争取早期确诊。

（三）发布封锁令

发布封锁令的程序：

（1）由县级以上地方政府兽医主管部门拟出封锁报告，报告内容为发生动物疫病的病名、封锁范围、封锁期间出入封锁疫区的要求，扑杀、销毁的范围以及封锁期间采取的其他措施及范围等。

（2）报请本级人民政府决定对疫区实行封锁。

（3）本级人民政府在接到封锁报告后，应及时发布封锁令。

（四）控制、扑杀一类动物疫病的具体强制性措施

控制、扑杀的具体措施有：封锁、隔离、扑杀、销毁、消毒、无害化处理、紧急免疫接种及其他强制性措施。

1. 封锁疫区

封锁是指某一疫病暴发后，为切断传染途径，禁止人、动物、车辆或其他可能携带病原体动物在疫区与其周围区之间出入的强制措施。目的是为了防止传染病由疫区向安全地区传播，把疫病控制在最小范围内。它是控制扑灭动物疫病中最严厉的措施，按照国家《重大动物疫情应急条例》规定对封锁疫区采取如下措施：

（1）对疫点采取的强制措施。① 扑杀并销毁染疫动物和易感染的动物及其产品。② 对病死的动物、动物排泄物、被污染饲料、垫料、污水进行无害化处理。③ 对被污染的物品、用具、动物圈舍、场地进行严格消毒。

（2）对疫区采取的措施。① 在疫区周围设置警示标志，在出入疫区的交通路口设置临时动物检疫消毒站，对出入的人员和车辆进行消毒。② 扑杀并销毁染疫和疑似染疫动物及其同群动物，销毁染疫和疑似染疫的动物产品，对其他易感染的动物实行圈养或者在指定地点放养，役用动物限制在疫区内使役。③ 对易感染的动物进行监测，并按照国务院兽医主管部门的规定实施紧急免疫接种，必要时对易感染的动物进行扑杀。④ 关闭动物及动物产品交易市场，禁止动物进出疫区和动物产品运出疫区。⑤ 对动物圈舍、动物排泄物、垫料、污水和其他可能受污染的物品、场地，进行消毒或者无害化处理。

（3）对受威胁区采取的措施。① 对易感染的动物进行监测。② 对易感染的动物根据需要实施紧急免疫接种。

2. 隔离

隔离是将疫病感染动物、疑似感染动物和病原携带动物与健康动物在空间上间隔开，并采取必要措施切断传染途径，以杜绝疫病继续扩散。隔离是控制动物传染病传播、流行的重要措施之一，各地普遍应用。

在发生传染病时，兽医工作人员应立即深入现场查明疫病在动物群体中的分布情况，隔离发病群体，对其饲养场地进行严格消毒，尽快确诊，根据确诊结果和传染病性质，制定下一步防控措施。一般情况下要将全部动物分为患病动物群体，疑似感染和假定健康动物群体进行分别隔离处理。这是基层兽医人员在报告疫情的同时要采取的重要措施之一。

（1）患病动物群体。指从发病动物群体中隔离出来具有明显临床症状或感染表征的动物群体。挑选发病动物时要进行反复挑选，尽量全部选出。采取有效措施防止患病动物及其分泌物、排泄物对周围健康动物群体的污染。对一个发病动物群体单元可采取就地隔离。

凡是被隔离的患病动物应远离其他健康动物，饲养在消毒处理方便、不易散播病原体并处饲养场下风向的密闭房舍内饲养，禁止其他人员接近，并对其内外部环境经常性消毒，内部的饲料、粪便污物未经彻底消毒禁止外出。隔离患病动物应进行特异性抗血清、抗病毒等方法及时治疗，无治疗价值的动物及动物尸体要做无害化处理。

（2）可疑感染群体。是指无发病表征但是与发病动物同处一圈舍或与发病动物及其污染的环境有过接触的动物群体。一般可能处在潜伏期，有排毒、散毒的危险，应在原地或另外选地隔离饲养，指派专人严格管理，周围环境及饲养场地经常性消毒。确诊后全群紧急免疫接种或预防性投药，出现疫病表征的要按患病动物处理。

（3）假定健康群体。指同一养殖场区中其他圈舍的动物群体或该场区周围的其他易感动物群体。处理方法同上述两类动物群体严格隔离饲养管理和紧急免疫接种，加强防疫消毒及相应防疫保护措施，严防疫病传入，在动物疫病发生期间对其实行动物疫病紧急状态管理。

除患病动物需要隔离外，从外地引进的动物，因其有可能处在疫病的潜伏期或隐性感染状态，需隔离不少于3周确定无动物疫病临床症状后方可混群。在隔离期间要结合实际情况定期进行血清学监测和临床观察。对阳性动物合理处理，对污染场地彻底消毒。

3. 扑杀

是指在兽医行政管理部门的授权下，将被某疫病感染的动物（有时包括可疑感染动物）全部杀死并进行无害化处理，以彻底消灭传染源和切断传染途径的一种强制措施。

扑杀的范围依动物疫病的种类而异。通常情况下，疫点内的所有动物（包括染疫动物、疑似染疫动物及易感动物），无论是否实施过免疫接种，按照要求应一律扑杀；对疫区内染疫动物、疑似染疫动物及同群（即同一栋、舍）动物要扑杀；受威胁区动物进行紧急免疫接种，加强疫情检测和免疫效果监测。扑杀政策通常与封锁和消毒措施结合使用。

4. 销毁

对病死动物、扑杀的动物及其动物产品、垫料等予以深埋或者焚烧，消灭或杀灭其中的病原体。销毁环节很重要，动物卫生监督机构要加强监督。

5. 消毒

疫点（区）消毒是指发生传染病后到解除封锁期间，为及时消灭由传染源排出的病原体而进行的反复多次消毒。疫点（区）消毒包括疫点的终末消毒和疫点的随时消毒，疫点的终末消毒是指流行过后及解除封锁前的最终彻底消毒，常由专业消毒人员完成，应严格执行疫点终末消毒程序。疫点的随时消毒指发生疫病后的临时性消毒，可由疫病防治员或畜主执行，消毒人员接到消毒通知后应接受消毒指导，根据疫病种类和消毒对象保证随时消毒符合消毒原则。疫点（区）消毒的对象包括患病动物及病原携带者的排泄物、分泌物及其污染的圈舍、用具、场地和物品等。

（1）疫源地消毒原则。疫源地是指有传染源存在或被传染源排出的病原体污染的地区。疫源地消毒应迅速、及时，范围应准确，充分涵盖疫源地，方法应可行、有效，只有严格地实施消毒并与其他措施配合才能达到控制流行的目的。疫源地消毒应掌握以下原则。① 消毒措施应迅速及时地实施。根据《中华人民共和国动物防疫法》，为减少传播机会，接到一类疫病和二类疫病中的疫情报告后，应在规定的时间内实施消毒措施。② 要确定消毒范围。消毒范围的确定应以患畜排出病原体可能污染的范围为依据。消毒范围原则上就是疫源地的范围，当疫源地范围小，只是单个患畜时，消毒范围较好掌握；当疫病发生流行波及范围较大，持续时间较长时，消毒人员就应该及时与有关人员沟通，明确疫区范围和消毒重点。③ 疫区消毒持续时间。消毒持续时间应以疫病流行情况和病原体监测结果为依据，只有在既无新发病例，又未在疫区内检出病原体的情况下才能停止。由于外环境中病原体检出率有限，应监测病原体一定时间和一定数量持续阴性后再决定是否继续消毒。④ 选用合适的消毒方法。消毒方法的选择应以消毒剂的性能、消毒对象、病原体种类为依据。选择消毒剂时，应选用能杀灭病原体的消毒剂。当温度、有机物含量变化较大时，应注意选择合适的消毒剂。还应尽量避免破坏消毒对象的使用价值或造成环境污染。⑤ 对疑似疫源地。可按疑似的该类疫病疫源地进行消毒处理，必要时按不明原因的传染病疫源地进行处理，即应根据流行病学指征确定消毒范围和对象，采取最严格的消毒方法进行处理。⑥ 疫区的疫源地消毒应注意与杀虫、灭鼠、隔离、封锁等措施配合使用，疫源地的管理也是非常重要的环节。

（2）终末消毒程序。① 消毒人员接到疫病消毒通知后，应在规定的时间内迅速赶赴疫点，开展终末消毒工作。② 出发前，应检查所需消毒用具、消毒剂和防护用品，做好准备工作。③ 消毒人员到达疫点后，首先向有关人员说明来意，做好防疫宣传工作，取得疫点居民的配合，严禁无关人员进入消毒区内，仔细核对消毒对象和消毒范围。④ 做好个人防护。脱掉外衣，放入自己带来的包装袋内，穿好防护服、胶鞋，戴上口罩、手套，必要时，须戴防护眼镜。⑤ 进入疫点时，应先消毒有关通道，再根据不同的消毒对象，进行恰当的消毒，如畜舍消毒前应先进行清扫，熏蒸消毒时应先关闭门窗等。⑥ 疫点消毒工作完毕后，先对消毒人员的衣物、胶靴等喷洒消毒后再脱下。衣物脱下后，将污染面向内卷在一起，放在包装袋中，然后进行消毒；消毒用具进行表面消毒。⑦ 到达规定的消毒作用时间后，检验人员对不同消毒对象进行消毒后采样。⑧ 填写疫点终末消毒工作记录。⑨ 离开前，向当地有关人员宣传消毒防疫知识。

（3）随时消毒程序。① 在接到疫病消毒通知后，消毒人员应立即到患病养殖场指导随时消毒，必要时提供所需药品，并标明药品名称及使用方法。② 根据疫病种类和消毒对象的具体情况，应做到健畜与患畜隔离饲养，患畜的分泌物、排泄物、垫料、食槽及舍内空气等采用适当的方法进行消毒。③ 做好个人防护。脱掉外衣，放入自己带来的包装袋内，穿好防护服、胶鞋，戴上口罩、手套，必要时，须戴防护眼镜。④ 进入疫点时，应先消毒有关通道，再根据不同的消毒对象，进行恰当的消毒，如畜舍消毒前应先进行清扫，熏蒸消毒时应先关闭门窗等。⑤ 疫点消毒工作完毕后，先对消毒人员的衣物、胶靴等喷洒消毒后再脱下。衣物脱下后，将污染面向内卷在一起，放在包装袋中，然后进行消毒；消毒用具进行表面消毒。⑥ 做好随时消毒工作记录。

（4）消毒措施。① 环境和道路消毒。清扫和冲洗，并将清扫出的污物，集中到指定的地点做焚烧、堆积发酵或混合消毒剂后深埋等无害化处理；喷洒消毒药液。② 动物圈舍消毒。首先进行喷洒消毒药，作用一定时间后，彻底清扫动物舍顶棚、墙壁、地面等，彻底清除舍内的废弃物、粪便、垫料、残存的饲料等各种污物，并运送至指定地点做无害化处理。可移动的设备和用具搬出舍外，集中堆放到指定的地点用消毒剂清洗或洗刷。对动物舍的墙壁、顶棚、地面、笼具，特别是屋顶木梁花架等，进行冲刷、清洗。用火焰喷射器对鸡舍的墙裙、地面、笼具等不怕燃烧的物品进行火焰消毒。对顶棚、地面和墙壁等喷洒消毒药液。关闭门窗和风机，用福尔马林密闭熏蒸消毒 24h 以上。③ 病死动物处理：病死、扑杀的动物装入不泄漏的容器中，密闭运至指定地点进行焚烧或深埋。病死或扑杀动物污染的场地认真进行清洗和消毒。④ 用具、设备消毒。金属等耐烧设备用具在清扫、洗刷后，用火焰灼烧等方式消毒。对不耐烧的笼具、饲槽、饮水器、栏等在清扫、洗刷后，用消毒剂刷洗、喷洒、浸泡、擦拭。疫点、疫区内所有可能被污染的运载工具均应严格消毒，车辆的所有角落和缝隙都要用高压水枪进行清洗和喷洒消毒剂，不留死角。所产生的污水也要作无害化处理。⑤ 饲料和粪便消毒。饲料、垫料和粪便等要深埋、发酵或焚烧。⑥ 出入疫点、疫区的消毒。出入疫点、疫区的交通要道设立临时检查消毒点，对出入人员、运输工具及有关物品进行消毒。车辆上所载的物品也要认真消毒。⑦ 工作人员的防护与消毒。参加疫病防治和消毒工作的人员在进入疫点前要穿戴好防护服、帽、橡胶手套、口罩、护目镜、胶靴等。工作完毕后，在出口处应脱掉和放下防护服、帽、手套、口罩、护目镜、胶靴、器械等，置于容器内进行消毒。消毒方法可采用浸泡、洗涤、晾晒、高压蒸汽灭菌等；一次性用品应集中销毁；工作人员的手及皮肤裸露部位应清洗、消毒。⑧ 污水沟消毒。可投放生石灰或漂白粉。⑨ 疫点的终末消毒。在疫病被扑灭后，在解除封锁前要对疫点最后进行一次全面彻底消毒。

（5）注意事项。① 疫点的消毒要全面、彻底，不要遗漏任何一个地方、一个角落。② 根据病原微生物的抵抗力和消毒对象的性质和特点不同，选用不同消毒剂和消毒方法，如对饲槽、饮水器消毒应选择对动物无毒、刺激小的消毒剂；对地面、道路消毒可选择消毒效果好的氢氧化钠消毒，可不考虑刺激性、腐蚀性等因素；对小型用具可采取浸泡消毒；对耐烧的设备可采取火焰烧灼等。③ 要运用多种消毒方法，如清扫、冲洗、洗刷、喷洒消毒剂、熏蒸等进行消毒，确保消毒效果。④ 喷洒消毒剂和熏蒸消毒，一定要在清扫、冲洗、洗刷的基础上进行。⑤ 消毒时应注意人员防护。⑥ 消毒后要进行消毒效果监测，了解消毒效果。

6. 无害化处理

根据《中华人民共和国动物防疫法》和《重大动物疫情应急条例》规定，当某地发生传染病时，对带有或疑似带有病原体的动物尸体、动物产品或其他物品，采用不同的消毒方法进行处理，达到消灭传染源、切断传播途径、阻止病原扩散的目的，即无害化处理。

无害化处理：是指通过物理、化学、生物等方法杀灭有害微生物的方法。如熏蒸、高温处理等方法。

（1）病畜禽尸体的无害化处理。① 化制。利用湿化机，将整个尸体投入化制（熬制工业用油），或利用干化机，将发病动物尸体在特设的加工厂中加工处理，不仅对尸体进行消毒处理，而且可保留有利用价值的东西，如工业用油脂、骨粉、肉粉等。② 焚毁。将整个尸体或割除下来的病变部分和内脏投入焚化炉中或焚烧坑内烧毁炭化。此方法彻底，但费用高，适用于特别危险的传染病尸体，如炭疽、气肿疽等。③ 掩埋。是一种不彻底的尸体处理方法，由于简便易行，应用较为广泛。掩埋尸体时应选择干燥平坦，距离住宅、道路、水井、牧场及河流较远的偏僻地方。尸坑的长和宽以容纳尸体侧卧为度，深应在 2m 以上。④ 腐败（发酵）。将尸体投入尸体坑内，使其腐败以达到消毒的目的。可以做肥料使用。尸坑长宽 3~5m 或直径 3m 的圆井，深 8~10m，坑壁与坑底做防渗漏处理，坑沿离出地面 30~50cm，坑口密封要严，坑内设透气管。当尸体完全分解后，可取出做肥料。但此法不适用于炭疽等芽孢菌所致疾病的尸体处理。

（2）病畜禽产品的无害化处理。① 血液。a. 漂白粉消毒法。用于传染病以及血液寄生虫病病畜禽血液的处理。将 1 份漂白粉加入 4 份血液中充分搅拌，放置 24h 后于专设掩埋废弃物的地点掩埋。b. 高温处理。将已凝固的血液切成豆腐方块，放入沸水中烧煮，至血块深部呈黑红色并成蜂窝状时为止。② 蹄、骨和角。肉尸作高温处理时剔出的病畜禽骨和病畜的蹄、角放入高压锅内蒸至骨脱或脱脂为止。③ 皮毛。盐酸食盐溶液消毒法。用于被疫病污染的和一般病畜的皮毛消毒。用 2.5%盐酸溶液和 15%食盐水溶液等量混合，将皮张浸泡在此溶液中，并使液温保持在 30℃左右，浸泡 40h，皮张与消毒液之比为 1：10（M/V）。浸泡后捞出沥干，放入 2%氢氧化钠溶液中，以中和皮张上的酸，再用水冲洗后晾干。也可按 100mL 25%食盐水溶液中加入盐酸 1mL 配制消毒液，在室温 15℃条件下浸泡 18h，皮张与消毒液之比为 1：4。浸泡后捞出沥干，再放入 1%氢氧化钠溶液中浸泡，以中和皮张上的酸，再用水冲洗后晾干。a. 过氧乙酸消毒法。用于任何病畜的皮毛消毒。将皮毛放入新鲜配制的 2%过氧乙酸溶液浸泡 30min，捞出，用水冲洗后晾干。b. 碱盐液浸泡消毒。用于疫病污染的皮毛消毒。将病皮浸入 5%碱盐液（饱和盐水内加 5%氢氧化钠）中，室温（17~20℃）浸泡 24h，并随时加以搅拌，然后取出挂起，待碱盐液流净，放入 5%盐酸液内浸泡，使皮上的酸碱中和，捞出，用水冲洗后晾干。c. 石灰乳浸泡消毒。用于口蹄疫和螨病病皮的消毒。制法：将 1

份生石灰加 1 份水制成熟石灰，再用水配成 10% 或 5% 混悬液（石灰乳）。对于口蹄疫病皮，将病皮浸入 10% 石灰乳中浸泡 2h；对于螨病病皮，则将皮浸入 5% 石灰乳中浸泡 12h，然后取出晾干。d. 盐腌消毒。用于布鲁氏菌病病皮的消毒。用皮重 15% 的食盐，均匀撒于皮的表面。一般毛皮腌制 2 个月，胎儿毛皮腌制 3 个月。④ 鬃毛。任何病畜的鬃毛均可于沸水中煮沸 2~2.5h。

7. 紧急免疫接种

对疫区内未被扑杀的易感动物和受威胁区内的易感动物进行紧急免疫接种。

8. 其他强制性措施

主要是关闭疫区内及一定范围的所有动物及其产品交易场所等。

（五）解除封锁

按照国务院兽医主管部门规定的标准和程序，经过一级动物防疫监督机构验收合格，解除封锁令由原决定封锁机关宣布。解除封锁的时间，就是最后一头病畜（禽）痊愈、死亡或处理后，经过一定时间（相当于这种传染病的最长潜伏期），不再出现新病例，并经彻底消毒后，方可解除封锁。同时原批准机关撤销在该地设立的临时动物检疫消毒站。

疫区解除封锁后，要继续对该区域进行疫情监测，6 个月后如未发现新病例，即可宣布该次疫情被扑灭。

二、二类动物疫病的控制、扑灭措施

《中华人民共和国动物防疫法》第四章第三十九条：发生二类动物疫病时，应当采取下列控制措施：（一）所在地县级以上地方人民政府农业农村主管部门应当划定疫点、疫区、受威胁区；（二）县级以上地方人民政府根据需要组织有关部门和单位采取隔离、扑杀、销毁、消毒、无害化处理、紧急免疫接种、限制易感染的动物和动物产品及有关物品出入等措施。

（一）疫情调查，划定疫点、疫区和受威胁区

调查方法与一类动物疫病相同，通过调查后，由县级以上畜牧兽医行政管理部门划定疫点、疫区和受威胁区。

（二）控制、扑灭措施

发生二类动物疫病时，不采取封锁疫区的措施（二类动物疫病呈暴发性流行时除外），但患有农业农村部规定的疫病需扑杀的动物应进行扑杀，一般情况下对同群动物通常不采取扑杀措施。

由于不一定采取扑杀措施，所以隔离措施就十分重要。

1. 检疫隔离

对疫区内的易感动物实行每头测温和临床检查，或进行血清学检查等，检疫后，病畜立即隔离治疗，疑似病畜应分别隔离，并加强观察，及时分化；假定健康动物，可根据情况用抗血清或疫苗进行紧急预防注射，如发生炭疽时，常用抗炭疽血清或无毒炭疽芽孢苗预防接种。

病畜、疑似病畜应派专人饲养管理，固定用具，并加强消毒，每天消毒一次。病畜和隔离栏舍门口处设置消毒槽，以便出入人员鞋底消毒。禁止无关人员进入病畜隔离栏舍。病畜的隔离期限，依传染病的种类和带菌等情况，经过一定时间的隔离后，再确定是否需要解除隔离。

2. 治疗病畜

治疗病畜不仅是使其恢复健康，同时也是消灭传染来源的措施。对病重的或无治疗价值的病畜，应早扑杀和无害化处理。

3. 预防接种

疫区内的易感动物，无临床症状假定健康的动物可使用抗血清或疫苗紧急预防接种，增强免疫力。受威胁区的易感动物可使用疫苗紧急免疫接种，建立免疫带。

4. 监督检查

为控制、扑灭重大动物疫情。动物防疫监督机构可以派人参加当地依法设立的现有检查站执行监督检查任务，以防患病动物传入或传出。

5. 彻底消毒

消毒的目的在于消灭传染来源排泄于外界环境中的病原体，以防止传染病的发生。

6. 及时处理病死动物

病死动物是重要的传染源，为预防疫病发生，对病死畜禽应该采取深埋或焚烧等无害化处理。

三、三类动物疫病的控制、净化措施

《中华人民共和国动物防疫法》第四章第四十一条：发生三类动物疫病时，所在地县级、乡级人民政府应当按照国务院农业农村主管部门的规定组织防治。

三类动物疫病通常由县级动物疫病预防控制机构确诊。一般采取防治和净化的方法加以控制，主要是针对疫点采取防控措施。

（一）疫情调查

三类疫病是常见多发的疫病。当疫病发生后要引起高度重视，尽量减少经济损失。为此，要对疫病实行全面调查，确定疫病性质，提出相应的防治措施，尽快净化。

（二）检疫隔离

通过检疫分清患病动物和健康动物。将患病动物与健康动物隔离，禁止该疫点动物及其产品出售；然后，采取消毒、药物治疗、免疫等措施。搞好环境卫生，及时清除粪便、污物、污水。加强饲养管理，提高动物抗病能力。

（三）治疗病畜

对三类动物疫病的治疗应遵照"六不治"原则：即对易传播、危害大、疾病后期、治疗费用大、疗程长、经济价值不大的病例，应坚决予以淘汰。

四、二、三类动物疫病呈暴发流行时控制、扑灭措施

《中华人民共和国动物防疫法》第四章第四十二条：二、三类动物疫病呈暴发性流行时，按照一类动物疫病处理。

五、人畜共患病控制、扑灭措施

《中华人民共和国动物防疫法》第三章第三十四条：发生人畜共患传染病疫情时，县级以上人民政府农业农村主管部门与本级人民政府卫生健康、野生动物保护等主管部门应当及时相互通报。

人畜共患病对人和动物都有较大危害。常见的主要有：狂犬病、高致病性禽流感、布鲁氏菌病、结核病、炭疽、血吸虫病、旋毛虫病、囊虫病等。

人畜共患病发生后，兽医主管部门与卫生行政管理部门互相通报疫情，共同制定防治措施，会同其他部门分工协作，实行人畜联防，才能得到有效控制。当地卫生部门立即组织对疫区"易感染人群"[与发生人畜共患病的病（死）畜禽密切接触者和人畜共患病病例的密切接触者]进行监测，并采取相应的预防、控制措施。兽医主管部门应针对所发病采取相应措施。

"四不准，一处理"原则：即对染疫动物做到不准宰杀、不准食用、不准出售、不准转运。对病死动物、污染物或可疑污染物进行深埋、焚烧等无害化处理。对污染的场地进行彻底清理、消毒。用不完的疫苗和用具不能随意丢弃，应做高温处理。

第三节　主要疫病的消毒

一、炭疽病的消毒

炭疽的传染源是病畜（羊、牛、马、骡、猪等）和病人，人与带有炭疽杆菌的物品接触后，通过皮肤上的破损处或伤口感染可以形成皮肤炭疽；通过消化道感染可以形成肠炭疽；通过呼吸道感染可以形成肺炭疽。肺炭疽的病死率极高，传染性较强，在我国是乙类传染病中列为甲类管理的病种。

炭疽杆菌繁殖体在日光下 12h 死亡，加热到 75℃时 1min 死亡。此菌在缺乏营养和其他不利的生长条件下，当温度在 12~42℃，有氧气与足量水分时，能形成芽孢；其芽孢抵抗力强，能耐受煮沸 10h，在水中可生存几年，在泥土中可生存 10 年以上。因此抵抗力强，在草场、河滩易形成顽固性的疫源地，在动物间多年反复流行。此类病原体

也适于制成生物战剂，危害性极大。对炭疽疫源地进行消毒时应使用高效消毒剂。

疫源地消毒要与封锁隔离、患病动物的扑杀与销毁、疑似患病动物的隔离观察及疫源地消毒前后的细菌学检测等措施配合使用。

疫点消毒时，对患畜活动的地面、饮食用具、排泄物及分泌物、污水、运输工具和病畜尸体等均应按前述一般消毒方法进行消毒和处理。舍内的墙壁、空气消毒，可采用过氧乙酸熏蒸，药量为 $3g/m^3$（即质量分数为 20% 的过氧乙酸 15mL，或 15% 的过氧乙酸 20mL，熏蒸 1～2h。病畜圈舍与病畜或死畜停留处的地面、墙面，用 0.5% 过氧乙酸或 20% 含氯石灰澄清液喷洒，药量为 $150～300g/m^3$，连续喷洒 3 次，每次间隔 1h。若畜圈地面为泥土时，应将地面 10cm 的表层泥土挖起，按 1 质量份漂白粉加 5 质量份泥土混合后深埋 2m 以下。污染的饲料、垫草和其他有机垃圾应全部焚烧。病畜的粪尿，按 1 质量份漂白粉和 5 质量份粪尿，或 10kg 粪尿加 10% 次氯酸钠溶液（有效氯质量浓度 100g/mL）1kg。消毒作用 2h 后，深埋 2m 以下，不得用作肥料。已确诊为炭疽的病畜应整体焚烧，严禁解剖。疫源地内要同时开展灭蝇、灭鼠工作。消毒人员要做好个人防护，必要时进行 12d 的医学观察。生活污水可按本书有关章、节所列方法进行消毒处理。

二、布鲁氏菌病的消毒

布鲁氏菌病是由布鲁氏菌引起的人畜共患病。布鲁氏菌可以通过皮肤黏膜、消化道、呼吸道、生殖道侵入机体引起感染。含有布鲁氏菌的食品及各种污染物均可成为传播媒介，如病畜流产物、乳、肉、内脏、皮毛，以及水、土壤、尘埃等。布鲁氏菌对低温和干燥有较强的抵抗力，在适宜条件下能生存很长时间。对湿热、紫外线和各种射线以及常用的消毒剂、抗生素、化学药物均较敏感。

对病畜舍的地面和墙壁、病畜的排泄物、舍内空气、护理人员及接触患病动物的工作人员所穿工作衣帽，污染的手套、靴子等可用含氯消毒剂浸泡消毒。病畜的奶和制品可煮沸 3min，巴氏消毒法（60℃作用 30min）消毒。公牛、阉牛及猪的胴体和内脏可不限制出售。

母牛、羊的胴体和内脏宜销毁或作为工业原料，病畜的内分泌腺体和血液，禁止制作药物和食用。病畜的皮毛可集中用环氧乙烷消毒。病畜圈舍与病畜或死畜停留处的地面、墙面，用质量份数为 0.5% 过氧乙酸或 20% 漂白粉澄清液喷洒，药量为 $150～300mL/m^2$，连续喷洒 3 次，每次间隔 1h。病畜污染的饲料、杂草和垃圾应焚烧处理。病畜的粪尿，按 1 质量份漂白粉加 5 质量份粪尿，或 10kg 粪尿加 10% 次氯酸钠溶液（有效氯质量浓度 100g/L）1kg 消毒作用 2h。养殖场污水消毒按本书有关污水的消毒方法。污染牧场须停止放牧 2 个月，污染的不流动水池应停止使用 3 个月。

三、结核病的消毒

结核病是由分枝杆菌引起的一种人畜共患的慢性传染病，世界动物卫生组织（OIE）将其列为 B 类动物疫病，我国将其列为二类动物疫病。其病理特征是在多种组织器官形成结核性肉芽肿（结核结节），继而结节中心干酪样坏死或钙化。牛、猪、人最容易感染，经呼吸道、消化道以及交配传染，畜间、人间、人畜间都能互相传染。

本病可侵害人和多种动物。家畜中牛最易感，特别是奶牛，其次为黄牛、牦牛、水牛，猪和家禽易感性也较强。病人和患病畜禽，其痰液、粪尿、乳汁和生殖道分泌物中都可带菌，污染饲料、食物、饮水、空气和环境而散播传染。本病主要经呼吸道、消化道感染。饲养管理不当与本病的传播有密切关系，畜舍通风不良、拥挤、潮湿、阳光不足、缺乏运动，最易患病。在自然环境中生存力较强，对干燥和湿冷的抵抗力很强。但对热的抵抗力差，60℃ 30min 即可死亡。在直射阳光下经数小时死亡。常用消毒药经 4h 可将其杀死。

加强消毒工作，每年进行 2~4 次预防性消毒，每当畜群出现阳性病例后，都要进行一次大消毒。对病畜和阳性畜污染的场所、用具、物品进行严格消毒。常用消毒药为 5%来苏尔或克辽林，10%漂白粉，3%福尔马林或 3%苛性钠溶液。

饲养场的金属设施、设备可采取火焰、熏蒸等方式消毒；养畜场的圈舍、场地、车辆等，可选用 2%氢氧化钠等有效消毒药消毒；饲养场的饲料、垫料可采取深埋发酵处理或焚烧处理；粪便采取堆积密封发酵方式，以及其他相应的有效消毒方式。

封锁的疫区内最后一头病畜及阳性畜被扑杀，经无害化处理后，对疫区内监测 45d 以上，没有发现新病例；对所污染场所、设施设备和受污染的其他物品进行彻底消毒，经当地动物防疫监督机构检验合格后，由原发布封锁令的机关解除封锁。

经常性消毒：饲养场及牛舍出入口处，应设置消毒池，内置有效消毒剂，如 3%~5%来苏尔溶液或 20%石灰乳等。消毒药要定期更换，以保证一定的药效。牛舍内的一切用具应定期消毒；产房每周进行一次大消毒，分娩室在临产牛生产前及分娩后各进行一次消毒。

临时消毒：奶牛群中检出并剔出结核病牛后，牛舍、用具及运动场所等按照上述规定进行紧急处理。

定期消毒：养牛场每年应进行 2~4 次大消毒，消毒方法同临时消毒。

四、链球菌病的消毒

链球菌病是主要由 β-溶血性链球菌引起的多种人畜共患病的总称。动物链球菌病中以猪、牛、羊、马、鸡较常见。人链球菌病以猩红热较多见。链球菌病的临床表现多种多样，可以引起种种化脓创和败血症，也可表现为各种局限性感染。链球菌病分布很广，可严重威胁人畜健康。

患病和病死动物是主要传染源，无症状和病愈后的带菌动物也可排出病菌成为传染源。链球菌对热和普通消毒药抵抗力不强，多数链球菌经 60℃ 加热 30min，均可杀死，煮沸可立即死亡。常用的消毒药如 2% 石炭酸、0.1% 新洁尔灭、1% 来苏尔，均可在 3～5min 内杀死。日光直射 2h 死亡。0～4℃ 可存活 150d，冷冻 6 个月特性不变。

预防消毒：种畜场、畜产品加工厂及经营单位建立和严格执行消毒制度；对活畜和畜产品集贸市场的场地和工具进行严格消毒。对农村畜舍进行春秋防疫，高温季节开展消毒工作或日常清粪除污卫生，定期进行预防消毒。

发生链球菌病后，应及时隔离处置发病动物，对饲养圈舍、进出疫区车辆等进行清理（洗）和消毒。

（1）对圈舍内外先消毒后进行清理和清洗，清洗完毕后再消毒。

（2）首先清理污物、粪便、饲料等。饲养圈舍内的饲料、垫料等作深埋、发酵或焚烧处理。粪便等污物作深埋、堆积密封发酵或焚烧处理。

（3）对地面和各种用具等彻底冲洗，并用水洗刷圈舍、车辆等，对所产生的污水进行无害化处理。

（4）对金属设施设备，可采取火焰、熏蒸等方式消毒。

（5）对饲养圈舍、场地、车辆等采用消毒液喷洒的方式消毒。

（6）疫区内所有可能被污染的运载工具应严格消毒，车辆内、外及所有角落和缝隙都要用消毒剂消毒后再用清水冲洗，不留死角。

（7）车辆上的物品也要做好消毒。

（8）从车辆上清理下来的垃圾和粪便要做无害化处理。

根据动物防疫法，对疫区进行终末消毒后，解除封锁。

五、高致病性禽流感的消毒

（一）消毒原则

出现动物禽流感疫情后，动物防疫部门应及时开展工作，指导现场消毒，进行消毒效果评价。

消毒工作应在疫情发生后及时有效地进行。对必须消毒的对象采取严格的消毒措施。消毒工作应避免盲目，如采取其他有效措施可以使污染物品无害化时，可以不进行消毒处理。

（1）对死禽和宰杀的家禽、禽舍、排泄物进行终末消毒。

（2）对划定的动物疫区内禽类密切接触者，在停止接触后应对其及其衣物进行消毒。

（3）对划定的动物疫区内的饮用水应进行消毒处理，对流动水体和较大的水体等消毒较困难者可以不消毒，但应严格进行管理。

（4）对划定的动物疫区内可能污染的物体表面在出封锁线时进行消毒。

（5）必要时对禽舍的空气进行消毒。

（二）消毒方法

消毒工作应该由进行过培训有现场消毒经验的人员进行，掌握消毒剂的配制方法和消毒器械的操作方法，针对不同的消毒对象采取相应的消毒方法。

（1）对禽舍及场地内外采用喷洒消毒液的方式进行消毒，消毒后对污物、粪便、饲料等进行清理；清理完毕再用消毒液以喷洒方式进行彻底消毒，消毒完毕后再进行清洗；不易冲洗的禽舍清除废弃物和表土，进行堆积发酵处理。

禽舍的地面、墙壁、门窗用0.1%过氧乙酸溶液或500mg/L有效氯含氯消毒剂溶液喷雾。泥土墙喷药量为150~300mL/m²，水泥墙、木板墙、石灰墙喷药量为100mL/m²，地面喷药量为200~300mL/m²。以上消毒处理，作用时间应不少于60min。舍内空气消毒应先密闭门窗，每立方米用15%过氧乙酸溶液7mL（g/m³），放置瓷或玻璃器皿中加热蒸发，熏蒸1h，即可开门窗通风。或以0.5%过氧乙酸溶液（8mL/m³）气溶胶喷雾消毒，作用30min。

（2）禽的排泄物、分泌物等，稀薄者每1 000mL可加漂白粉50g，搅匀放置2h。成形粪便可用20%漂白粉乳剂2份加于1份粪便中，混匀后，作用2h。对禽舍的粪便也可以集中消毒处理时，可按粪便量的1/10加漂白粉，搅匀加湿后作用24h。

（3）金属设施设备可采取火焰、熏蒸等方式消毒；木质工具及塑料用具采取消毒液浸泡消毒；工作服等采取浸泡或高温高压消毒。

饲养用具可用0.1%过氧乙酸溶液或500mg/L含氯消毒剂溶液浸泡20min后，再用清水洗净。

（4）动物尸体应焚烧或喷洒消毒剂后在远离水源的地方深埋，要采取有效措施防止污染水源。

（5）在出入疫点、疫区的交通路口设立消毒站点，对所有可能被污染的运载工具应当严格消毒，从车辆上清理下来的废弃物进行无害化处理。

运输工具车、船内外表面和空间可用0.1%过氧乙酸溶液或500mg/L含氯消毒剂溶液喷洒至表面湿润，作用60min。

（6）垃圾可焚烧的尽量焚烧，也可喷洒10 000mg/L有效氯含氯消毒剂溶液，作用60min以上，消毒后深埋。

（7）对小水体的污水每10L加入10 000mg/L含氯消毒剂溶液10mL，或加漂白粉4g。混匀后作用1.5~2h，余氯为4~6mg/L时即可。较大的水体应加强管理，疫区解禁前严禁使用。

（8）疫点每天消毒1次连续1周，1周以后每两天消毒1次。疫区内疫点以外的区域每两天消毒1次。

六、口蹄疫的消毒

（一）消毒原则

出现口蹄疫疫情后，动物防疫部门应及时开展工作，指导现场消毒，进行消毒效果评价。

消毒工作应在疫情发生后及时有效地进行。对必须消毒的对象采取严格的消毒措施。消毒工作应避免盲目，如采取其他有效措施可以使污染物品无害化时，可以不进行消毒处理。

（1）对病死牛猪羊和宰杀的牛猪羊、畜舍、排泄物和分泌物等进行终末消毒。

（2）对划定的动物疫区内牛羊猪及其密切接触者，在停止接触后应对其及其衣物进行消毒。

（3）对划定的动物疫区内的饮用水应进行消毒处理，对流动水体和较大的水体等消毒较困难者可以不消毒，但应严格进行管理。

（4）对划定的动物疫区内可能污染的物体表面在出封锁线时进行消毒。

（5）必要时对畜舍的空气进行消毒。

（二）消毒方法

（1）疫点内饲养圈舍清理、清洗和消毒，首先对圈舍内外消毒后再行清理和清洗。对地面和各种用具等彻底冲洗，并用水洗刷圈舍、车辆等，对所产生的污水进行无害化处理。

（2）对金属设施设备可采取火焰、熏蒸等方式消毒。

（3）饲养圈舍的饲料、垫料等作深埋、发酵或焚烧处理；粪便等污物作深埋、堆积密封或焚烧处理。

（4）交通工具可采用清洗消毒和消毒液喷洒的方式消毒。

（5）出入疫点、疫区的交通要道设立临时性消毒点，对出入人员、运输工具及有关物品进行消毒。

（6）消毒人员的所有衣服用消毒剂浸泡后清洗干净，其他物品都要用适当的方式进行消毒。

（7）疫点每天消毒1次连续1周，1周后每两天消毒1次，疫区内疫点以外的区域每两天消毒1次。

七、高致病性猪蓝耳病的消毒

（一）消毒原则

出现高致病性猪蓝耳病疫情后，动物防疫部门应及时开展工作，指导现场消毒，进行消毒效果评价。

消毒工作应在疫情发生后及时有效地进行。对必须消毒的对象采取严格的消毒措施。消毒工作应避免盲目，如采取其他有效措施可以使污染物品无害化时，可以不进行消毒处理。

（1）对病死猪和宰杀的猪、畜舍、排泄物和分泌物等进行终末消毒。

（2）对划定的动物疫区内猪及其密切接触者，在停止接触后应对其及其衣物进行消毒。

（3）对划定的动物疫区内的饮用水应进行消毒处理，对流动水体和较大的水体等消毒较困难者可以不消毒，但应严格进行管理。

（4）对划定的动物疫区内可能污染的物体表面在出封锁线时进行消毒。

（5）必要时对畜舍的空气进行消毒。

（二）消毒方法

高致病性猪蓝耳病病毒在外界环境中存活能力较差，只要消毒措施得当，一般均能获得较好的消毒效果。养猪生产实践中常用的消毒剂，如醛类、含氯消毒剂、酚类、氧化剂、碱类等均能杀灭环境中的病毒。

1. 常用消毒剂

（1）醛类消毒剂。有甲醛、聚甲醛等，其中以甲醛的熏蒸消毒最为常用。密闭的圈舍可按每立方米 7 ~ 21g 高锰酸钾加入 14 ~ 42mL 福尔马林进行熏蒸消毒。熏蒸消毒时，室温一般不应低于 15℃，相对湿度应为 60% ~ 80%，可先在容器中加入高锰酸钾后再加入福尔马林，密闭门窗 7h 以上便可达到消毒目的，然后敞开门窗通风换气，消除残余的气味。

（2）含氯消毒剂。包括无机含氯消毒剂和有机含氯消毒剂，消毒效果取决于有效氯的含量，含量越高，消毒能力越强。可用 5% 漂白粉溶液喷洒动物圈舍、笼架、饲槽及车辆等进行消毒。

（3）碱类制剂。主要有氢氧化钠和生石灰等，消毒用的氢氧化钠制剂大部分是含有 94% 氢氧化钠的粗制碱液，使用时常加热配成 1% ~ 2% 的水溶液，用于被病毒污染的禽舍地面、墙壁、运动场和污物等的消毒，也用于屠宰场、食品厂等地面以及运输车船等的消毒。喷洒 6 ~ 12h 后用清水冲洗干净。

2. 注意事项

（1）疫点内饲养圈舍清理、清洗和消毒，首先对圈舍内外消毒后再行清理和清洗。对地面和各种用具等彻底冲洗，并用水洗刷圈舍、车辆等，对所产生的污水进行无害化处理。

（2）对金属设施设备，可采取火焰、熏蒸等方式消毒。

（3）饲养圈舍的饲料、垫料等作深埋、发酵或焚烧处理；粪便等污物作深埋、堆积密封或焚烧处理。

（4）交通工具采用清洗消毒和消毒液喷洒的方式消毒。

（5）出入疫点、疫区的交通要道设立临时性消毒点，对出入人员、运输工具及有关物品进行消毒。

（6）消毒人员的所有衣服用消毒剂浸泡后清洗干净，其他物品都要用适当的方式进行消毒。

（7）疫点每天消毒 1 次，连续 1 周，1 周后每 2 天消毒 1 次，疫区内疫点以外的区域每 2 天消毒 1 次。

思考题

1. 什么是疫点？
2. 疫点消毒的程序与原则有哪些？
3. 疫点的动物圈舍、环境、用具、设备、粪便如何消毒？
4. 疫点消毒的注意事项有哪些？
5. 常见疫病的消毒原则与方法有哪些？
6. 无害化处理包含哪些内容？
7. 如何进行空气及物品消毒效果的监测？
8. 隔离动物的意义是什么？
9. 发生传染病时如何将动物分群？不同类群如何处置？
10. 如何运送动物尸体？
11. 如何处理动物尸体？
12. 如何报告动物疫情？
13. 动物疫病采取的净化措施有哪些？

第七章 动物疫病实验室检测方法和样品采集

第一节 实验室检测方法

随着养殖业的发展，动物疫病日趋复杂化，必须结合实验室检验对疫病进行确诊。我国制定了动物疫病检测项目国家标准和行业标准（表7-1至表7-4），必须依照标准进行检测。

表 7-1　多种动物共患病检测项目国家标准和行业标准

名称	病名	依据标准	检测项目（方法）	采集样品种类
多种动物共患病	口蹄疫	GB/T 18935—2018《口蹄疫诊断技术》	病毒检测（RT-PCR）	O-P 液、颌下淋巴结、水泡液、水泡皮
			型别鉴定（定型 ELISA、定型 RT-PCR）	发病死亡乳鼠、出现 CPE 的细胞培养液
			核酸鉴定和分析（多重 RT-PCR、病毒 VP1 基因序列分析、荧光定量 RT-PCR）	发病死亡乳鼠、出现 CPE 的细胞培养液
			抗体检测（病毒中和试验、LPB - ELISA、SPC - ELISA、3ABC-I-ELISA、3ABC-B-ELISA）	血清
	小反刍兽疫	GB/T 27982—2011《小反刍兽疫诊断技术》	病毒检测（RT-PCR、荧光定量 RT-PCR）	眼结膜拭子、鼻黏膜拭子、颊部黏膜拭子、淋巴结、脾脏、胸腺、肺、肉
			抗体检测（竞争 ELISA）	血清
	水泡病	GB/T 19200—2003《猪水泡病诊断技术》	鉴别诊断（反向间接血凝试验）	水泡皮、水泡液、血清
			抗体检测（琼扩试验 AGID、病毒中和试验）	血清
		SN/T 2702—2010《猪水泡病检疫技术规范》	病毒检测（RT-PCR、荧光 RT-PCR）	水泡液、水泡皮、口腔拭子、全血、脏器组织

（续表）

名称	病名	依据标准	检测项目（方法）	采集样品种类
多种动物共患病	伪狂犬病	GB/T 18641—2018《伪狂犬病诊断方法》	病毒鉴定（病毒中和试验、PCR、家兔感染）	细胞培养物、脑组织（含有三叉神经节）、肺脏、扁桃体、鼻拭子、精液
			抗体检测（中和试验、乳胶凝集试验、猪 PrV-ELIS、猪 gB-ELISA、猪 gE-ELISA）	血清
	弓形虫病	WS/T 486—2015《弓形虫病的诊断》	病原检查（荧光 PCR）	血液、体液（渗出液、房水、腹水、羊水等）
			CAg 检测（双夹心 ELISA）	人血清
			抗体检测（IFA、IHA）	人血清、血浆、其他体液样品
			IgG 检测（间接 ELISA）	人血清、血浆、其他体液样品
			IgM 检测（抗体捕捉 ELISA）	人血清、血浆、其他体液样品
		SN/T 1396—2015《弓形虫病检疫技术规范》	病原检查（PCR、荧光 PCR）	脑、胎盘、心、肝、肺、肾、骨骼肌
			抗体检测（IFA、IHA、ELISA）	血清
	动物衣原体病	NY/T 562—2015《动物衣原体病诊断技术》	病原检查（PCR、荧光 PCR）	肝、脾、流产胎儿胃液、胎衣、流产分泌物
			抗体检测（补体结合试验、IHA）	血清
	流行性乙型脑炎	GB/T 18638—2021《流行性乙型脑炎诊断技术》	抗体检测（IHA、补体结合试验、小鼠中和试验）	血清
		GB/T 22333—2008《日本乙型脑炎病毒反转录聚合酶链反应试验方法》	病毒检测（RT-PCR）	脑组织
	动物布鲁氏菌病	GB/T 18646—2018《动物布鲁氏菌病诊断技术》	细菌学检查	动物组织、生物液体
			病原鉴定（特异性血清凝集试验、噬菌体溶解试验、Bruce-Ladder）	纯培养物
			抗体检测（虎红平板凝集试验、试管凝集试验、补体结合试验、iELISA、cELISA）	血清
			抗体检测（奶牛全乳环状试验）	新鲜全乳

（续表）

名称	病名	依据标准	检测项目（方法）	采集样品种类
多种动物共患病	结核病	GB/T 18645—2020《动物结核病诊断技术》	细菌学检查	痰、乳、尿、病变组织
			病原检查（PCR）	痰、乳、尿、病变组织
			PPD 皮内变态反应	皮内注射
			IFN-γ 体外检测	抗凝血

表 7-2　猪病检测项目国家标准和行业标准

名称	病名	依据标准	检测项目（方法）	采集样品种类
猪病	猪瘟	GB/T 16551—2020《猪瘟诊断技术》	病原诊断（FAT、IPT、RT-nPCR、荧光 RT-PCR）	扁桃体、淋巴结、脏器组织
			抗体检测（病毒中和试验、阻断 ELISA、间接 ELISA、化学发光）	血清
	猪繁殖和呼吸综合征（蓝耳病）	GB/T 18090—2008《猪繁殖与呼吸综合征诊断方法》	抗体检测（IPMA、IFA、间接 ELISA）	血清
			病毒检测（RT-PCR）	肺、淋巴结、脾、血
	猪链球菌2型	GB/T 19915.3—2005《猪链球菌2型 PCR 定型检测技术》	病原分离鉴定	心血、肝、脾、肺、肾、淋巴结
			病原检测（PCR）	心血、肝、脾、肺、肾、淋巴结
	猪细小病毒病	SN/T 1919—2016《猪细小病毒病检疫技术规范》	病毒检测（PCR、荧光 PCR、胶体金试验）	血液、肠系膜淋巴结、心脏、流产胎儿的实质器官、精液
			抗体检测（HI、ELISA、胶体金试验）	血清
		NY/SY 152—2000《猪细小病毒病诊断技术规程》	抗体检测（乳胶凝集试验）	血清
	猪喘气病	NY/T 1186—2017《猪衣原体肺炎诊断技术》	病原检测（细菌学检查、PCR）	肺、肺泡灌洗液、鼻拭子
			抗体检测（IHA、ELISA）	血清
	猪传染性萎缩性鼻炎	NY/SY 546—2015《猪传染性萎缩性鼻炎诊断技术》	病原检测（细菌学检查、PCR）	鼻黏液、鼻拭子、肺
			抗体检测（试管凝集试验、平板凝集试验）	血清

（续表）

名称	病名	依据标准	检测项目（方法）	采集样品种类
猪病	猪流感	SN/T 3972—2014《猪流感病毒病检疫技术规范》	病原检测（HA－HI、荧光抗体检查、免疫组化法、RT-PCR、荧光RT-PCR）	鼻拭子、肺、血浆
			血清型鉴定（NI、AGID）	培养物
			抗体检测（HI、ELISA）	血清
		GB/T 27521—2011《猪流感病毒核酸RT-PCR检测方法》	病毒检测（RT-PCR）	鼻腔分泌物
	猪圆环病毒病	GB/T 21674—2008《猪圆环病毒聚合酶链反应试验方法》	病毒检测（PCR）	淋巴结、心血、肺
		GB-T 34745—2017《猪圆环病毒2型病毒SYBR Green I实时荧光定量PCR检测方法》	病毒检测（荧光PCR）	淋巴结、心血、肺
	猪放线杆菌胸膜肺炎	NY/T 537—2018《猪放线杆菌胸膜肺炎诊断技术》	病原检查（细菌学检查）	鼻拭子、肺气管、肺门淋巴结
			血清型鉴定（AGID）	培养物
			抗体检测（补体结合试验、ELISA）	血清
	猪旋毛虫病	GB/T 18642—2021《猪旋毛虫病诊断技术》	虫体检查（集样消化法/压片镜检）	膈肌角
		SN/T 1574—2005《猪旋毛虫病酶联免疫吸附试验操作规程》	抗体检测（ELISA）	血清
	猪囊尾蚴病	GB/T 18644—2020《猪囊尾蚴病诊断技术》	虫体检查（压片镜检）	虫体头节
			病原检测（PCR）	虫体
			抗体检测（间接ELISA、Dot-ABC-ELISA）	血清

（续表）

名称	病名	依据标准	检测项目（方法）	采集样品种类
猪病	猪流行性腹泻	SN/T 1699—2017《猪流行性腹泻检疫技术规范》	病原检测（常规 RT-PCR、实时荧光 RT-PCR、直接免疫荧光试验）	粪便、肠道及肠内容物
			抗体检测（ELISA、微量血清中和试验）	血清
		GB/T 34757—2017《猪流行性腹泻病毒RT-PCR 检测方法》	病原检测（RT-PCR）	新鲜粪便、小肠及肠内容物
	猪痢疾	NY/T 545—2002《猪痢疾诊断技术》	显微镜检查	新鲜粪便、直肠拭子、大肠内容物或黏膜
			病原鉴定（溶血试验、肠致病性试验）	培养物
	猪传染性胃肠炎	NY/T 548—2015《猪传染性胃肠炎诊断技术》	病原检测（免疫荧光）	空肠中段、肠系膜淋巴结
			病原检测（双抗体夹心ELISA、RT-PCR）	发病仔猪粪便和肠内容物
			抗体检测（血清中和试验、间接 ELISA）	血清

表 7-3　禽病检测项目国家标准和行业标准

名称	病名	依据标准	检测项目（方法）	采集样品种类
禽病	新城疫	GB/T 16550—2020《新城疫诊断技术》	抗体检测（HI）	血清
			病原检测（HA-HI、RT-PCR、荧光 RT-PCR）	喉头、气管、肺、脑、泄殖腔、咽喉拭子、尿囊液
	高致病性禽流感	GB/T 18936—2020《高致病性禽流感诊断技术》	病原检测（HA-HI、RT-PCR、荧光 RT-PCR）	咽喉拭子、泄殖腔拭子、气管、肺、脑、肠、肝、脾、肾、心、尿囊液
			抗体检测（HI）	血清
	禽流感（亚型）	GB/T 19440—2004《禽流感 NASBA 检测方法》	病原检测（NASBA 检测法）	喉头、气管、肺、脑、泄殖腔、咽喉拭子
	鸡马立克氏病	GB/T 18643—2021《鸡马立克氏病诊断技术》	抗原/抗体检测（AGID）	羽髓/血清
	传染性法氏囊病	GB/T 19167—2020《传染性法氏囊病诊断技术》	抗原/抗体检测（AGID）	法氏囊/血清
			病毒检测（TR-PCR、荧光 RT-PCR）	法氏囊、胸腺、盲肠、扁桃体等组织、培养物

（续表）

名称	病名	依据标准	检测项目（方法）	采集样品种类
禽病	禽白血病	GB/T 26436—2010《禽白血病诊断技术》	病毒鉴定（IFA、）	细胞培养物
			ALV-p27 抗原检测（ELISA）	细胞培养物
			ALV 亚群鉴定（IFA、RT-PCR、荧光 PCR）	细胞培养物
			抗体检测（ELISA、IFA）	血清
	禽脑脊髓炎	GB/T 27527—2011《禽脑脊髓炎诊断技术》	病毒检测（IFA）	脑组织、
			抗体检测（AGID）	血清
	鸡病毒性关节炎	NY/T 540—2002《鸡病毒性关节炎琼脂凝胶免疫扩散试验方法》	抗体检测（AGID）	血清
	鸡传染性支气管炎	GB/T 23197—2008《鸡传染性支气管炎诊断技术》	病毒检测（RT-PCR）	气管、支气管、肺
	鸡传染性鼻炎	SN/T 1556—2020《鸡传染性鼻炎检疫技术规范》	病原分离鉴定（细菌学检查）	眶下窦分泌物
			病原检测（PCR）	眶下窦分泌物
			抗体检测（平板凝集试验、HI、AGID、间接ELISA）	血清
		NY/T 538—2015《鸡传染性鼻炎诊断技术》	病原检测（PCR、平板凝集试验、）	眶下窦分泌物、菌落
			血清型鉴定（HA-HI）	菌落
			抗体检测（平板凝集试验、HI、AGID、间接ELISA）	血清
	鸡传染性贫血	NY/T 1187—2019《鸡传染性贫血诊断技术》	抗体检测（ELISA）	血清
			抗原检测（免疫酶试验）	细胞培养物
			病原检测（PCR、荧光PCR）	胸腺、骨髓、脾脏、盲肠扁桃体、肝脏
	鸡传染性喉气管炎	GB/T 23197—2008《鸡传染性支气管炎诊断技术》	病原检测（RT-PCR、）	肺、肾、气管渗出物、尿囊液、细胞培养物
			抗体检测（HA-HI、气管环组织培养血清中和试验）	血清

（续表）

名称	病名	依据标准	检测项目（方法）	采集样品种类
禽病	禽网状内皮组织增殖病	NY/T 1247—2006《禽网状内皮增生病诊断技术》	病毒鉴定（IFA）	细胞培养物
			抗体检测（IFA、ELISA）	血清
	禽支原体病	NY/T 553—2015《禽支原体 PCR 检测方法》	病原检测（PCR）	血清
	鸡伤寒和鸡白痢	NY/T 536—2017《鸡伤寒和鸡白痢诊断技术》	抗体检测（全血平板凝集试验）	血液
			病原分离鉴定	肝、脾、卵巢、输卵管
			病原检测（PCR）	培养物
	产蛋下降综合征	NY/T 551—2017《鸡产蛋下降综合征诊断技术》	病毒鉴定（HA-HI、PCR）	鸭胚尿囊液、输卵管
			抗体检测（HI）	血清
	鸭病毒性肝炎	SN/T 3464—2012《鸭病毒性肝炎I型检疫技术》	病原检测（RT-PCR、荧光 PCR、病毒中和试验、微量血清中和试验）	肝、脾、培养物

表 7-4　其他动物疾病检测项目国家标准和行业标准

名称	病名	依据标准	检测项目（方法）	采集样品种类
马病	马传染性贫血	GB/T 17494—2009《马传染性贫血病间接 ELISA 诊断技术》	抗体检测（间接 ELISA）	血清
	马鼻疽	NY/T 557—2002《马鼻疽诊断技术》	鼻疽菌素变态反应	皮下注射、皮内注射、点眼试验
			抗体检测（补体结合反应）	血清
犬病	犬细小病毒病	GB/T 27533—2011《犬细小病毒病诊断技术》	病毒检测（HA-HI、PCR）	泪液、鼻液、唾液、粪便及病死犬肝、脾、肺、肠内容物
	犬瘟热	GB/T 27532—2011《犬瘟热诊断技术》	病毒鉴定（免疫酶检测）	细胞培养物
			病原检测（免疫酶组织化学法、RT-PCR）	肺、脾、胸腺、淋巴结、脑、泪液、鼻液、唾液、粪便、肝
	犬传染性肝炎	GB/T 14926.58—2008《实验动物传染性犬肝炎病毒检测方法》	抗体检测（ELISA、HAI）	血清
	狂犬病	GB/T 18639—2002《狂犬病诊断技术》	病毒检测（内基小体检查、免疫荧光试验、小鼠感染试验、细胞感染试验）	脑组织

（续表）

名称	病名	依据标准	检测项目（方法）	采集样品种类
细菌病	副猪嗜血杆菌病	GB/T 34750—2017《副猪嗜血杆菌检测方法》	病原分离培养	肺脏、心脏、脑、胸腹腔积液、心包液、抗凝血
			病原鉴定（巢氏 PCR、荧光 PCR）	肺脏、心脏、脑、积液、抗凝血、培养物
	大肠菌群	GB/T 18869—2019《饲料中大肠菌群的测定》	大肠菌群测定	饲料
	猪巴氏杆菌病	NY/T 564—2016《猪巴氏杆菌病诊断技术》	病原分离培养	肝、血液
			病原种的鉴定（PCR）	培养物
			病原血清型的鉴定（间接血凝试验、多重 PCR、AGID）	培养物
	禽霍乱	NY/T 563—2016《禽霍乱（禽巴氏杆菌病）诊断技术》	病原分离鉴定	肝、脾病变组织
			病原的鉴定（PCR、多重 PCR）	培养物
			抗体检测（AGID）	血清
	禽曲霉菌病	NY/T 559—2002《禽曲霉菌病诊断技术》	病原学检查	霉菌结节部组织

第二节　样品采集方法

样品采集是进行动物疫病监测、诊断的一项重要基础工作。熟练掌握样品采集操作方法对于快速、及时诊断和处理动物疫病具有重要意义。

一、采血

1. 耳静脉采血

（1）适用对象。猪、兔等，适于用血量比较少的检验项目。

（2）操作步骤。① 将猪、兔站立或横卧保定，或用保定器具保定。② 耳静脉局部常规消毒。③ 用手指捏压耳根部静脉血管处，使静脉充盈、怒张（或用酒精棉反复局部涂擦以引起其充血）。④ 术者用左手把持耳朵，将其托平并使采血部位稍高。⑤ 右手持连接针头的采血器，沿静脉管使针头与皮肤呈 30°～45°角，刺入皮肤及血管内，轻轻回抽针芯，如有回血即证明已刺入血管，再将针管放平并沿血管稍向前伸入，抽取血液。

2. 颈静脉采血

（1）适用对象。马、牛、羊等大家畜。

（2）操作步骤。① 保定好动物，使其头部稍前伸并稍偏向对侧。② 于颈静脉沟上 1/3 与中 1/3 交界部剪毛、消毒。③ 采血者用左手拇指（或食指与中指）在采血部位稍下方（近心端）压迫静脉血管，使之充盈、怒张。④ 右手持采血针头，沿颈静脉沟与皮肤呈 45°角由下向上方迅速刺入皮肤及血管内，如见回血，即证明已刺入；使针头后端靠近皮肤，以减小其间的角度，近似平行地将针头再伸入血管内 1～2cm 刺入。⑤ 放开压迫脉管的左手，血液顺器壁流入容器内，防止气泡产生。待血量达到要求后，拔下针头，用干棉球按压针眼，轻按止血。

（3）注意事项。① 采血完毕，做好止血工作，即用无菌棉球压迫采血部位止血，防止血流过多。② 牛的皮肤较厚，颈静脉采血刺入时应用力并瞬时刺入，见有血液流出后，将针头送入采血管中，即可采血。

另附：①牛尾静脉采血。固定动物，使牛尾往上翘，手离尾根部约 30cm。在离尾根 10cm 左右中点凹陷处，先用酒精棉球消毒，然后将采血针头垂直刺入（约 1cm 深）。针头触及尾骨后再退出 1mm 进行抽血。采血结束消毒并按压止血。②奶牛、奶山羊乳房静脉采血。奶牛、奶山羊可选乳房静脉采血，奶牛腹部可看到明显隆起的乳房静脉，消毒后在静脉隆起处针头向后肢方向快速刺入，见有血液回流，接入真空采血管。

3. 前腔静脉采血

（1）适用对象。多用于猪，适用于大量采血。

（2）操作步骤。① 站立保定。中猪及大猪采用站立保定。保定器保定让猪头仰起，露出右腋窝，从右侧向心脏方向刺入，回抽见有回血时，即把针芯向外拉使血液流入采血针。② 仰卧保定。小猪仰卧保定，把前肢向后方拉直。一般用装有 20 号针头的注射器采血，其穿刺部位在胸骨端与耳基部连线上胸骨端旁开 2cm 的凹陷处，向后内方与地面呈 60°角刺入 2～3cm，当进入约 2cm 时可一边刺入一边回抽针管内芯，刺入血管时即可见血进入针管内，采血完毕，局部消毒。

4. 心脏采血

（1）适用对象。家兔、禽类等个体比较小的动物。

（2）兔心脏采血操作步骤。① 确定心脏的部位。家兔的心脏部位约在胸前倒数三到四肋骨间。② 选择用手触摸心脏搏动最强的部位，去毛消毒。③ 将稍微后拉栓塞的注射器针头由剑状软骨左侧呈 30°～45°刺入心脏，当针头略有颤动时，表明针头已穿入心脏，然后轻轻地抽取，如有回血，表明已插入心腔内，即可抽血；如无回血，可将针头退回一些，重新插入心腔内，若有回血，则顺心脏压力缓慢抽取所需血量。

（3）禽类心脏采血操作步骤。① 雏鸡心脏采血。左手抓鸡，右手持采血针，平行颈椎从胸腔前口插入，回抽见有回血时，即把针芯向外拉使血液流入采血针。② 成年禽类心脏采血。成年禽类采血可取侧卧或仰卧保定。a. 侧卧保定采血。助手抓住禽两翅及两腿，右侧卧保定，在触及心搏动明显处，或胸骨脊（龙骨突）前端至背部下凹处连线的1/2处消毒，垂直或稍向前方刺入 2～3cm 回抽见有回血时，即把针芯向外拉使血液流入采血针。b. 仰卧保定采血。胸骨朝上，用手指压离嗉囊，露出胸前口，用装有长针头的注射器，将针头沿其锁骨俯角刺入，顺着体中线方向水平穿行，直到刺入心脏。

（4）注意事项。① 确定心脏部位，切忌将针头刺入肺脏。② 顺着心脏的跳动频率抽取血液，切忌抽血过快。

5. 翅静脉采血

（1）适用对象。禽类在采血量少时采用此法。

（2）操作步骤。① 侧卧保定，展开翅膀，露出腋窝部，拔掉羽毛，在翅下静脉处消毒。② 拇指压迫近心端，待血管怒张后，用装有细针头的注射器，平行刺入静脉，放松对近心端的按压，缓慢抽取血液。

（3）注意事项。采血完毕及时压迫采血处止血，避免形成血块。

二、拭子样品采集

1. 家禽喉拭子和泄殖腔拭子采集

（1）器材准备。无菌棉签，1.5mL 离心管等。

（2）采样。取无菌棉签，插入鸡喉头内或泄殖腔转动 3 圈，取出，插入上述离心管内，剪去露出部分，盖紧瓶盖，做好标记。

（3）样品保存。24h 内能及时检测的样品可冷藏保存，不能及时检测的样品应 -20℃保存。

2. 猪鼻腔拭子、咽拭子采集

（1）器材准备。灭菌 1.5mL 离心管、记号笔、灭菌剪刀、灭菌棉拭子、保存液等。

（2）采样。① 每个灭菌离心管中加入 1mL 样品保存液。② 用灭菌的棉拭子在鼻腔或咽喉转动至少 3 圈，采集鼻腔、咽喉的分泌物。③ 蘸取分泌物后，立即将拭子浸入保存液中，剪去露出部分，盖紧离心管盖，做好标记，密封低温保存。

3. 肛门拭子采集

采集方法同鼻腔拭子、咽拭子采集方法。

三、粪便样品的采集

1. 用于病毒检验的粪便样品采集

（1）器材准备。灭菌棉拭子、灭菌试管、pH 值 7.4 的磷酸缓冲液、记号笔、乳胶手套等。

（2）采样方法。① 少量采集时，以灭菌的棉拭子从直肠深处或泄殖腔黏膜上蘸取粪便，并立即投入灭菌的试管内密封，或在试管内加入少量磷酸盐缓冲液后密封。② 采集较多量的粪便时，可将动物肛门周围消毒后，用器械或用带上胶手套的手伸入直肠内取粪便，也可用压舌板插入直肠，轻轻用力下压，刺激排粪，收集粪便。所收集的粪便装入灭菌的容器内，经密封并贴上标签。③ 样品采集后立即冷藏或冷冻保存。

2. 用于细菌检验的粪便样品采集

采样方法与供病毒检验的方法相同。但最好是在使用抗菌药物之前，从直肠或泄殖腔内采集新鲜粪便。粪便样品较少时，可投入生理盐水中；较多量的粪便则可装入灭菌容器内，贴上标签后冷藏保存。

3. 用于寄生虫检验的粪便样品采集

采样方法与供病毒检验的方法相同。应选新鲜的粪便或直接从直肠内采得，以保持虫体或虫体节片及虫卵的固有形态。一般寄生虫检验所用粪便量较多，需采取适量新鲜粪便，并应从粪便的内外各层采取。

粪便样品以冷藏不冻结状态保存。

四、一般组织采集

1. 采样方法

用常规解剖器械剥离死亡动物的皮肤，用消毒的器械剥开体腔，所需病料按无菌操作方法从新鲜尸体中采集。剖开腹腔后，注意不要损坏肠道。

2. 采样种类

（1）病原分离样品的采集。用于微生物学检验的病料应新鲜，尽可能地减少污染。用于细菌分离样品的采集，首先以烧红的刀片烫烙脏器表面，在烧烙部位刺一孔，用灭菌后的接种环伸入孔内，取少量组织或液体，作涂片镜检或划线接种于适宜的培养基上。

（2）组织病理学检查。样品的采集包括病灶及临近正常组织的组织块，立即放入10倍于组织块体积的10%福尔马林溶液中固定。组织块厚度不超过 0.5cm，切成 1～2cm^2（检查狂犬病则需要较大的组织块）。组织块切忌挤压、刮摩和用水洗。如作冷冻切片用，则将组织块放在 0～4℃容器中，尽快送实验室检验。

五、肠及肠内容物采集

肠道只需选择病变最明显的部分，将其中的内容物弃去，用灭菌生理盐水轻轻冲洗；肠内容物的采集可烧烙肠壁表面，用吸管扎穿肠壁，从肠腔内吸取内容物，将肠内容物放入盛有灭菌的30%甘油盐水缓冲保存液中送检或者将带有粪便的肠管两端结扎，从两端剪断送检。

六、胃液及瘤胃内容物采集

1. 胃液

采集胃液可用多孔的胃管抽取，将胃管送入胃内，其外露端接在吸引器的负压瓶上，加负压后，胃液即可自动流出。

2. 瘤胃内容物

反刍动物在反刍时，于食团从食道逆入口腔时，立即开口拉住舌头，另一只手深入口腔即可取出少量的瘤胃内容物。

七、脓汁采集

样品要求做病原菌检验的，应在未用药物治疗前采取。采集已破口病灶脓汁，宜用灭菌棉拭子蘸取，置入灭菌离心管中，剪去露出部分，盖紧离心管盖，做好标记。密封低温保存。未破口病灶，用灭菌注射器抽取脓汁，密封低温保存。

八、乳汁采集

先用消毒药水洗净乳房（取乳者的手亦应事先消毒），并把乳房附近的毛刷湿，最初所挤的 3~4 把乳汁弃去，然后再采集 10mL 左右乳汁于灭菌试管中。进行血清学检验的乳汁不应冻结、加热或强烈震动。

九、生殖道样本采集

可采集阴道或包皮冲洗液，或者采用合适的拭子，有时也可用尿道拭子采集。

十、眼睛样本采集

眼结膜表面用拭子轻轻擦拭后，放在灭菌的 30% 甘油盐水缓冲保存液中送检。有时，也采取病变组织碎屑，置载玻片上，供显微镜检查。

十一、皮肤样本采集

病料直接采自病变部位，如病变皮肤的碎屑、未破裂水泡的水泡液、水泡皮等。

十二、胎儿样本采集

将流产后的整个胎儿，用塑料薄膜、油布或数层不透水的油纸包紧，装入木箱内，立即送往实验室。

十三、小家畜及家禽样本采集

将整个尸体包入不透水塑料薄膜、油纸或油布中,再装入木箱内,送往实验室。

十四、骨样本采集

需要完整的骨标本时,应将附着的肌肉和韧带等全部除去,表面撒上食盐,然后包入浸过 5% 石炭酸溶液的纱布中,装入不漏水的容器内送往实验室。

十五、脑、脊髓样本采集

1. 全脑、脊髓

如采取脑、脊髓做病毒检查,可将脑、脊髓浸入 30% 甘油盐水液中或将整个头部割下,包入浸过消毒液的纱布中,置于不漏水的容器内送往实验室。

2. 脑、脊髓液

(1)采样前的准备。采样使用特制的专用穿刺针,或用长的封闭针头(将针头稍磨钝,并配以合适的针芯),采样前术部及用具均按常规消毒。

(2)采样方法。① 颈椎穿刺法。穿刺点为环枢孔。将动物实施站立或横卧保定,使其头部向前下方屈曲,术部经剪毛消毒,穿刺针与皮肤面呈垂直缓慢刺入。将针体刺入蛛网膜下腔,立即拔出针芯,脑脊髓液自动流出或点滴状流出,盛入消毒容器内。② 腰椎穿刺法。穿刺部位为腰荐孔。实施站立保定,术部剪毛消毒后,用专用的穿刺针刺入,当刺入蛛网膜下腔时,即有脑脊髓液滴状滴出或用消毒注射器抽取,盛入消毒容器内。

(3)采样数量。大型动物颈部穿刺一次采集量 35~70mL,腰椎穿刺一次采集量 15~30mL。

十六、液体病料采集

采集胆汁、脓汁、黏液或关节液等样品时,用烫烙法消毒采样部位,用灭菌吸管、毛细吸管或注射器经烫烙部位插入,吸取内部液体,然后将液体注入灭菌的试管中,塞好棉塞送检。也可用接种环经消毒的部位插入,提取病料直接接种在培养基上。

供显微镜检查的脓汁、血液及黏液抹片的制备方法:先将材料置玻片上,再用一灭菌玻棒均匀涂抹或另用一玻片推抹。组织块、致密结节及脓汁等亦可在两张玻片中间,然后沿水平面向两端推移。

用组织块作触片时,持小镊子将组织块的游离面在玻片上轻轻涂抹即可。

第三节　样品采集的注意事项

检测样品是实验室检测工作的对象，检测样品的质量与样品的采集、保存、运输和处理密切相关，决定着检测工作的成败，是实验室操作质控体系的第一个环节。

一、样品的采集

1. 病原微生物样品采集的一般原则和基本要求

（1）充分保定动物，在减少动物应激的同时，避免动物对采样人员构成威胁。剖检动物时应做好个人防护。

（2）做好环境消毒和动物尸体处理工作，防止污染环境，防止疫病传播。

（3）根据检测目的的不同，采集相应的样品，如监测抗体采用血清样品，检测抗原则根据病原不同分别采集相应的组织脏器、内容物、分泌物、排泄物或其他材料。不能初步判断病因时应进行全面采样待查。

（4）进行流行病学调查、抗体监测、群体健康状况评估或环境卫生检测时，样品数量应满足统计学要求及一定饲养阶段的区间分布。企业进行群体抗体监测时可根据群体大小和日龄状态，制定符合养殖场自身的采样方案和样本数目。

（5）采集样品应无菌操作，做好个人防护。

（6）采集样品及时标记并进行登记。

2. 常规样品的采集

（1）血样采集。① 全血。进行血液学分析，细菌、病毒或原虫培养，通常用全血样品，样品中加抗凝剂。抗凝剂可用0.1%肝素、阿氏液（阿氏液为红细胞保存液使用时，以1份血液加2份阿氏液），或枸橼酸钠（3.8%~4%的枸橼酸钠0.1mL可抗凝1mL血液）。采血时应直接将血液滴入抗凝剂中，并立即连续摇动，充分混合。也可将血液放入装有玻璃珠的灭菌瓶内，震荡脱纤维蛋白。② 血清。进行血清学试验通常用血清样品。样品的血液中不加抗凝剂，血液在室温下静置2~4h（防止暴晒），待血液凝固，有血清析出时，用无菌剥离针剥离血凝块，然后置4℃冰箱过夜，待大部分血清析出后取出血清，必要时经低速离心分离出血清。在不影响检验要求原则下可因需要加入适宜的防腐剂。做病毒中和试验的血清避免使用化学防腐剂（如硼酸、硫柳汞等）。若需长时间保存，则将血清置-20℃以下保存，但要尽量防止或减少反复冻融。样品容器上贴详细标签。

（2）眼、呼吸道、咽、肛门拭子的采集。病毒分离用无菌PBS液保存，如需长期保存应置于-70℃保存，PCR检测用50%甘油生理盐水保存，保存液没过拭子即可。进行细菌学检验应立即进行涂片染色和接种相应培养基。

（3）实质脏器的采集。应无菌操作，将所采脏器组织块，放入无菌容器。每块组织应单独放置。取材应包括病灶和周边正常组织。供组织病理学检查的样品应新鲜，不能冷冻，不能挤压，避免人为损伤，组织块以 1.5cm×1.5cm×1.5cm 为宜。如作冷冻切片，则需将组织放在 0~4℃保存，尽快进行切片、检测；作石蜡切片应及时用 10%甲醛液固定；进行分子生物学检查的样品，应保持新鲜，低温保存，不能及时检测的，7d 内可于-20℃保存，超过 30d 的应置于-70℃保存，但应避免反复冻融。进行细菌学检验时，应及时进行触片、固定。

（4）供显微镜检查的脓汁、血液、分泌物等样品，应无菌操作，尽快进行涂片、固定。

二、样品的记录

送往实验室的样品应填写一式两份的送检单，一份随样品送实验室，另一份留送备案。送检单应包括畜主姓名、联系电话、场址、动物品种及数量；被感染动物的种类、数量、发病日期、造成损失、感染动物在畜群中的分布情况、发病动物数量及死亡数量、临床症状、病理变化、免疫及用药情况。送检样品的清单和说明应包括病料种类、保存方法等。

三、样品的保存和运输

所采集的样品要以最快最直接的途径送往实验室。如果样品能在采集后 24h 内抵达实验室，应放在 4℃的容器中密封保存，专人运送。如果在 24h 内不能将样品送往实验室，在不影响检验结果的情况下，可以把样品冷冻保存，并以此状态运送。根据试验需要决定送往实验室的样品是否放在保存液中运送，避免样品泄漏。装在试管或广口瓶中的病料密封后装在冰盒中运送，防止试管和容器倾倒。如需寄送，则用带螺口的瓶子装样品，并用胶带或石蜡封口。将装样品的并有识别标志的瓶子放到更大的具有坚实外壳的容器内，并垫上足够的缓冲材料。空运时，将其放到飞机的加压舱内。

制成的涂片、触片、玻片上注明号码，并另附说明。放入玻片盒内，或玻片两端用细木条分隔开，层层叠加，底层和最上一片，涂面向内，用细线包扎，再用纸包好，在保证不被压碎的条件下运送。

所有样品都要贴上详细标签。

四、样品的处理

用于实验室检测的样品，通常要进行预处理，有的可在现场进行，有的需在实验室完成。

（1）实质器官组织样品和胚胎的处理。对已死亡的畜禽，应尽快采集，冬季不超过 6h，夏季不超过 4h。濒死畜禽，在放血后采集。

（2）分泌物和渗出物的处理。采集样品应用稀释液作 1~2 倍稀释，室温作用 1h 后离心取上清液。

（3）各种拭子的处理。将保存液中的拭子充分振荡、刷洗后，取上清液。

五、用于细菌检测样品的处理

（1）无菌样品，接种前无需作特别处理。

（2）有杂菌污染的样品，可接种选择性培养基抑制杂菌生长。

（3）奶、尿等样品含菌量少时，可用离心法或过滤法作集菌处理。

六、血清样品的处理

血清样品通常用于血清学诊断，无需作特殊处理。但使用商品试剂盒进行检测，有特殊要求的除外。

思考题

1. 简述高致病性禽流感、鸡新城疫、猪瘟和口蹄疫的样品采集部位。
2. 简述病死畜禽的采样原则。
3. 简述如何进行牛、羊海绵状脑病的采样。
4. 样品采集的生物安全隐患有哪些？
5. 简述采样的生物安全措施。
6. 运输样品的包装原则有哪些？

第八章 动物疫病防控要点

第一节 一类动物疫病防控要点

一、口蹄疫

口蹄疫（Foot-and-mouth disease，FMD）是由微 RNA 病毒科、口蹄病毒属的口蹄疫病毒引起的一种偶蹄动物共患的急性、热性、高度接触性传染病。临诊上以口腔黏膜、蹄部及乳房皮肤发生水泡和溃烂为特征，严重时蹄壳脱落、跛行、不能站立。本病有强烈的传染性，一旦发病，传播速度很快，往往造成大流行，不易控制和消灭，带来严重的经济损失。因此，OIE 将本病列为通报性动物疫病名录之首。该病不属于人畜共患病。

【诊断】根据流行特点、临诊症状（图 8-1、图 8-2）、病理变化，可做出初步诊断，确诊需进行实验室检查，并鉴定毒型。严格按照《口蹄疫诊断技术》进行。

病料样品采取：取病猪水疱皮或水疱液，置于 50% 甘油生理盐水中（加冰或液氮容器保存运输），迅速送往实验室进行诊断。

确定毒型的意义在于如何选用与本地流行毒株相适应的疫苗，如果毒型与疫苗毒型不符，就不能收到预期的免疫效果。

【防控措施】

1. 预防措施

坚持"预防为主"的方针，采取以免疫预防为主的综合防控措施，预防疫情发生。

（1）实行强制普免。免疫预防是控制本病的主要措施，非疫区要根据接邻国家和地区发生口蹄疫的血清型选择同血清型的疫苗。发生口蹄疫的地区，应当鉴定口蹄疫血清型，然后选择同血清型的疫苗。目前，我国口蹄疫强制免疫常用疫苗是 O 型和 A 型口蹄疫灭活疫苗、O 型-亚洲 I 型口蹄疫二价灭活苗（普通苗和浓缩高效苗）以及 O 型合成肽口蹄疫疫苗。免疫牛、羊可获得较好的免疫力。免疫猪，接种后 21d 应进行免疫效果监测，猪 O 型口蹄疫 IHA 抗体效价 $\geqslant 1 : 25$ 判为合格，存栏猪群免疫抗体合格率必须 $\geqslant 70\%$。

（2）依法进行检疫。带毒活畜和畜产品的流动是口蹄疫暴发和流行的重要原因之一，因此要依法进行产地检疫和屠宰检疫，严厉打击非法经营和屠宰病畜；依法做好流通领域运输资格和畜产品的检疫、监督和管理，防止口蹄疫传入；对进入流通领域的偶蹄动物必须具备检疫合格证明和疫苗免疫注射证明。

（3）坚持"自繁自养"。尽量不从外地引进动物，必须引进时，需了解当地近 1~3 年内有无口蹄疫发生和流行，只从非疫区、健康群中购买，并需经产地检疫合格。购买后，仍需隔离观察 1 个月，经疫苗免疫、临诊检查、实验室检查，确认健康无病方可混群饲养。发生口蹄疫的动物饲养场，全场动物不能留作种用。

（4）严防通过各种传染媒介和传播渠道传入疫情。严格隔离饲养，杜绝外来人员参观，加强对进场的车辆、人员、物品消毒，不从疫区购买饲料，严禁从疫区调运动物及其产品等。该病毒对酸碱敏感，故 1%~2%氢氧化钠、30%热草木灰、1%~2%甲醛等都是良好的消毒液。

2. 控制扑灭措施

严格按《口蹄疫防治技术规范》，采取紧急、强制性、综合性的扑灭措施。一旦有口蹄疫疫情发生，当地县级以上地方人民政府畜牧兽医行政管理部门应当立即派人到现场，划定疫点、疫区、受威胁区，采集病料，调查疫源，及时报请同级人民政府决定对疫区实行封锁，并将疫情等情况逐级上报国务院畜牧兽医行政管理部门。

县级以上地方人民政府应当立即组织有关部门和单位采取隔离、扑杀、销毁、消毒、紧急免疫接种等强制性控制、扑灭措施，迅速扑灭疫病，并通报毗邻地区。

疫区范围涉及两个以上行政区域的，由有关行政区域共同的上一级人民政府决定对疫区实行封锁，或者由各有关行政区域的上一级人民政府共同决定对疫区实行封锁。

在封锁期间，禁止染疫和疑似染疫的动物、动物产品流出疫区，禁止非疫区的动物进入疫区，并根据扑灭动物疫病的需要对出入封锁区的人员、运输工具及有关物品采取消毒和其他限制性措施。

最后一头病畜死亡或扑杀后 14d，经彻底消毒，可由原决定机关宣布疫点、疫区、受威胁区和疫区封锁的解除。

二、猪水泡病

猪水泡病（Swine vesicular disease，SVD）是由微 RNA 病毒科、肠病毒属的猪水泡病病毒引起猪的急性、热性、接触性传染病。其特征是流行性强、发病率高，蹄部、口腔、鼻端、腹部及乳头周围皮肤和黏膜发生水泡，偶有脑脊髓炎。家畜中仅猪感染发病，在症状上与口蹄疫极为相似，但牛、羊等偶蹄家畜不发病，人偶可感染。

【诊断】根据流行特点、临诊症状和剖检病变无法区分猪水泡病、口蹄疫，因此必须依靠实验室诊断加以区别。

病料样品采集：病毒分离应采集水泡皮、水泡液（至少 1g 置于 pH 值 7.2~7.4 的 50%甘油 PBS 液中）、抗凝全血样品（在发热期采集）和粪便；血清学试验应采集发病猪及同群猪的血清样品。

【防控措施】 防控措施包括预防措施和扑灭措施。

（1）预防措施。加强检疫，在收购和调运时，应逐头进行检疫，一旦发现疫情立即向主管部门报告，按早、快、严、小的原则，实行隔离封锁。控制猪水泡病很重要的措施是防止将病原带到非疫区，应特别注意监督牲畜交易和转运的畜产品。

严格消毒，常用于本病的消毒剂及有效浓度为 0.5% ~ 1% 有效氯制剂（含有效氯 50 ~ 100mg/kg）；0.1% ~ 0.5% 过氧乙酸、0.5% ~ 1% 复合酚、0.5% ~ 1% 次氯酸钠、5% 氨水。福尔马林和氢氧化钠的消毒效果较差，且有较强腐蚀性和刺激性，已不广泛应用。

免疫接种，据报道应用豚鼠化弱毒疫苗和细胞培养弱毒疫苗对猪免疫，其保护率达 80% 以上，免疫期 6 个月以上。用水泡皮和仓鼠传代毒制成的灭活苗有良好免疫效果，保护率为 75% ~ 100%。

（2）扑灭措施。严格按《中华人民共和国动物防疫法》及有关规定，采取紧急、强制性、综合性的扑灭措施。

【公共卫生学】 猪水泡病与人的柯萨奇 B5 病毒有密切相关，实验人员和饲养员因感染猪水泡病病毒而得病，症状与柯萨奇 B5 病毒感染相似。近年来一些研究者指出，猪水泡病病毒感染后，小鼠、猪和人都有程度不同的神经系统损害，因此，实验人员和饲养员均应小心处理这种病毒和病猪，加强自身防护。

三、猪瘟

猪瘟（Hog cholera or classical fever，HC or CSF）俗称烂肠瘟，美国称猪霍乱，英国称为猪热病，是一种黄病毒科、瘟病毒属的猪瘟病毒（RNA）引起猪的急性、热性、败血性和高度接触性传染病。

【诊断】 典型的急性猪瘟暴发可根据流行特点、临诊症状和剖检病变作出相当准确的诊断。但确诊还需进行实验室诊断（ELISA、PCR 方法），特别是非典型性猪瘟。

病料样品采集：病毒分离、鉴定应采集扁桃体（首选样品）、淋巴结（咽、肠系膜）、脾、肾、远端回肠、抗凝全血（最好用 EDTA 抗凝），冷藏保存（不能冻结）并尽快送检；血清学试验应采集发病猪及同群猪、康复猪的血清样品。

【防控措施】 防控措施包括预防措施和扑灭措施。

1. 预防措施

坚持"预防为主"，采取综合性防控措施。

（1）免疫接种是当前预防猪瘟的主要手段。我国有两种猪瘟弱毒疫苗，即细胞苗和兔体淋脾组织苗。一般做法是：母猪和成年种猪每年免疫 2 ~ 3 次，25 日龄仔猪首免，65 日龄加强免疫。有时采用窝边免疫方法，有较好免疫效果。

（2）开展免疫检测。有条件的猪场应开展免疫监测（可用酶联免疫吸附试验或间接血凝试验），根据母源抗体水平或残留抗体水平，适时免疫。并于每次免疫接种后，进行免疫效果检测，凡是接种后抗体水平不合格的猪，再免疫一次，仍不合格者属免疫耐受猪，应坚决淘汰。

（3）及时淘汰隐性感染带毒猪。应用直接免疫荧光抗体试验检测种猪群，只要检查出阳性带毒猪，坚决扑杀，进行无害化处理，消灭传染源，降低垂直传播的危险。

（4）加强检疫，防止引入病猪。实行自繁自养，尽可能不从外地引进新猪。必须由外地引进猪只时，应到无病地区选购，并做好免疫接种；回场后，应隔离观察2~3周，并应用免疫荧光抗体试验或酶标免疫组织抗原定位法检疫。确认健康无病，方可混群饲养。

（5）建立"全进全出"的管理制度，消除连续感染、交叉感染。

（6）做好猪场、猪舍的隔离、卫生、消毒工作。禁止场外人员、车辆、物品等进入生产区，必须进入生产区的人员应经严格消毒，更换工作衣、鞋后方可进入；进入生产区的车辆、物品也必须进行严格消毒；生产区工作人员应坚守工作岗位，严禁串岗；各猪舍用具要固定，不可混用；生产区、猪舍要经常清扫、消毒，认真做好驱虫、灭鼠工作。

（7）加强市场、运输检疫。控制传染源流动，防止传播猪瘟病毒。

（8）科学饲养管理。提高机体抵抗力。

2. 扑灭措施

发生猪瘟的地区或猪场，应根据《猪瘟防治技术规范》的规定采取紧急强制性的控制和扑灭措施。

四、非洲猪瘟

非洲猪瘟（African swine fever，ASF）是由非洲猪瘟病毒科（DNA病毒）、非洲猪瘟病毒属的非洲猪瘟病毒引起猪的一种急性、热性、高度致死性传染病。其临诊症状和病理变化与猪瘟相似，但传播更快，病死率更高，内脏器官和淋巴结出血性变化更严重。

【诊断】根据流行特点、临诊症状（图8-3）、病理变化（图8-4）可做出初步诊断，确诊需进行实验室检查。

病料样品采集：病毒分离鉴定应采集抗凝全血样品（在发热初期采集，抗凝剂用肝素钠按10IU/mL或EDTA按0.5%添加）、脾脏、肾脏、扁桃体、淋巴结（至少2~5g）置于2~4℃保存或送检，但不能冻结；血清学试验应采集发病猪及同群猪的血清样品（感染后8~12d，处在恢复期猪的血清）。

本病的症状和病变与猪的其他出血性疾病特别是猪瘟很难区分，而且没有疫苗可以使用，所以快速而准确的实验室诊断就显得尤其重要。

【防控措施】目前没有治疗ASF的特效药物，也没有有效的疫苗预防ASF。目前生物安全措施，将ASFV挡在猪场的围墙外是防控非洲猪瘟唯一有效的方法。可采取的生物安全措施，如控制人员、车辆和外来动物进入养殖场；进出养殖场所有人员、车辆、饲料、物品严格消毒；消灭老鼠、蚊、钝缘软蜱等媒介，防止鸟进入猪场范围；禁用泔水或餐余垃圾饲喂生猪；禁用生猪来源的饲料成分等。具体可参照农业农村部发布的相关技术规范进行。

五、非洲马瘟

非洲马瘟（African horse sickness，AHS）是由呼肠孤病毒科（RNA病毒）、环状病毒属的非洲马瘟病毒引起马属动物的一种急性和亚急性传染病。本病以发热，肺和皮下水肿及脏器出血为特征，感染后的死亡率马为95%、骡为50%~70%、驴为10%，最初主要发生在非洲南部，但不断北移，直至北非、南欧及中东。我国迄今尚无本病发生。

【诊断】该病的临诊症状与病变相当特异，根据本病的特征性症状及病变，结合流行病学材料可做出诊断，但确诊需进行病毒分离鉴定和血清学检查。

病料样品采集：病毒分离、鉴定应采集发热期病畜全血，最好用肝素钠（10IU/mL）或OPG（50%甘油水溶液+0.5%草酸钠溶液+0.5%石炭酸溶液）抗凝，4℃保存待检。刚死亡动物的脾、肺和淋巴结，置于含10%甘油的缓冲液中，4℃保存或送检。血清学检查应采集病畜血清，最好双份，分别在急性期和康复期或相隔21d采集，于-20℃保存。

【防控措施】防控措施包括预防措施和控制扑灭措施。

（1）预防措施。该病是马属动物唯一的一类疫病，可通过库蠓属雌蠓传播。因此，季节、生态和地理等因素对本病的流行具有重要影响。防控本病时应根据该病传播媒介的存在状况、当地的环境条件以及可能的自然屏障等具体情况决定。

清净地区严禁从发生本病国家进口或过境运输马属动物及其精液和胚胎等相关材料；严禁引进接种过该疫苗的马属动物，若要引进，必须在接种后至少30d但最长不超过12个月，再隔离观察30d；对进口的马属动物，要通过法定程序检疫、检验，同时应隔离观察2个月，其间进行1~2次补体结合反应检查。

（2）控制扑灭措施。当发生可疑病例时，应及时确诊，并进行严格隔离；一旦确诊，立刻按照《中华人民共和国动物防疫法》的规定采取紧急、强制性的控制和扑灭措施。封锁疫区，扑杀病畜并作无害化处理，彻底消毒被病畜污染的环境，喷洒杀虫剂、驱虫剂等消灭媒介昆虫。

六、牛瘟

牛瘟（Rinderpest）又名烂肠瘟、胆胀瘟，是由副黏病毒科、麻疹病毒属的牛瘟病毒引起的主要为害牛的一种急性、败血性、高度接触性传染病，其临诊特征为体温升高、病程短，黏膜特别是消化道黏膜发炎、出血、糜烂、坏死和剧烈腹泻。

【诊断】本病可根据临诊症状、病理变化、流行病学材料进行诊断，但在非疫区疑为牛瘟时还必须进行病毒分离或血清学试验。

病料样品采集：病毒分离、鉴定应采集特征性症状出现前3~4d的抗凝血（最好用肝素钠按 10IU/mL 或 EDTA 0.5mg/mL 抗凝）、眼鼻分泌物拭子、活体表层淋巴结和其他组织、剖检时的脾和淋巴结，置于含抗生素的缓冲盐水中，0℃保存待检；若不能立即接种，应于-70℃以下保存。血清学检查应采集病牛血清。

【防控措施】预防本病必须严格执行兽医检疫措施，不从有牛瘟的国家和地区引进反刍动物和鲜肉。同时，在疫区和邻近受威胁区用疫苗进行预防接种，建立免疫防护带。

我国消灭牛瘟曾经使用过的疫苗有：牛瘟兔化疫苗、牛瘟山羊化兔化弱毒疫苗、牛瘟绵羊化兔化弱毒疫苗等。有资料报道，使用麻疹疫苗可以预防牛瘟。

七、牛传染性胸膜肺炎

牛传染性胸膜肺炎（Contagious bovine pieuropneumonia，CBP）也称牛肺疫，是由丝状支原体丝状亚种所致牛的一种特殊的传染性肺炎，以纤维素性肺炎和浆液纤维素性胸膜肺炎为主要特征。

【诊断】可依据流行病学资料、临诊症状及病理变化综合判断，确诊依赖于实验室诊断。

病料样品采集：细菌学检查，需无菌采集鼻汁、肺病灶、胸腔渗出液、淋巴结、肺组织；血清学检查，需采集发病动物血清。

【防控措施】我国消灭牛肺疫的经验证明，根除传染源、坚持开展疫苗接种是控制和消灭本病的主要措施，即根据疫区的实际情况，扑杀病牛和与病牛有过接触的牛只，同时在接种区及受威胁区每年定期接种牛肺疫兔化弱毒苗或兔化绵羊化弱毒苗，连续3～5年。我国研制的牛肺疫兔化弱毒疫苗和牛肺疫兔化绵羊化弱毒疫苗免疫效果良好，曾在全国各地广泛使用，对消灭曾在我国存在达 80 年之久的牛肺疫起到了重要作用。

本病预防工作应注意自繁自养，不从疫区引进牛只，必须引进时，对引进牛要进行检疫，做补体结合反应两次，证明为阴性者，接种疫苗，经 4 周后启运，到达后隔离观察 3 个月，确认无病时，方能与原有牛群接触。原牛群也应事先接种疫苗。

因治愈的牛长期带菌，是危险的传染源，病牛必须扑杀并进行无害化处理。

八、牛海绵状脑病

牛海绵状脑病（Bovine spongiform encephalopathy，BSE）俗称"疯牛病"，是由朊病毒引起牛的一种以潜伏期长、病情逐渐加重为特征的传染病，主要表现行为反常、颤抖、感觉过敏、体位异常、运动失调、轻瘫、有攻击行为，甚至狂暴、产奶减少、体重减轻、脑灰质海绵状水肿和神经元空泡形成。病牛终归死亡。

【诊断】目前定性诊断以大脑组织病理学检查为主，但需在牛死后才能确诊，且检查需要较高的专业水平和丰富的神经病理学观察经验。

病料样品采集：组织病理学检查，在病畜死后立即取整个大脑以及脑干或延脑，经

10%福尔马林固定后送检。

【防控措施】本病尚无有效治疗方法。应采取以下措施，减少传染性海绵状脑病病原在动物中的传播。

（1）根据OIE《陆生动物卫生法典》的建议，建立牛海绵状脑病的持续监测和强制报告制度。

（2）禁止用反刍动物源性饲料饲喂反刍动物。

（3）禁止从牛海绵状脑病发病国或高风险国进口活牛、牛胚胎、精液、脂肪、肉骨粉或含肉骨粉的饲料、牛肉、牛内脏及有关制品。

（4）一旦发现可疑病牛，立即隔离并报告当地动物防疫监督机构，力争尽早确诊。确诊后扑杀所有病牛和可疑病牛，甚至整个牛群，对其接触牛群亦应全部处理，尸体焚毁或深埋3m以下。不能焚烧的物品及检验后的病料，应用高压蒸汽136℃处理2h或用2%有效氯的次氯酸钠浸泡。

牛海绵状脑病的预防和控制困难极大。我国尚未发现疯牛病，但仍有从境外传入的可能。为此，提出防范牛海绵状脑病的九字方针"堵漏洞、查内源、强基础"，要加强口岸检疫和邮检工作，严禁携带和邮寄牛肉及其产品入境。

九、痒病

痒病（Scrapie）又称"驴跑病""痒痒病""震颤病"或"摇摆病"，是成年绵羊（偶尔发生于山羊）的一种由痒病朊病毒侵害中枢神经系统引起的慢性、进行性、传染性、致死性疾病。其特征为潜伏期长、中枢神经系统变性、剧痒、肌肉震颤、衰弱、委顿、共济失调和最终死亡。

【诊断】依靠临诊症状观察与病理组织学检查进行确诊。但确诊还必须进行有关的实验室诊断。

【防控措施】由于本病具有潜伏期长、发展缓慢、无免疫应答、不能用血清学检疫检验等特殊性，一般的消毒、隔离等防控措施效果不好。目前尚无有效疫苗控制本病。因此，在没有发生本病的国家，引进种羊时严格检疫，将其在规定的期限内隔离饲养，限制其活动。如发现本病应将患病羊及群羊全部扑杀，进行无害化处理。对疫区内健康羊要隔离观察42个月。对隔离场所要定期消毒，消毒时用5%~10%氢氧化钠溶液作用1h。禁止用可疑动物源性饲料饲喂反刍动物或水貂、猫等。

【公共卫生学】痒病病原可使人致病。据报道1967年国外7名研究绵羊神经系统疾病的人中有4人发生一种称为多发性脑脊髓硬化的疾病。将死于此病的人脑组织接种于冰岛绵羊，发生一种与绵羊痒病无法区别的疾病。另外，人类库鲁病的中枢神经系统病变也与痒病病变非常相似。

实验表明，绵羊痒病病羊骨肉粉饲喂牛和水貂等动物，可使之发生传染性海绵状脑病。

十、蓝舌病

蓝舌病（Blue tongue）是由呼肠孤病毒科（RNA 病毒）、环状病毒属的蓝舌病病毒引起的反刍动物的一种虫媒传染病。主要发生于绵羊，牛、山羊和鹿等也可发病。其临诊特征为发热，白细胞减少，消瘦，口、鼻和胃底黏膜的溃疡性炎症，蹄叶炎和心肌炎等变化。由于舌、齿龈黏膜充血肿胀、瘀血呈青紫色而得名蓝舌病。本病一旦流行，传播迅速，发病率高，死亡率高，且不易消灭，对绵羊的危害很大，可造成重大的经济损失。

【诊断】根据典型症状和病变可以作初步诊断，确诊或对处于恢复阶段和亚临床的病例，必须依赖实验室检验。

病料样品采集：病毒分离、鉴定应采集全血（最好用肝素钠按 10IU/mL 或 EDTA 0.5mg/mL 抗凝），动物病毒血症期的肝、脾、淋巴结、精液（冷藏容器保存 24h 内送到实验室）及捕获的库蠓。

【防控措施】防控措施包括预防措施和扑灭措施。

（1）预防措施。为了防止本病的传入，严禁从有本病的国家和地区引进牛羊。加强检疫和国内疫情监测，切实做好冷冻精液的管理工作，严防用带毒精液进行人工授精。夏季宜选择高地放牧以减少感染的机会，夜间不在野外低湿地过夜。定期进行药浴、驱虫，做好牧场管理工作，控制和消灭本病的媒介昆虫（库蠓）。

在流行地区可在每年发病季节前 1 个月接种疫苗；在新发病地区可用疫苗进行紧急接种。

应当注意的是，本病病原具有多型性，型与型之间无交互免疫力，因此，在免疫接种前要查清当时、当地流行毒株的血清型，选用相应血清型的疫苗；如果在一个地区存在两种以上血清型时，则需选用二价或多价疫苗。但因不同血清型病毒之间可产生相互干扰作用，二价或多价疫苗的免疫效果不理想。目前所用疫苗有弱毒疫苗、灭活疫苗和亚单位疫苗，以弱毒疫苗比较常用。

（2）扑灭措施。当发现蓝舌病病例时，立刻按照《中华人民共和国动物防疫法》采取紧急、强制性的控制和扑灭措施。封锁疫区，扑杀病畜，并作无害化处理，彻底消毒被病畜污染的环境。

十一、小反刍兽疫

小反刍兽疫（Peste des petits ruminants，PPR）又叫小反刍兽瘟或羊瘟，是由副黏病毒科（RNA 病毒）、麻疹病毒属的小反刍兽疫病毒引起的小反刍动物的一种急性接触性疾病。该病的临诊表现与牛瘟相似，故也被称为伪牛瘟，其特征是发病急剧、高热稽留、眼鼻分泌物增加、口腔糜烂（图 8-5）、腹泻和肺炎。主要感染绵羊和山羊，危害相当严重。目前，未见有人感染该病的报道。

【诊断】根据该病的流行病学、临诊表现和病理变化可做出初步诊断，确诊需要进行实验室检查。

病料样品采集：病毒分离、鉴定应采集抗凝血（最好用肝素钠按10IU/mL或EDTA 0.5mg/mL抗凝），眼、鼻分泌物拭子，鼻腔、颊部和直肠的黏膜、脾和淋巴结（尤其是肠系膜和支气管淋巴结）。血清检查应采集病畜血清。用于组织病理学检验的组织应放入10%的福尔马林中。

【防控措施】防控措施包括预防措施和扑灭措施。

（1）预防措施。该病的危害相当严重，是OIE及我国规定的重大传染病之一，因此应加强边境检疫、加强动物及动物产品检疫监管、强化免疫和疫情监测。1月龄以上的羊注射小反刍兽疫弱病毒疫苗（Nigeria 75/1弱毒疫苗和Sungri/96弱毒疫苗），免疫保护期36个月。牛瘟弱毒疫苗也可用于免疫绵羊和山羊，以预防小反刍兽疫。小反刍兽疫病毒灭活疫苗和嵌合体疫苗均能预防该病。

（2）扑灭措施。一旦发现疑似疫情，要立即报告，并采样送国家诊断中心确诊，严格按照《小反刍兽疫防控技术规范》要求，按照一类动物疫情处置方式扑灭疫情。

十二、绵羊痘和山羊痘

绵羊痘和山羊痘（Sheep pox and goat pox）是由痘病毒科（DNA病毒）、山羊痘病毒属的绵羊痘病毒和山羊痘病毒引起的绵羊和山羊的一种急性、热性传染病。

（一）绵羊痘

绵羊痘又名绵羊"天花"，是各种家畜痘病中危害最为严重的一种热性、接触性传染病。其特征是无毛或少毛部位皮肤和黏膜上发生特异的痘疹，可见到典型的斑疹、丘疹、水疱、脓疱和结痂、脱落等病理过程。

【诊断】典型病例可根据临诊症状、病理变化和流行情况进行诊断。对非典型病例，可结合群体的不同个体发病情况和实验室检验做出诊断。

【防控措施】防控措施包括预防措施和扑灭措施。

（1）预防措施。平时加强饲养管理，抓好秋膘，特别是冬春季适当补饲，注意防寒过冬。

在绵羊痘常发地区的羊群，每年定期预防接种；受威胁的羊群均可用羊痘鸡胚化弱毒疫苗进行紧急接种，注射后4~6d产生可靠的免疫力，免疫期可持续一年。

（2）扑灭措施。当发现病例时，立刻按照《中华人民共和国动物防疫法》的规定采取紧急强制性的控制和扑灭措施。封锁疫区，对病羊隔离、扑杀，并作无害化处理，用碱性溶液或漂白粉彻底消毒被病畜污染的环境。当最后一只病羊恢复健康后21d，对圈舍进行彻底消毒后方能解除封锁。

（二）山羊痘

本病在欧洲地中海地区、非洲和亚洲的一些国家均有发生。我国1949年后在西北、东北和华北地区有流行，少数地区疫情较严重。目前，我国由于广泛应用自己研制的山羊痘细胞弱毒疫苗，结合有力的防控措施，疫情已得到控制。病原为与绵羊痘病毒同属的山羊痘病毒，山羊痘病毒能免疫预防羊传染性脓疱（口疮），但羊传染性脓疱病毒对山羊痘却无免疫性。山羊痘病毒在自然条件下只感染山羊，仅少数毒株可感染绵羊。

山羊痘的临诊症状和剖检病变与绵羊相似。临诊特征是发热，有黏液性、脓性鼻漏及全身性皮肤丘疹。在诊断时注意与羊的传染性脓疱鉴别，后者发生于绵羊和山羊，主要在口唇和鼻周围皮肤上形成水疱、脓疱，后结成厚而硬的痂，一般无全身反应。患过山羊痘的耐过山羊可以获得坚强免疫力。中国兽药监察所研制的山羊痘细胞弱毒疫苗对山羊安全，免疫效果确实，已推广应用。

防控措施参见绵羊痘。

十三、高致病性禽流感

高致病性禽流感（Highly pathogenic avain influenza，HPAI）是由正黏病毒科（RNA病毒）、甲型流感病毒属、禽流感病毒的高致病力毒株引起禽类的一种急性、烈性、高度致死性传染病，近年，人感染该病死亡的病例在越南、泰国、荷兰及我国（包括香港）时有报道。2007 年新版 OIE《陆生动物卫生法典》禽流感的名称，由旧版高致病性禽流感（HPAI）更名为通报性禽流感（NAI），分为通报性高致病性禽流感（HPNAI）和通报性低致病性禽流感（LPNAI）。本病被 OIE 列入国际生物武器公约动物类传染病名单。

【诊断】根据禽流感流行病学、临诊症状和剖检变化（图 8-6）等综合分析可以做出初步诊断。进一步确诊还应做病毒分离鉴定和血清学检查等。

取病料：用于病原鉴定，可采集病死禽的气管、肺、肝、肾、脾、泄殖腔等组织样品。活禽可用棉拭子涂擦活病禽的喉头、气管后，置于每毫升含 1 000IU 青霉素、2mg链霉素、pH 值 7.2~7.6 的肉汤中（无肉汤时可用 Hank's 液或者 25%~50% 的甘油盐水），泄殖腔拭子用双倍量上述抗生素进行处理。样品如在短期内（48h 内）处理可置于 4℃保存，若长时间待检应放于低温下（-70℃贮存最好）保存。

用于血清学检查，应采用急性期、恢复期的血清，若长时间待检应放于 -20℃下冷冻保存。

【防控措施】各个国家和地区都高度重视该病的防控工作，采取了不同的防控措施，大致可分为两大类，一种是采取以扑杀和生物安全方法为主的控制措施，韩国、日本、泰国、越南、中国台湾等即是这种做法；另一种是采取以扑杀、强制性免疫和生物安全相结合为主的扑灭措施，印度尼西亚、老挝、柬埔寨和中国（包括香港）等即是这种做法，这种做法防控效果较好，疫情较稳定。世界卫生组织（WHO）的专家也建议免疫接种可作为扑杀的补充手段。

（1）免疫接种。禽流感免疫接种面临的主要问题是病毒抗原的多样性，不仅有许多亚型，而且各个亚型间有一定的抗原性差异，缺乏明显的交叉保护作用，这就给疫苗应用带来困难。为了提高疫苗免疫效果，要选择免疫效果好的疫苗产品，选择不同疫苗株交替使用或直接用不同株的混合疫苗。控制好其他免疫抑制性病，也是提高免疫效果的重要方面。

根据目前我国 H5N1 亚型禽流感病毒变异毒株的不同，相继有适合鸡用"重组禽流感病毒 H5 亚型二价灭活疫苗（Re-6 株+Re-7 株）"，适合鸭、鹅等水禽用"H5N1（Re-6 株）H9N2（Re-2 株）双价灭活疫苗""禽流感灭活疫苗（H5N2 亚型）D7 株"疫苗等可供相应地区使用。由于 HPAIV 变异株不断出现，需不断研究新毒株疫苗方可给家禽提供良好的保护作用。

（2）控制扑灭措施。严格按照《高致病性禽流感疫情判断及扑灭技术规范》（NY/T）处理。一旦发现可疑病例时，应及时上报疫情。组织专家到现场诊断，对怀疑为高致病性禽流感疫情的，及时采集病料送省级实验室进行血清学检测（水禽不能采用琼脂扩散试验），诊断结果为阳性的，可确定为高致病性禽流感疑似病例；对疑似病例必须派专人将病料送国家禽流感参考实验室（中国农业科学院哈尔滨兽医研究所）进行病原分离和鉴定，并将结论报农业农村部；农业农村部最终确认或排除高致病性禽流感疫情。

确定为高致病性禽流感疑似疫情后，立即按照国家要求和预案规定，落实措施。坚决彻底销毁疫点的禽只及有关物品，执行严格封锁、隔离和无害化处理措施。对疫点反复进行彻底消毒（可用 2%~3%氢氧化钠溶液喷洒），21d 后，如受威胁区内的禽类未发现有新的病例出现，方可解除封锁令。

【公共卫生学】禽流感病毒有感染宿主多样性的特点，不仅感染家禽和野禽，也感染猪、马以及鲸鱼、雪貂等多种动物。尤其是禽流感病毒（如 H5、H7 和 H9 亚型）能直接感染人并造成死亡，我国、越南、印度等均有不等数量的人感染并死亡，使得禽流感病毒作为人畜共患病的公共卫生地位更显突出。

人感染后潜伏期 1~2d。发病突然，表现发热、畏寒、头痛、肌痛，有时衰竭。常见结膜发炎、流泪、干咳、喷嚏、流鼻液。一般 2~7d 可以恢复，但老人康复较慢，病情严重者常因呼吸综合征而死亡。发生细菌感染时，常并发支气管炎或支气管肺炎。

1997 年 8 月，在中国香港发现的 H5N1 不经猪作为中介直接传染人，并致 4 人死亡，对此次流行株进行的基因分析表明，人的毒株保留了禽毒株的全部基因。尽管目前就人的发病情况看，还没有发现人传染人的证据，但是人传人的风险还是很大的。

我国已建立了可以快速监测禽流感的技术手段，今后要加强监测。在高致病性禽流感暴发时，要严格遵守《高致病性禽流感人员防护技术规范》和《高致病性禽流感消毒技术规范》，应特别重视人的安全，在疫区所有参与疫情处理的人员，尤其是接触过病禽的人员都必须做好卫生消毒工作，做好个人防护，确保人的健康，防止疫情扩大。

十四、新城疫

新城疫（Newcastle disease，ND）也称亚洲鸡瘟或伪鸡瘟，是由副黏病毒科（RNA

病毒）腮腺炎病毒属的新城疫病毒引起的鸡和火鸡的急性、高度接触性传染病，常呈败血症经过。主要特征是呼吸困难、下痢、神经紊乱、黏膜和浆膜出血。

【诊断】对于典型新城疫一般根据鸡群的免疫接种情况、流行病学、临诊症状和剖检病变特征可以做出初步诊断。但是非典型新城疫通常在现场难以做出判断，确诊有待于实验室检查。

病料样品采取：用于病原鉴定，可采集病死禽的脑、肺、肝、肾、脾、心、肠、泄殖腔等组织样品。对活禽可用棉拭子涂擦其喉头、气管后，置于每毫升含 1 000IU 青霉素、2mg 链霉素、pH 值 7.2~7.6 的 Hank's 液中（或者 25%~50%的甘油盐水中），泄殖腔拭子用双倍量上述抗生素进行处理。样品如在短期内（48h 内）处理可置于 4℃保存，若长时间待检应放于低温下（-30℃贮存最好）保存。

用于血清学检查，应采用急性期、恢复期的血清，若长时间待检应放于-20℃冷冻保存。

【防控措施】防控措施包括预防措施和扑灭措施。

（1）预防措施。包括两个方面的内容：一是采取严格的生物安全措施，防止新城疫病毒毒侵入鸡群；二是免疫接种，提高鸡群的特异性免疫力。

近年来的研究表明，只要新城疫病毒强毒侵入鸡群，就能在鸡群内长期持续传播，无论何种免疫措施都不能将其根本清除。从这个意义上说，防止新城疫病毒强毒进入鸡群是头等重要的。要防止新城疫病毒强毒侵入鸡群，必须采取严格的生物安全措施：日常坚持隔离、卫生、消毒制度；防止一切带毒动物（特别是鸟类、鼠类和昆虫）和污染物进入鸡群；进出的人员、车辆及用具进行消毒处理；饲料和饮水来源安全；不从疫区引进种蛋和苗鸡；购进的鸡须隔离观察 2 周以上，证明健康者方可合群；科学的管理制度，如全进全出等；合理的鸡场选址；适当的生产规模等。

疫苗免疫接种是防控新城疫的重要措施之一，可以提高禽群的特异免疫力，减少新城疫病毒的传播，降低新城疫造成的损失。所有鸡群都应在出壳后不久，用新城疫弱毒疫苗（如 LaSota 株）点眼或滴鼻。在母源抗体消退后再补一次。同时还要用灭活油乳疫苗强化免疫，视鸡群的类型和免疫水平不同做一次或多次强化免疫。控制好其他免疫抑制性疾病，也是有效预防新城疫的重要方面。

（2）扑灭措施。一旦发生疫情，应对可能被污染的场地、物品、用具采取严格的消毒措施，并将病死禽进行无害化处理，以消灭传染源。参照《新城疫防治技术规范》严格处理。

十五、高致病性猪蓝耳病

高致病性猪蓝耳病（Hihly pathogenic porcine reproucctiveand respiratory syndrome，HPPRRS）是动脉炎病毒科（RNA 病毒）、动脉炎病毒属的美洲型猪繁殖与呼吸综合征（俗称蓝耳病）病毒变异株（以下简称 PRRSV 变异株）引起的一种急性高致死性疫病。不同年龄、品种和性别的猪均能感染，但以妊娠母猪和 1 月龄以内的仔猪最易感；该病以母猪流产、死胎（图 8-7）、弱胎、木乃伊胎以及仔猪呼吸困难、败血症、耳朵发紫（图 8-8）、高死亡率（仔猪发病率可达 100%、死亡率可达 50% 以上，母猪流产率可达 30% 以上，育肥猪也可发病死亡）为特征。

【诊断】根据该病的流行病学和临床症状，可以初步做出诊断。确诊必须经实验室诊断，诊断的方法有病毒分离、分子生物学诊断（RT-PCR）和基于血清学试验的免疫过氧化物酶细胞单层测定法（IPMA）、中和试验（SN）、酶联免疫吸附试验（ELISA）、间接免疫荧光试验（ILFT）等进行 RPRS 诊断。

对于分子生物学诊断，可采用高致病性和经典 PRRSV 二重 RT-PCR 鉴别诊断检测方法，通过一个 PCR 反应，可对样品中的高致病性和经典 PRRSV 进行快速检测。也可扩增 PRRSV 的 *NSP2* 基因，测序后通过软件进行比较，证实本地的流行株是否在 *NSP2* 处发生缺失或缺失的区域是否与报道的缺失区域相同。

病料样品采集：血清、肺脏、淋巴结。

【防控措施】由于该病传染性强、传播快，发病后可在猪群中迅速扩散和蔓延，给养猪业造成的损失较大，因此应严格执行兽医综合性防疫措施加以控制。

（1）通过加强检疫措施，防止国外其他毒株传入国内，或防止养殖场内引入阳性带毒猪只。由于抗体产生后病猪仍然能够较长时间带毒，因此，通过检疫发现的阳性猪只应根据本场的流行情况采取合理的处理措施，防止将该病毒带入阴性猪场。在向阴性猪群中引入更新种猪时，应至少隔离 3 周，并经抗体检测阴性后才能够混群。

（2）加强饲养管理和环境卫生消毒，降低饲养密度，保持猪舍干燥、通风，创造适宜的养殖环境以减少各种应激因素，并坚持全进全出制饲养。

（3）受威胁的猪群及时进行疫苗免疫接种。国内外已研制成功活疫苗和灭活苗，一般认为活疫苗效果较佳。后备母猪在配种前免疫 2 次，经产母猪配种前 1 个月免疫 1 次，仔猪 2~4 周龄免疫，有较好预防效果。

（4）通过平时的猪群检疫，发现阳性猪群应做好隔离和消毒工作，污染群中的猪只不得留作种用，应全部育肥屠宰。有条件的种猪场可通过清群及重新建群净化该病。

（5）发病猪群早期应用猪白细胞干扰素或猪基因工程干扰素肌内注射，可收到较好的效果。适当配合免疫增强剂以提高猪体免疫力和抵抗力，但不可同时联合应用多种免疫增强剂，避免无谓地增加治疗成本。无继发感染时，应用抗生素治疗对本病的康复几乎收不到任何效果，反而会加速病猪的死亡；有继发感染时，可应用适当的抗生素以防止细菌病的混合感染或继发感染。

（6）正确处理疫情，防止疫情传播。发现本病猪后按《高致病性猪蓝耳病防治技术规范》进行处理。

第二节　二类动物疫病防控要点

一、多种动物共患病

（一）伪狂犬病

伪狂犬病（Pseudorabies PR；Aujesky's disease，AD）是由疱疹病毒科（DNA病毒）、水痘病毒属的猪疱疹病毒Ⅰ型引起家畜和多种野生动物的一种急性传染病。除猪以外的其他动物发病后通常具有发热、奇痒及脑脊髓炎等典型症状，均为致死性感染，但呈散发形式。该病对猪的危害最大，可导致怀孕母猪流产、死胎、木乃伊胎；初生仔猪具有明显神经症状的急性致死，见图8-9与图8-10。

【诊断】根据病畜典型的临诊症状和病理变化（图8-11、图8-12）以及流行病学资料，可做出初步诊断。但若只表现呼吸道症状，或者感染只局限于育肥猪和成年猪则较难做出诊断而容易被误诊，所以确诊本病必须进行实验室检查。按照《伪狂犬病诊断技术》进行。

病料样品采集：用于病毒分离和鉴定一般采集脑组织样本；牛可采集瘙痒病畜的脊髓；对于隐性感染猪三叉神经节是病毒最密集的部位。用于血清学检查，采集感染动物的血清。上述样品需冷藏送检。

本病应与李斯特菌病、猪脑脊髓炎、狂犬病、脑膜炎型链球菌病等相区别。

【防控措施】按照《猪伪狂犬病防治技术规范》实施。

（1）加强检疫和管理。本病主要是通过猪和鼠传播，因此，引进种猪或精液时应特别注意防止引入本病，需进行严格的检疫。发病场应注意灭鼠，控制犬、猫、鸟类和其他禽类进入猪场，禁止牛、羊和猪混养，控制人员来往，搞好消毒及血清学监测等，对该病的防控都有积极的作用。

（2）免疫接种。猪伪狂犬病疫苗包括灭活疫苗和弱毒疫苗及基因缺失弱毒疫苗。种母猪每隔3~4个月免疫一次，仔猪免疫常在6~7周龄进行首免（具体可根据仔猪母源抗体消长情况决定首免时间），于4周后加强免疫一次，野毒感染活跃猪场，新生仔猪也可于1日龄进行滴鼻免疫。

由于动物感染伪狂犬病病毒后具有长期带毒和散毒的危险性，而且可以终身潜伏感染，随时都有可能被其他因素激发而引起暴发流行，因此，欧洲一些国家规定只能在其动物群中使用灭活疫苗，禁止使用弱毒疫苗。我国在猪伪狂犬病的控制过程中没有规定使用疫苗的种类，但从长远考虑最好也只使用灭活苗。在已发病猪场或伪狂犬病阳性猪场，建议所有的猪群都进行免疫，其原因是免疫后可减少排毒和散毒的危险，且接种疫苗后可促进育肥猪群的生长和增重。

（3）根除措施。美国与欧洲许多国家自实施伪狂犬病的根除计划以来，已经取得了显著成效。这些根除计划是建立在合适的基因缺失疫苗及相应的鉴别诊断方法基础上的，一定地区对该病的根除计划成功与否取决于从感染群中剔除阳性感染者的力度。根据不同的国情，通常可选择的方法有：① 全群扑杀——重新建群法。即扑杀感染猪群的所有猪只，重新引入无 PRV 感染的猪群。② 检测与剔除法。即通过抗体检测，剔除猪群中所有野毒感染阳性的猪，因为它们是潜伏感染猪并可能向外界散毒，这种措施应经一定的时间间隔重复实施，直到猪群中再无伪狂犬病毒野毒存在为止。

（4）治疗。本病尚无有效药物治疗，紧急情况下用高免血清治疗或接种伪狂犬病毒基因缺失疫苗，可降低病死率，但对已发病到了晚期的仔猪效果较差。发病早期利用猪白细胞干扰素对发病猪群进行治疗，可收到较好的疗效。

（二）狂犬病

狂犬病（Rabies）俗称疯狗病或恐水病，是由弹状病毒科（RNA 病毒）、狂犬病毒属的狂犬病病毒引起的一种人畜共患接触性传染病。临诊特征是患病动物出现极度的神经兴奋、嚎叫、狂暴和意识障碍，最后全身麻痹而死亡。该病潜伏期较长，病死率极高，一旦发病常因严重的脑脊髓炎而以死亡告终。几乎所有的温血动物都能感染发病，是人和动物最可怕的传染病之一。近年世界流行趋势还有所上升，严重地威胁人体健康和生命安全。

【诊断】本病的诊断比较困难，有时因潜伏期特长，查不清咬伤史，症状又易与其他脑炎相混而误诊。如患病动物出现典型的病程，每个病期的临诊表现十分明显，则结合病史可以做出初步诊断。但因狂犬病患者在出现症状前 1~2 周即已从唾液中排出病毒，所以当动物或人被可疑病犬咬伤后，应及早对可疑病犬做出确诊，以便对被咬伤的人畜进行必要的处理。为此，应将可疑病犬拘禁观察或扑杀，进行必要的实验室检验，按照《狂犬病诊断技术》进行诊断。

病料样品采集：取扑杀或死亡的可疑动物脑组织，最好是海马角或延髓组织。各切取 $1cm^2$ 小块，置灭菌容器，在冷藏条件下运送至实验室。

【防控措施】按照《狂犬病防治技术规范》实施。

（1）控制和消灭传染源。犬是人类狂犬病的主要传染源，因此对犬狂犬病的控制，包括对家犬进行大规模免疫接种和消灭野犬是预防人狂犬病最有效的措施，世界上很多控制和消灭了狂犬病的国家的经验已证实这一点。应普及防治狂犬病的知识，提高对狂犬病的识别能力。如果家犬外出数日，归时神态失常或蜷伏暗处，必须引起注意。邻近地区若已发现疯犬或狂犬病人，则本地区的犬、猫必须严加管制或扑杀。对患狂犬病死亡的动物一般不应剖检，更不允许剥皮食用，以免狂犬病病毒经破损的皮肤黏膜而使人感染，而应将病尸无害化处理。如因检验诊断需要剖检尸体时，必须做好个人防护和消毒工作。

（2）咬伤后防止发病的措施。人被可疑动物咬伤后，应立即采取积极措施防止发病，其中包括及时而妥善地处理伤口，个人的免疫接种以及对咬人动物的处理。

伤口的局部处理是极为重要的。根据动物试验报告，用有效的消毒剂局部处理伤口可减少50%病死率，目前认为紧急处理伤口以清除含有狂犬病毒的唾液是关键性步骤。

伤口应用大量肥皂水或 0.1%新洁尔灭和清水冲洗，再局部应用 75%酒精或 2%~3%碘酒消毒。不论使用何种溶液，充分冲洗是重要的，尤其是贯通伤口，应将导管插入伤口内接上注射器灌输液体冲洗，如引起剧痛可予局部麻醉，如有条件还可应用抗狂犬病免疫血清或人源抗狂犬病免疫球蛋白围绕伤口局部作浸润注射。局部处理在咬伤后早期（尽可能在几分钟内）进行的效果最好，但数小时或数天后处理亦不应疏忽。局部伤口不应过早缝合。

在咬人的动物未能排除狂犬病之前，或咬人的动物已无法观察时，被咬伤者应注射狂犬病疫苗。除被咬伤外，凡被可疑狂犬病动物吮舔过皮肤、黏膜，抓伤或擦伤者也均应接种疫苗，凡咬伤严重、多处伤口，或头、面、颈和手指被咬伤者，在接种疫苗的同时应注射免疫血清，因免疫血清能中和游离病毒，也能减低细胞内病毒繁殖扩散的速度，可使潜伏期延长，争取自动抗体产生的时间而提高疗效。

对咬人动物的处理，凡已出现典型症状的动物，应立即捕杀，并将尸体焚化或深埋。不能确诊为狂犬病的可疑动物，在咬人后应捕获隔离观察 10d；捕杀或在观察期间死亡的动物，脑组织应进行实验室检验。牛被狂犬病狗咬伤后，有条件者可在 3d 内注射抗狂犬病血清，每千克体重 0.5mL，然后接种疫苗，效果更好。

（3）免疫接种。在流行区给家犬和家猫进行强制性疫苗预防免疫普种并登记挂牌是控制和消灭狂犬病的最基本措施。国内外的很多资料足以证明，只要持之以恒地使用有效的狂犬病疫苗，使其免疫覆盖率连续数年达到 75%以上时，就可有效地控制狂犬病的发生。欧美很多国家在消灭家犬、猫狂犬病的基础上，目前的防控重点正转移至对野生动物的免疫，将研制成的口服疫苗采用空投疫苗诱饵。

咬伤前的预防性免疫，免疫接种对象仅限于受高度感染威胁的人员，如兽医、实验室检验人员、饲养员和野外工作人员等。目前即使在本病流行地区也不推荐采用大规模集体免疫接种的办法，因为还没有一种疫苗是完全无害的。

该病的控制措施还应包括以下几个方面内容：一是加强动物检疫，防止从国外引进带毒动物和国内转移发病或带毒动物；二是建立并实施有效的疫情监测体系，及时发现并扑杀患病动物；三是认真贯彻执行所有防止和控制狂犬病的规章制度，包括扑杀野犬、野猫以及各种限制养犬等动物的措施。

【公共卫生学】人患狂犬病大都是由于被患狂犬病的动物咬伤所致。其潜伏期较长，多数为 2~6 个月，甚至几年。因此，人类在与动物的接触过程中，若被可疑动物咬伤后应立即用 20%肥皂水冲洗伤口，并用 3%碘酊处理患部，然后迅速接种狂犬病疫苗和免疫血清或免疫球蛋白。

（三）炭疽

炭疽（Anthrax）是由炭疽芽孢杆菌引起的一种人畜共患的急性、热性、败血性传染病。其特点是发病急、高热、可视黏膜发绀和天然孔出血，脾脏显著肿大，皮下及浆膜下结缔组织出血性浸润，血液凝固不良，成煤焦油样，间或以体表出现局灶性炎性肿胀（炭疽痈），病死牛尸体很快臌胀。

【诊断】随动物种类不同，本病的经过和表现多样，最急性病例往往缺乏临诊症状，对疑似病死畜又禁止解剖，因此最后诊断一般要依靠微生物学及血清学方法。

病料样品采集：如疑为炭疽死亡的动物不可进行剖检，可采取病畜的末梢静脉血或切下一块耳朵，必要时切下一小块脾脏，病料须放入密封的容器中。

【防控措施】

1. 预防措施

在疫区或 2~3 年内发生过的地区，每年春季或秋季对易感动物进行一次预防注射，常用的疫苗是无毒炭疽芽孢苗（牛、绵羊皮下，山羊不宜注射）和炭疽Ⅱ号芽孢疫苗（绵羊、山羊注射），接种 14d 后产生免疫力，免疫期为一年。另外，要加强检疫和大力宣传有关本病的危害性及防控办法，特别是告诫广大群众不可食用死于本病动物的肉品。

2. 扑灭措施

发生本病时，应尽快上报疫情，划定疫点、疫区，采取隔离封锁等措施。禁止动物、动物产品和草料出入疫区，禁止食用患病动物乳、肉等产品，并妥善处理患病动物及其尸体，其处理方法如下：

（1）死亡家畜。应在天然孔等处，用浸泡过消毒液的棉花或纱布堵塞，连同粪便、垫草一起焚烧，尸体可就地深埋。病死畜躺过的地面应除去表土 15~20cm 并与 20%漂白粉混合后深埋，畜舍及用具、场地均应彻底消毒；对病畜要在采取严格防护措施的条件下进行扑杀并无害化处理；对受威胁区及假定健康动物作紧急预防接种，逐日观察至2 周。

（2）可疑动物。可用药物防治，选用的药物有青霉素、土霉素、链霉素及磺胺类药等。牛、山羊、绵羊发病后因病程短促往往来不及治疗，常在发病前进行预防性给药，除去病畜后，全群用药 3d 有一定效果。

（3）全场进行彻底消毒，污染的地面连同 15~20cm 厚的表层土一起取下，加入20%漂白粉溶液混合后深埋。污染的饲料、垫草、粪便焚烧处理。动物圈舍的地面和墙壁可用 20%漂白粉溶液或 10%氢氧化钠水喷洒 3 次，每次间隔 1h，然后认真冲洗，干燥后火焰消毒。

（4）在最后 1 头动物死亡或痊愈 14d 后，若无新病例出现时，报请有关部门批准经终末消毒后可解除封锁。

3. 治疗措施

对有价值的病畜要隔离治疗，禁止流动。凡发病畜群要逐一测温，凡体温升高的可疑患畜可用青霉素等抗生素或抗炭疽血清注射，或两者同时注射效果更佳；也可对发病畜群全群预防性给药。

【公共卫生学】人炭疽的预防重点是与家畜及其畜产品频繁接触的人员，凡在近2~3 年内有炭疽发生的疫区人群、畜牧兽医人员，应在每年的 4~5 月间接种"人用皮上划痕炭疽减毒活菌苗"，连续 3 年。发生疫情时，病人应住院隔离治疗，病人的分泌物、排泄物及污染的被子衣服等用具物品均要严格消毒，与病人或病死畜接触者要进行医学观察，皮肤有伤者同时用青霉素预防，局部用 2%碘酊消毒。

人感染后潜伏期 12h 至 12d，一般为 2~3d。临床上可分为 3 种病型：

（1）皮肤炭疽。较多见，约占人炭疽的 90% 以上。主要在面颊、颈、肩、手、足等裸露部位出现小斑丘疹，以后出现有痒性水疱或出血性水疱；渐变为溃疡，中心坏死，形成红色或黑色焦痂（即炭疽痈），周围组织红肿，绕有小水疱群；全身症状明显。严重时可发生败血症。

（2）肺炭疽。患者表现高热、恶寒、咳嗽、咯血、呼吸困难，可视黏膜发绀等急剧症状，常伴有胸膜炎、胸腔积液，约经 2~3d 死亡。

（3）肠炭疽。发病急，高热、持续性呕吐、腹痛、便秘或腹泻，呈血样便，有腹胀、腹膜炎等症状，全身症状明显。

以上三型均可继发败血症及脑膜炎。本病病情严重，尤其是肺型和肠型，一旦发生，应早送医院治疗。

（四）魏氏梭菌病

魏氏梭菌病（Clostridiosis welchii）是由产气荚膜杆菌（旧称魏氏梭菌）引起的多种动物的传染病的总称，包括猪梭菌性肠炎、家畜 A 型魏氏梭菌病、羊肠毒血症（注：三类疫病）、羊猝疽、羔羊痢疾、兔梭菌性腹泻、鹿肠毒血症、鸡坏死性肠炎、犊牛肠毒血症等。

1. 猪梭菌性肠炎

梭菌性肠炎又称仔猪传染性坏死性肠炎，俗称仔猪红痢，是由 C 型产气荚膜梭菌（魏氏梭菌）引起的 1 周龄仔猪高度致死性的肠毒血症，以血性下痢，病程短，病死率高，后段小肠黏膜的弥漫性出血或坏死性变化为特征。近年来，发现 A 型魏氏梭菌也可导致新生仔猪或断奶仔猪的肠道炎症。

【诊断】根据流行病学、临诊症状和病变的特点，如本病发生于 1 周内的仔猪，红色下痢、病程短、病死率高；肠腔充满含血的液体，以坏死性炎症为主等，可作初步诊断。进一步确诊必须进行实验室检查。

【防控措施】

（1）加强管理。搞好猪舍和周围环境的卫生与消毒工作，特别是产房更为重要。接生前对母猪的奶头进行清洗和消毒，可以减少本病的发生和传播。

（2）疫苗预防。目前多采用给怀孕母猪注射 C 型魏氏梭菌氢氧化铝菌苗和仔猪红痢干粉菌苗。给母猪免疫，仔猪出生后吸吮母猪初乳可获得被动免疫，这是预防本病最有效的办法。

（3）药物预防。由于本病发病迅速，病程短，发病后用药物治疗往往疗效不佳，必要时用抗生素对刚出生仔猪立即口服，作为紧急的药物预防。仔猪出生后注射抗猪红痢血清，每千克体重肌内注射 3mL，可获得充分保护，但注射要早，否则效果不佳。

2. 家畜 A 型魏氏梭菌病

以前，国内许多省区的牛、羊、猪、马、鹿等家畜流行一种以急性死亡为特征的病，俗称"猝死症"。1995—1996 年，经全国性的调查研究，已明确此病的主要病原为魏氏梭菌，优势菌为 A 型魏氏梭菌，少数为 C 型、D 型魏氏梭菌。但是，也有人主张可能是与其他细菌混合感染致病的。因为除魏氏梭菌外，还培养出多杀性巴氏杆菌或普通大肠杆菌。

【诊断】一般通过综合判断而确诊，凡是青壮年家畜、发病急、死亡快而又无其他特殊原因引起者，再加上流行病学特征，可以初步认为是该病。确诊要进行实验室检验。

【防控措施】

（1）预防。主要应做好以下几方面的工作：①对圈舍、畜体、饲槽及其内外应保持经常性的环境卫生。②注意定期消毒，实践证明，用3%福尔马林溶液或2%氢氧化钠溶液消毒效果较好。③注意家畜饲草饲料的合理搭配，补充富含营养的草料，并依据不同的自然环境条件，添加适量的铜或硒等微量元素。④加强饲养管理，减少应激性刺激，农区大家畜的休闲与使役要有机结合，休闲时加强运动，使役时逐渐增加劳动强度。⑤使用疫苗有一定效果，例如在流行地区使用魏氏梭菌-巴氏杆菌二联疫苗具有显著的效果，一个月后需再加强免疫注射一次。亦可使用羊三联疫苗（羊快疫、羊猝疽、羊肠毒血症），对牛、羊、猪等进行尾下注射，免疫期6~9个月。

（2）治疗。由于死亡迅速，往往来不及治疗。对病程长的可用青霉素肌内注射和10%~20%石灰乳灌服。

3. 羊猝击

羊猝击又称羊猝疽，是由C型魏氏梭菌引起的一种毒血症，以急性死亡、腹膜炎和溃疡性肠炎为特征。

【诊断】根据成年绵羊突然发病死亡，剖检见糜烂和溃疡性肠炎、腹膜炎，体腔积液可初步作出诊断。确诊需从体腔渗出液、脾脏等取材作细菌的分离和鉴定，以及从小肠内容物里检查有无C型魏氏梭菌所产生的毒素。

【防控措施】由于本病的病程短促，往往来不及治疗，因此，平时必须加强饲养管理和环境卫生以及防疫措施。禁止饲喂冻结饲料或大量饲喂蛋白质、青贮饲料。避免清晨过早放牧。发病后将病羊隔离，对病程较长的病例进行对症治疗，可选用抗生素和磺胺类药物。当本病发生严重时应转移放牧地，可减少发病或停止发病，同时用羊快疫—羊猝疽二联菌苗进行紧急接种。

对常发地区，每年可定期注射1~2次羊快疫—羊猝疽二联苗或羊快疫—羊猝疽—羊肠毒血症三联苗以及羊快疫—羊猝疽—羊肠毒血症—羔羊痢疾—羊黑疫五联疫苗，甚至还有羊快疫—羊猝疽—羔羊痢疾—羊肠毒血症—羊黑疫—肉毒中毒—破伤风七联菌苗。怀孕母羊在产前进行两次免疫，第一次在产前1~1.5个月，第二次在产前15~30d，母羊获得的抗体，可经初乳授给羔羊。但在发病季节，羔羊也应接种菌苗。

4. 羔羊痢疾

羔羊痢疾是由B型魏氏梭菌引起初生羔羊的一种急性毒血症，以剧烈腹泻和小肠溃疡为特征。常引起羔羊大批死亡，该病可给养羊业造成重大的经济损失。

【诊断】根据本病多发于7日龄以内羔羊，剧烈腹泻，很快死亡，并迅速蔓延全群，剖检小肠发生溃疡即可做出初步诊断。确认需进行实验室检查以鉴定病原菌及其毒素。在诊断过程中应注意与沙门氏菌、大肠杆菌和肠球菌所引起的初生羔羊下痢相区别。

【防控措施】加强饲养管理、增强孕羊体质，产羔季节注意保暖，做好消毒隔离工作并及时给羔羊哺以新鲜、清洁的初乳。每年秋季注射羔羊痢疾菌苗或五联苗，母羊产前14~21d再接种1次，可以提高其抗体水平，使新生羔羊获得足够的母源抗体。

羔羊出生后可灌服抗菌药物，有一定预防效果。用土霉素、磺胺类药物治疗，同时根据其他症状进行对症治疗。

5. 兔梭菌性肠炎

兔梭菌性肠炎，又称兔魏氏梭菌病，是由A型魏氏梭菌及其毒素引起的兔的一种急性肠道传染病。临诊上以急剧腹泻、排出多量水样或血样粪便、盲肠浆膜出血斑和胃黏膜出血、溃疡、脱水、死亡为主要特征。

【诊断】根据本病多发于1~3月龄幼兔，急剧腹泻和脱水死亡，胃黏膜出血、溃疡和盲肠浆膜出血等可做出初步诊断。确诊需做进一步的微生物学或血清学检查。

【防控措施】应加强饲养管理，消除诱发因素，饲喂精料不宜过多。严格执行各项兽医卫生防疫措施。

有本病史的兔场可用A型魏氏梭菌苗预防接种。发生疫情时应立即隔离或淘汰病兔，兔舍、兔笼及用具严格消毒，病死兔及分泌物、排泄物一律深埋或烧毁。病兔应及早用抗血清配合抗菌药物（如庆大霉素、卡那霉素、金霉素等）治疗，同时进行对症治疗才能收到良好效果。对症治疗，如腹腔注射5%葡萄糖生理盐水进行补液，内服食母生和胃蛋白酶等。

6. 鹿肠毒血症

鹿肠毒血症是由A型魏氏梭菌引起的鹿的一种急性传染病。以突然发病、病程短促、病死率高为特征。

【防控措施】由于本病病程短促，往往来不及治疗，同时也无特效药物。对病程较长病例，可用抗生素进行对症治疗，并配合支持疗法。对未发病的鹿，立即更换饲料，并在饲料或饮水中添加乳酸诺氟沙星，以预防或控制病情发展。

鹿场要加强卫生消毒工作，鹿群加强饲养管理。发病时实行隔离和彻底消毒。在本病常发地区，每年4月对全群鹿用羊快疫-羊猝疽-羊肠毒血症三联苗定期预防接种。

7. 鸡坏死性肠炎

鸡坏死性肠炎是由A型或C型魏氏梭菌引起的鸡的肠道传染病。

【诊断】参考羊肠毒血症。

【防控措施】用林可霉素、硫酸黏杆菌素饮水，二甲硝咪唑、甲硝哒唑混饲对本病治疗有较好的疗效。饲料中添加杆菌肽、痢服平、乙酰甲喹等抗生素能减少本病的发生。

8. 犊牛肠毒血症

C型魏氏梭菌是本病最常见的病原，但偶尔从犊牛或成年牛中也分离到B型或D型魏氏梭菌。C型魏氏梭菌是人和动物胃肠道的常在菌，只有在易发酵饲料摄取过量或肠道正常菌群因疾病或饲料改变而增殖时才致病。

本病主要发生于幼龄犊牛，但3月龄犊牛也有零星发病。成年牛偶尔也可发生。

【防控措施】本病无特殊疗法，抗毒素在疾病的早期可以使用，其疗效难以确定。采用支持疗法和对症治疗。支持疗法需静脉补液，补充合适的电解质和葡萄糖以缓解犊牛的脱水。

对已发生过肠毒血症的牛群可用魏氏梭菌类毒素进行免疫接种。通常应用含C型和D型的类毒素，所有的干奶期奶牛和小母牛均应免疫2次，间隔2~4周。每年在产犊前一个月再加强免疫1次，犊牛也应在4、8和12周龄时用同种菌苗免疫。

（五）副结核病

副结核（Paratuberculosis）又称扬氏病、副结核性肠炎，是由副结核分枝杆菌引起的反刍动物（主要是牛，羊、鹿也可发生）慢性消化道传染病。其临诊特征是呈周期性或持续性腹泻、进行性消瘦；剖检常见肠黏膜增厚并形成脑回样皱襞。

本病分布于世界各国，在养牛业发达国家广泛流行，其中以肉牛和奶牛业发达的国家和地区受害最重。我国于1953年报道有该病发生，1975年由吉林农业大学韩有库等分离出病原菌。

【诊断】根据该病的流行病学、临诊症状和病理变化，可做出初步诊断。但顽固性腹泻和渐进性消瘦也可见于其他疾病，如冬痢、沙门氏菌病、寄生虫病、肝脓肿、肾盂肾炎、创伤性网胃炎、铅中毒、营养不良等，因此必须进行实验室的鉴别诊断。

【防控措施】

1. 预防措施

本病尚无有效的疫苗预防措施。平时应在加强饲养管理、搞好环境卫生和消毒的基础上，强化引进动物的检疫。不要从疫区引进新牛、羊，如必须引进时，应在严格隔离的条件下用变态反应进行检疫，确认健康时方可混群。

2. 扑灭、控制措施

（1）扑杀开放性病牛（排菌牛）和补反阳性牛，隔离隐性病牛（变态反应阳性牛），积极分化疑似牛。

（2）对假定健康群，应在随时观察和定期临诊检查的基础上，所有牛只每年定期进行4次（间隔3个月）变态反应或酶联免疫吸附试验检疫，连续3次检疫不出现阳性反应牛时，可视为健康牛群。在检疫中发现有明显症状，同时粪便抗酸染色检查阳性的牛，应及时扑杀处理。变态反应阳性牛应集中隔离，分批淘汰。对变态反应阳性母牛、病牛或粪便菌检阳性母牛所生犊牛，应立即与母牛分开，人工哺喂健康母牛初乳3d后，集中隔离饲养，待1、3、6月龄时各做1次变态反应检查，如均为阴性，可按健康牛处理。对变态反应疑似牛每隔15~30d检疫1次，连续3次呈疑似的牛，应酌情处理。每年定期进行检疫，最后可达到净化病牛场的目的。

（3）固定放牧区，严禁病牛与健牛混群或交叉放牧。

（4）对被病畜污染的畜舍、栏圈、饲槽、用具、绳索和运动场等，用生石灰、来苏尔、氢氧化钠、漂白粉、石炭酸等消毒药品进行喷洒、浸泡或冲洗消毒。

（5）病牛粪便及吃剩残料，要发酵处理。

（6）在组群或调整畜舍时，对畜舍要铲掉污土、垫上新土，清扫后用消毒药物消毒。

（7）对于扑杀的病牛，不准食用其消化器官，须深埋或焚烧处理，牛皮用3%氢氧化钠处理。

对于本病尚无特效药物治疗。

（六）布鲁氏菌病

布鲁氏菌病（Brucellosis）是由布鲁氏菌引起的人和动物共患的慢性传染病。本病以引起雌性动物流产、不孕等为特征，故又称为传染性流产病；雄性动物则出现睾丸炎；人也可以感染，表现为长期发热、多汗、关节痛、神经痛及肝、脾肿大等症状。本病严重损害人和动物的健康。

本病流行范围甚广，几乎遍及世界各地，但其分布不均。1981年报告家畜中有本病的国家和地区160个，在这160个国家和地区中，有123个国家和地区的人有本病发生。我国的内蒙古、东北、西北等牧区曾一度有该病的流行，北方农区也有散发。通过多年的检疫淘汰，目前该病基本得到控制；但资料显示近年发病率有上升的趋势，应加强监测、净化，密切注视疫情动态。

本病的危害是双重性的，即人、畜两个方面均受损害。由于病畜常常出现流产、不孕、空怀，繁殖成活率降低，致使生产效益明显减少，还直接影响优良品种的改良和推广。病人常因误诊误治而转成慢性，反复发作长期不愈，影响健康。

【诊断】布鲁氏菌病的诊断主要是依据流行病学、临诊症状和实验室检查。发现可疑患病动物时，应首先观察有无布鲁氏菌病的特征，如流产、胎盘滞留、关节炎或睾丸炎，了解传染源与患病动物接触史，然后通过实验室的细菌学、生物学或血清学检测进行确诊。按照《动物布鲁氏菌病诊断技术》进行。

病料样品采集：流产胎儿、胎盘、阴道分泌物或乳汁。

【防控措施】按照《布鲁氏菌病防治技术规范》实施。采取以净化为主的综合性防范措施。

布鲁氏菌病的传播机会较多，在防控方法上，必须采取综合性防控措施，早期发现病畜，彻底消灭传染源和切断传播途径，防止疫情扩散。布鲁氏菌病的非疫区，应通过严格的动物检疫，阻止带菌动物被引入；加强动物群的保护措施，不从疫区引进可能被病菌污染的饲草、饲料和动物产品；尽量减少动物群的移动，防止误入疫区。

该病疫区应采取有效措施控制其流行。对易感动物群每2～3个月进行一次检疫，检出的阳性动物及时清除淘汰，直至全群获得两次以上阴性结果为止。如果动物群经过多次检疫并将患病动物淘汰后，仍有阳性动物不断出现，则可应用菌苗进行预防注射。

（1）免疫接种。采用菌苗接种，提高畜群免疫力，是综合性防控措施中的重要一环。除不受感染威胁的健康畜群及清净的种畜场外，其他畜群均宜进行预防接种。如畜群中有散在的阳性病畜和有受外围环境侵入的危险时，应及早进行接种。

19号疫苗（有液体疫苗及冻干疫苗）、冻干布鲁氏菌猪2号弱毒疫苗、冻干羊布鲁氏菌羊 5 号弱毒疫苗均可用于预防本病。各种活菌苗，虽属弱毒菌苗，但仍具有一定的剩余毒力，为此防疫中的有关人员应注意自身防护。

（2）建立检疫隔离制度，彻底消灭传染源。根据畜群的清净与否，每年检疫次数应有所区别。健康畜群（牛、羊群），每年至少检疫 1 次。对污染群，每年至少检疫 2~3 次，连年检疫直至无病畜出现时再减少检疫次数。在不同畜群中，对所检出的阳性牲畜以及随时发现的病畜，均需隔离或淘汰。病畜所生的仔畜，应另设群以培育健康幼畜。所检出的阳性病畜，如数量不多，宜采取淘汰办法处理。污染畜群及病畜群所生的仔畜，犊牛生后喂以健康乳或消毒乳，羔羊在离乳后，分别设群培育，每隔 2~3 个月检疫 1 次，连续 1 年呈阴性反应的，即可认为健康幼畜。病猪所生仔猪，在离乳后进行检疫，阴性的隔离饲养，阳性的淘汰。

（3）切断传播途径，防止疫情扩大。杜绝污染群、病畜群与清净地区的畜群接触，人员往来、工具使用、牧区划分和水源管理等必须严加控制。购入新畜时，应选自非疫区，虽呈阴性反应的动物，也应隔离观察 2~3 个月，方可混群。因布鲁氏菌病流产的牲畜，除立即隔离处理外，所有流产物、胎儿等应深埋或烧毁。对所污染的环境、用具均应彻底消毒（屠宰处理病畜所造成的污染同样处理）。消毒通常用 10% 石灰乳、10% 漂白粉，或 3%~5% 来苏尔。病畜的肉、乳采取加热消毒方法处理，皮、毛在自然干燥条件下存放 3~4 个月，使布鲁氏菌自然死亡。病畜的粪便，应堆放在安全地带，用泥土封盖，发酵后利用。

（4）治疗。对一般病畜应淘汰屠宰，不做治疗。对价值昂贵的种畜，可在隔离条件下进行治疗。

布鲁氏菌病人的治疗：急性期病例主要应用抗生素治疗。利福平与强力霉素联合治疗效果很好。慢性病例治疗较难，可应用中草药治疗。另外，还有特异性抗原疗法和激素疗法等。

【公共卫生学】人类可感染布鲁氏菌病，患病牛、羊、猪、犬是主要传染源。传染途径是食入、吸入或皮肤和黏膜的伤口，动物流产和分娩之际是感染机会最多的时期。

人类布鲁氏菌病的流行特点是患病与职业有密切关系，凡与病畜、染菌畜产品接触的如畜牧兽医人员、屠宰工人、皮毛工等，其感染和发病显著高于其他职业。一般来说，牧区感染率高于农区，农村高于城镇，主要原因是与生产、生活特点，家畜（传染源）数量以及人们的活动有关。本病虽然一年四季均有发病，但有明显季节性。夏季由于剪羊毛、挤奶，有吃生奶者，可出现一个小的发病高峰。人对布鲁氏病的易感性，主要取决于接触传染机会的多少，与年龄、性别无关。羊种布鲁氏菌对人有较强的侵袭力和致病性，易引起暴发流行，疫情重，且大多出现典型临床症状；牛种布鲁氏菌疫区，感染率高而发病率低，呈散在发病；猪种布鲁氏菌疫区，人的发病情况介于羊种和牛种布鲁氏菌之间。

人感染布鲁氏菌病潜伏期长短不一。其长短与侵入机体病原菌的菌型、毒力、菌量及机体抵抗力等诸因素有关。一般情况下，潜伏期为 1~3 周，平均为 2 周。多数病例发病缓慢（占 90%）。

发病缓慢者，常出现前驱期症状。其临床表现颇似重感冒，全身不适，乏力倦怠，食欲减退，肌肉或大关节酸痛、头痛、失眠，出汗等。发病急者，一般没有前驱期症状，或易被忽略，一开始就表现为恶寒、发热、多汗等急性期症状。

急性期和亚急性期主要症状是持续性发热。有的患者热型呈波浪状，但多数病例的体温呈间歇热、弛张热型，或是不规则的长期低热。出汗是急性期布鲁氏病的另一主要症状，其特点是量大而黏，体温开始下降时则出汗更显著。骨关节、肌肉和神经痛等，也是重要的症状。其他症状还有乏力衰弱，食欲不振，腹泻或便秘，部分病人有顽固性咳嗽，少数女患者可出现乳房肿痛，极个别情况下可流产。个别病例可侵害到肠系膜淋巴结而出现剧烈腹痛，被误诊为"急腹症"。

慢性期病人主要表现为乏力、倦怠、顽固性的关节和肌肉疼痛。性质多为持续性钝痛或游走痛，肢体活动受障碍。部分病人最后可导致骨质破坏、关节面粗糙或关节强直。有的病人出现关节腔积液、滑液囊炎、腱鞘炎、关节周围小脓肿样的包块。有的病人肢体不能伸直。

人类布鲁氏菌病防疫措施如下。

（1）加强个人防护。主要防护装备有工作服、口罩、帽子、胶鞋、围裙、橡胶或乳胶手套、线手套、套袖、面罩等。工作人员可根据工作性质不同，酌情选用。

各种防护装备的作用在于保护人体，防止布鲁氏菌侵入体内。因此，必须合理使用，妥善保管，认真消毒。

（2）提高人群的免疫力。接种104M菌苗使人群对布鲁氏菌的易感性降低，但由于布鲁氏菌苗重复接种，会产生速发性变态反应，甚至造成病理损害。所以，在接种前要进行皮内变态反应检查，阴性者方可接种，阳性者不应接种。

我国人类应用104M菌苗免疫，接种方法为皮上划痕，剂量为50亿菌体/人。严禁肌内、皮下或皮内注射。

接种对象：密切接触布鲁氏菌病疫区家畜和畜产品的人员，以及其他可能遭受布鲁氏菌病威胁的人员，但需经布氏菌素皮内变态反应检查和血清学检查为阴性者。

接种时间：农牧区人群的接种，应在家畜产仔旺季前2~3个月进行。其他职业人群，宜在生产旺季前2~3个月接种。

（七）弓形虫病

弓形虫病（Toxoplasmosis）又称弓形体病或弓浆虫病，是由肉孢子科弓形虫属的刚第弓形虫引起的一种人畜共患原虫病。该病以患病动物的高热、呼吸困难及出现神经系统症状，动物死亡，妊娠动物的流产、死胎、胎儿畸形为特征。

我国于20世纪50年代从猫、兔体内分离出弓形虫，但直至1977年，在上海、北京等地发现过去所谓的"猪无名高热"是由弓形虫引起，才得到普遍的重视。目前全国各省区均有本病的存在。

【诊断】弓形虫病的临床症状、剖检变化和很多疾病相似，确诊需要结合病原检查和血清学诊断。

（1）病原体检查。去肺、肝、淋巴结等组织涂片，干燥后，甲醇固定，姬氏或瑞氏染色检查。

（2）血清学诊断。目前国内常用的是 IHA 和 ELISA 方法。

【防控措施】

（1）预防。猪场、猪舍应保持清洁，定期消毒；猪场内禁止养猫，防止猫进猪舍和猫粪污染猪舍、饲料和饮水，避免饲养人员与猫接触；尽一切可能灭鼠，不用未煮熟的碎肉或洗肉水喂猪；流产的胎儿排出物以及死于本病的尸体等应按《畜禽病死肉尸及其产品无害化处理规程》进行处理，防止污染环境。

（2）治疗。磺胺类药物和抗菌增效剂联合使用效果最好，单独使用磺胺类药物也有很好效果，但所有药物均不能杀死包囊内的慢殖子。其他磺胺类药，如磺胺-5-甲氧嘧啶、磺胺甲氧嗪、磺胺甲基嘧啶、磺胺二甲基嘧啶等亦有较好疗效。此外，还应注意对症治疗。

【公共卫生学】大多数人为隐性感染，仅少数患者表现严重症状。临床上分为先天性和获得性两类。

先天性弓形虫病发生于感染弓形虫的怀孕妇女，虫体经胎盘感染胎儿。母体很少出现临床症状。妊娠头 3 个月胎儿受感染时，可发生流产、死胎或生出有严重先天性缺陷或畸形的婴儿，而且往往死亡。轻度感染的婴儿主要表现为视力减弱，重症者可呈现四联症的全部症状，包括视网膜炎、脑积水、痉挛和脑钙化灶等变化，其中以脑积水最为常见。能存活的婴儿常因脑部先天性疾患而遗留智力发育不全或癫痫。有些患儿可表现足及下肢浮肿，口唇发绀，呼吸促迫，体温升高到 38.5℃，并出现黄疸、皮疹、淋巴结肿大、肝脾肿大、中性粒细胞增加等变化，甚至引起死亡。

获得性弓形虫病可表现为长时间低热，疲倦，肌肉不适，部分患者有暂时性脾肿大，偶尔可出现咽喉肿痛、头痛、皮肤斑疹或丘疹，很少出现脉络膜视网膜炎。最常见的为淋巴结硬肿，受害最多的为颈深淋巴结，疼痛不明显，于感染后数周或数月内自行恢复。根据临床表现常分为急性淋巴结炎型、急性脑膜炎型和肺炎型。

为了避免人体感染，在接触牲畜、屠肉、病畜尸体后，应注意消毒，肉类或肉制品充分煮熟或冷冻处理（-10℃ 15d，-15℃ 3d）后方可出售。儿童与孕妇不要逗猫玩狗。

（八）棘球蚴病

棘球蚴病（Echinococcosis）也叫包虫病，是棘球绦虫的幼虫寄生于牛、羊、猪等多种哺乳动物和人的内脏器官引起的人畜共患病。棘球绦虫的幼虫主要寄生于肝脏，其次是肺，也可寄生于脾、肾、脑、纵隔、腹盆腔等处，由于幼虫呈囊包状，因而称为棘球蚴或包虫；成虫寄生于犬科动物的小肠中。在我国，包虫病主要流行于西北、华北及东北广大牧区，危害相当严重。

【诊断】动物棘球蚴病的生前诊断比较困难。根据流行病学资料，采用皮内变态反应，IHA 和 ELISA 等方法对动物和人棘球蚴病有较高的检出率。此外，对人和动物亦可用 X 射线和超声波诊断本病。

【防控措施】

（1）预防。其主要措施为：① 对犬类进行定期驱虫，常用的药物有：吡喹酮，剂量为 5mg/kg 体重，口服，疗效可达 100%；氢溴酸槟榔碱，剂量为 2mg/kg 体重，口服。驱虫后的犬粪要进行无害化处理，杀灭其中的虫卵。② 不让犬吃生的家畜内脏，宰杀家畜的内脏和死亡牲畜要无害化处理，防止被犬生吃。③ 人与犬等动物接触或加工狼、狐狸等毛皮时，应注意个人卫生、严防感染。④ 平时应保持饲料、饮水和畜舍的清洁卫生，防止被犬粪污染。与犬等肉食兽有接触的人员，应注意个人防护和生活卫生。

（2）治疗。对绵羊棘球蚴可用丙硫咪唑治疗，剂量为 90mg/kg 体重，口服，1 次/d，连服 2 次，对原头蚴的杀虫率为 82% ~ 100%。吡喹酮的疗效也较好，剂量为 25 ~ 30mg/kg 体重，口服，每天 1 次，连用 5d。其他动物可参考具体药物的说明。

【公共卫生学】人可以感染棘球蚴而患病。人患棘球蚴病后可用外科手术治疗，亦可用丙硫咪唑和吡喹酮治疗。预防措施应在流行区以多种方法进行广泛的卫生宣传教育，使农牧民及广大居民知道棘球绦虫的生活史和传播途径及防控方法，防止感染。

（九）钩端螺旋体病

钩端螺旋体病（简称钩体病）（Leptospirosis）是由钩端螺旋体（简称钩体）引起的一种重要而复杂的人畜共患病和自然疫源性传染病。钩体可以感染近百种动物，其中对猪、牛、犬和人危害最大；在家畜中以猪、牛、犬的带菌率和发病率较高，临诊表现形式多样，主要有发热、黄疸、血红蛋白尿、皮肤黏膜坏死、水肿、妊娠动物流产等。

本病在世界各地流行，热带、亚热带地区多发，是地理分布最广泛的疫病之一。我国 28 个省、市、区发现有人和动物感染，其中以长江流域及其以南各省区发病最多。

【诊断】本病易感家畜种类繁多，钩端螺旋体的血清群和血清型又十分复杂，临诊病理变化也是多种多样，单靠临诊症状和病理剖检难于确诊，只有结合微生物学和免疫学诊断，进行综合性分析才有可能把诊断搞清楚。

病料样品采集：急性发病动物的内脏器官（肝、肺、肾、脑）及体液（血、乳、脑脊髓、胸水、腹水）；慢性感染母畜的流产胎儿；带菌动物的肾、尿道和生殖道。

猪钩端螺旋体病应注意与猪附红细胞体病、新生仔猪溶血性贫血症等相区别。其他的钩端螺旋体病也应注意与其相似疾病的区分，如丝虫病、水貂阿留申病、狐传染性肝炎、兔球虫病等。

【防控措施】防控本病的措施包括 3 个部分，即消除带菌排菌的各种动物（传染源）；消除和清理被污染的水源、污水、淤泥、牧地、饲料、场合、用具等以防止传染和散播；实行药物预防及免疫接种，加强饲养管理，提高家畜的特异性和非特异性抵抗力。药物预防可用土霉素、四环素等拌料，连用 5 ~ 7d。免疫接种可用人钩端螺旋体 5价或 3 价菌苗，疫苗注射后有良好的免疫预防效果。初次免疫 2d 后，应进行再次接种，以后可每年接种 1 次，钩体恢复后，可获得长期的高度免疫性。

发生本病时应及时采取相应措施控制和扑灭疫情，防止疫病蔓延。对受威胁动物可利用钩端螺旋体多价苗进行紧急预防接种。同时搞好消毒、处理病尸等工作。发病动物可采取抗生素治疗，若结合对症治疗如强心、利尿、补充葡萄糖和维生素 C 等则可提高疗效。治疗钩端螺旋体感染有两种情况，一种是无症状带菌者的治疗，另一种是急性亚急性病畜的抢救。

【公共卫生学】人的潜伏期平均 7~13d。人感染本病主要是因在污染的水田或池塘中劳作，病原通过浸泡皮肤、黏膜而侵入机体；也可通过污染的食物经消化道感染。根据病人临床症状可分为 6 型，即黄疸出血型、流感伤寒型、脑膜脑炎型、肺出血型、胃肠炎型和肾型。病人表现发热、头疼、乏力、呕吐、腹泻、皮疹、淋巴结肿大、肌肉疼痛（尤以腓肠肌疼痛并有压痛为特征）、腹股沟淋巴结肿痛、关节炎、鼻衄等，严重时可见咯血、肺出血、蛋白尿、黄疸、皮肤黏膜出血、血尿、肾炎、脑膜炎、败血症甚至休克等。有的病例出现上呼吸道感染类似流行性感冒的症状。也有表现为咯血，或脑膜炎等症状。临床表现轻重不一，大多数经轻或重的临床反应后恢复，多数病例退热后可痊愈；部分人可于急性期过后半年左右再次复发，并损伤组织器官，称为后发症；少数严重者，如治疗不及时则可引起死亡。

人钩端螺旋体病的治疗应按病的表现确定治疗方案。预防本病，人医和兽医必须密切配合，平时应做好灭鼠工作，加强动物管理，保护水源不受污染；注意环境卫生，经常消毒和清理污水、垃圾；发病率较高的地区要用多价疫苗定期进行预防接种。

二、猪病

（一）猪乙型脑炎

猪乙型脑炎（Porcine epidemic encephalitis B）又称日本乙型脑炎，简称乙脑，是由黄病毒科（RNA 病毒）、黄病毒属的日本脑炎病毒引起的一种人畜共患、虫媒传播的急性病毒性传染病。该病属自然疫源性疾病，多种动物均可感染，其中人、猴、马和驴感染后出现明显的脑炎症状、病死率较高，猪群感染最为普遍，其他动物呈隐性感染。猪乙型脑炎的特征是：妊娠母猪流产和产死胎，公猪发生睾丸炎，育肥猪持续高热和新生仔猪呈现典型脑炎症状。

本病的地理分布主要限于日本、韩国、印度、越南、菲律宾、泰国、缅甸和印度尼西亚地区。我国大部分地区也经常发现该病。

【诊断】根据流行特点、临床症状可做出初步诊断，但确诊需要按照《流行性乙型脑炎诊断技术》进行实验室诊断。

病料样品采集：采集流行初期濒死或死亡猪的脑组织材料或脑脊髓液。若不能立即检验，应置于-80℃保存。

【防控措施】根据本病发生和流行的特点，消灭蚊子和免疫接种是预防本病的重要措施。

（1）免疫接种。在该病流行地区，每年于蚊虫活跃季节的前 1~2 个月，对后备和生产种猪进行乙型脑炎弱毒疫苗或灭活疫苗的免疫接种。一般免疫接种一次即可，两次免疫效果更佳，以两周为间隔。

（2）消灭蚊虫。在蚊虫活动季节，注意饲养场的环境卫生，经常进行沟渠疏通以排出积水、铲除蚊虫滋生地，同时进行药物灭蚊，冬季还应设法消灭越冬蚊。

（3）扑灭措施。发生乙脑疫病时，按《中华人民共和国动物防疫法》及有关规定，采取严格控制、扑灭措施，防止疫病扩散。患病动物予以扑杀并进行无害化处理；死猪、流产胎儿、胎衣、羊水等均须无害化处理；污染场所及用具应彻底消毒。

（4）治疗。无特效疗法。

【公共卫生学】带毒猪是人乙型脑炎的主要传染源，往往在猪乙型脑炎流行高峰过后一个月便出现人乙型脑炎的发病高峰。病人表现高热、头痛、昏迷、呕吐、抽搐、口吐白沫、共济失调、颈部强直，儿童发病率、病死率均高，幸存者常留有神经系统后遗症。在流行季节到来之前，加强人体防护、做好卫生防疫工作对防控人感染乙型脑炎特别重要。

（二）猪细小病毒病

猪细小病毒病（Porcine parvovirus infection）是由猪细小病毒引起猪的一种繁殖障碍性传染病。其特征是受感染母猪，特别是初产母猪死胎、畸形胎、木乃伊胎（图8-13），偶有流产。目前没有发现非怀孕母猪感染后出现临诊症状或造成经济损失的报道。

【诊断】根据流行病学、临诊症状和病理变化可作初步诊断。当猪场中出现以胎儿死亡、胎儿木乃伊化等为主的母猪繁殖障碍，而母猪本身及同一猪场内公猪无变化时，可怀疑为该病。此外，还应根据本场的流行特点、猪群的免疫接种以及主要发生于初产母猪等现象进行初步诊断。但应注意与伪狂犬病、猪乙型脑炎、衣原体感染、猪繁殖呼吸综合征、温和型猪瘟和布鲁氏菌病区别，最后确诊必须依靠实验室检验。

病料样品采集：首选小木乃伊死胎脏器，其次为流产胎儿、死胎的肾、脑、肺、肝、睾丸、胎盘、肠系膜淋巴结或母猪胎盘、阴道分泌物。

【防控措施】本病目前尚无有效治疗方法，应在免疫预防的基础上，采取综合性防控措施。

（1）免疫预防。由于细小病毒血清型单一及其高免疫原性，因此，疫苗接种已成为控制细小病毒感染的一种行之有效的方法，目前常用的疫苗主要有灭活疫苗和弱毒疫苗。一般对第1~2胎母猪配种前1~2个月进行免疫接种，能有效预防本病。

（2）综合防控，严防传入。坚持自繁自养的原则，如果必需引进种猪，应从未发生过本病的猪场引进。引进种猪后应隔离饲养半个月，经过两次血清学检查，HI效价在1:256以下或为阴性时，才可合群饲养。加强种公猪检疫；种公猪血清学检查阴性，方可作为种用。在本病流行地区，将母猪配种时间推迟到9月龄后，因为此时大多数母猪已建立起主动免疫，若早于9月龄时配种，需进行HI检查，只有具有高滴度的抗体时才能进行配种。

（3）疫情处理。猪群发病后应首先隔离发病动物，尽快做出确诊，划定疫区，制定扑灭措施。对其排泄物、分泌物和圈舍、环境、用具等进行彻底消毒；扑杀发病母猪、仔猪，尸体无害化处理。发病猪群，其流产胎儿中的幸存者或木乃伊同窝的幸存者不能留作种用。由于猪细小病毒对外界物理和化学因素的抵抗力较强，消毒时可选用福尔马林、氨水和氧化剂类消毒剂等。

（三）猪繁殖与呼吸综合征

猪繁殖与呼吸综合征（Porcinereproductiveand respiratory syndrome，PRRS），是由动脉炎病毒科（RNA病毒）、动脉炎病毒属的美洲型猪繁殖与呼吸综合征病毒经典株或低致病力毒株（PRRSV，现国内学者称为蓝耳经典毒株）所引起猪的一种接触性传染病。临诊上以母猪的繁殖障碍及呼吸道症状和仔猪的死亡率增高为主要特征。母猪的繁殖障碍可表现为怀孕后期流产、死产和弱仔，生后仔猪的死淘率增加，断奶仔猪死亡率高，母猪再次发情时间推迟。哺乳仔猪死亡率超过30%，断奶仔猪的呼吸道症状明显，主要表现为高热、呼吸困难等肺炎的症状。

【诊断】本病主要根据流行病学、临诊症状、病毒分离鉴定及血清抗体检测进行综合诊断。在生产的任何阶段只要出现呼吸道疾病临诊症状，发现有繁殖障碍，并且当猪群的性能表现不理想时，就应当考虑PRRS。常常有轻度或亚临床感染，因此，当缺少临诊症状时，并不表明猪群中无PRRSV。确诊则必须按照《猪繁殖和呼吸综合征诊断方法》进行实验室检测。

病料样品采集：采集流产胎儿、死亡胎儿或新生仔猪的肺、脑、肾、扁桃体、脾、支气管外周淋巴结、胸腺和骨髓制成匀浆，用于病毒分离；也可采集发病母猪的血液、血浆、外周血白细胞用于病毒分离。

【防控措施】由于该病传染性强、传播快，发病后可在猪群中迅速扩散和蔓延，给养猪造成的损失较大，因此应严格执行兽医综合性防疫措施加以控制。

（1）通过加强检疫措施，或防止养殖场内引入阳性带毒猪只。由于抗体产生后病猪仍然能够较长时间带毒，因此通过检疫发现的阳性猪只应根据本场的流行情况采取合理的处理措施，防止将该病毒带入阴性猪场。在向阴性猪群中引人更新种猪时，应至少隔离3周，并经PRRS抗体检测阴性后才能够混群。

（2）加强饲养管理和环境卫生消毒，降低饲养密度，保持猪舍干燥、通风，创造适宜的养殖环境以减少各种应激因素，并坚持全进全出制饲养。

（3）受威胁的猪群及时进行疫苗免疫接种。国内外有弱毒疫苗和灭活疫苗。一般认为弱毒疫苗效果较佳，特别在疫区用弱毒疫苗进行紧急免疫接种，能较快地控制疫情。但只适用于受污染的猪场。公猪和妊娠母猪不能接种弱毒疫苗。

使用弱毒苗时应注意：疫苗毒在猪体内能持续数周至数月；接种疫苗的猪能散毒感染健康猪；疫苗毒能跨越胎盘导致先天感染；有的毒株保护性抗体产生较慢；有的免疫往往不产生抗体；疫苗毒持续在公猪体内可通过精液散毒。因此，没有被污染的PRRSV阴性猪场不能使用弱毒疫苗。

灭活苗很安全，可以单独使用或与弱毒疫苗联合使用。

（4）通过平时的猪群检疫，发现阳性猪群应做好隔离和消毒工作，污染群中的猪只不得留作种用，应全部育肥屠宰。有条件的种猪场可通过清群及重新建群净化该病。

（5）发病猪群早期应用猪白细胞干扰素或猪基因工程干扰素肌内注射，可收到较好的效果。

（四）猪丹毒

猪丹毒（Swine Erysipelas，SE）是由红斑丹毒丝菌（俗称猪丹毒杆菌）引起的一种急性、热性、人畜共患传染病，也是一种自源性传染病。其特征主要表现为急性败血症（图8-14）和亚急性疹块型（图8-15），也有表现慢性非化脓性多发性关节炎或心内膜炎。这种菌还能引起绵羊和羔羊的多发性关节炎，以及使火鸡大批死亡。

【诊断】本病可根据流行病学、临诊症状及病理变化（图8-16）等进行综合诊断，必要时进行病原学检查。

病料样品采集：可采取病猪高温期的耳静脉血或疹块边缘部皮肤血和渗出液，死后取心血、脾、肾、肝、淋巴结、心瓣膜病灶作为病料。

【防控措施】

（1）免疫接种。免疫接种是预防本病最有效的办法，国内外的疫苗对本病的预防效果都很好，只要猪的健康状况良好，免疫方法正确，对本病的免疫预防是可以取得满意效果的。在活疫苗接种前至少3d和接种后至少7d内，不能给猪投服抗生素类药物以及饲喂含抗生素的饲料，否则会造成免疫失败。

（2）治疗。以抗生素疗法为主。根据试管和活体试验结果，青霉素对本菌高度敏感，故治疗本病以青霉素疗效为最好。若发现青霉素疗效不佳时，可改用恩诺沙星或土霉素。用牛或马制备的抗猪丹毒血清可用于紧急预防和治疗。

（3）控制措施。加强饲养管理，经常保持猪舍卫生，定期严密消毒，禁止用泔水喂猪，消灭蚊、蝇和鼠类，做好粪、尿、垫草等无害化处理。加强农贸市场、交通运输的检疫和屠宰检验。坚持自繁自养方针，新购入猪应隔离观察21d。

一旦发病，应及时隔离病猪，并对猪群、饲槽、用具等彻底消毒（10%~20%生石灰乳喷洒），粪便和垫草进行烧毁或堆积发酵；对病死猪、急宰猪的尸体及内脏器官进行无害化处理或化制，同时严格消毒病猪及其尸体污染的场地和物品；与病猪同群的未发病猪用青霉素注射，连续3~4d，并注意消毒工作，必要时考虑紧急接种预防；慢性病猪应及早淘汰。

【公共卫生学】人也可以感染猪丹毒，称为类丹毒。人的病例多经皮肤损伤感染引起，感染3~4d后，感染部位发红肿胀，肿胀可向周围扩大，但不化脓。感染部位邻近的淋巴结肿大，也有发生败血症、关节炎、心内膜炎和手部感染肢端坏死的病例。若用青霉素及早治疗，可取得良好的治疗效果。类丹毒是一种职业病，许多兽医、屠宰场工人和肉食品加工人员等都曾经感染过本病。从事这类职业的人员，工作过程中应注意自我防护。发现感染后应及早用抗生素治疗。

（五）猪肺疫

猪肺疫（Swine plague）又称猪巴氏杆菌病或猪出血性败血症，是由多杀性巴氏杆菌引起的猪的一种急性、热性传染病。其特征是最急性型呈败血症和咽喉炎；急性型呈纤维素性胸膜肺炎；而慢性型较少见，主要表现慢性肺炎。本病分布广泛，遍布全球。

在我国为猪常见传染病之一。

【诊断】本病发病急，高热，呼吸高度困难，口鼻流出泡沫（图8-17），咽喉部炎性水肿，或呈现纤维素性胸膜肺炎。剖检咽喉部、颈部有炎性水肿和出血变化，气管有多量泡沫（图8-18），肺和胸膜有炎症变化，淋巴结肿大，切面红色，脾无明显病变，再结合流行病学，可初步诊断为本病。必要时，尚需进行病原学诊断。

病料样品采集：败血症病例可无菌采取取心、肺、脾或体腔渗出液；其他病例可无菌采取病变部位渗出液、脓液。

【防控措施】

（1）加强管理。应坚持自繁自养，加强检疫，合理地饲养管理（分离与早期断奶，全进全出式生产，尽量减少猪群的混群及分群，减小猪群的密度等），改善环境卫生，定期接种菌苗等。

（2）免疫接种。每年春、秋两季用猪肺疫氢氧化铝苗、口服弱毒菌苗、猪丹毒-猪肺疫氢氧化铝二联苗、猪瘟-猪丹毒-猪肺疫弱毒三联苗两次免疫，可起到良好免疫效果。

（3）治疗。本菌对青霉素、恩诺沙星、氟苯尼考、头孢类抗生素都敏感，均可用于治疗，病初应用均有一定疗效。本菌极易产生抗药性，因此，治疗时应做药敏试验选择敏感药物。抗猪肺疫血清也可用于本病的防治。

（4）发病处置。一旦猪群发病，应立即采取隔离、消毒、紧急接种、药物防治等措施。病尸应进行深埋或高温等无害化处理。

（六）猪链球菌病

猪链球菌病（Swine streptococcosis）是由多种不同群的链球菌引起的猪的一种多型性传染病。该病的临诊特征是急性者表现为出血性败血症和脑炎（图8-19），慢性者则表现为关节炎（图8-20）、心内膜炎和淋巴结脓肿。以C群、R群、D群、S群引起的败血型链球菌病危害最大，发病率及病死率均很高；以E群引起淋巴结脓肿最为常见，流行最广。

国外1945年首次报道本病，世界许多国家均有本病发生，目前很多猪场受本病的严重困扰。国内最早是于1949年由吴硕显报道，在上海郊区首次发现，1963年在广西部分地区开始流行，20世纪70年代末已遍及全国大部分省（区、市），已成为当前养猪业最常见的重要细菌病之一。

【诊断】由于临诊症状、病变较复杂，临床诊断有一定困难，确诊需依靠实验室诊断。

病料样品采集：无菌采取病猪肺、脾、淋巴结、血液、关节液、脓汁、脑组织等装入灭菌容器，冷藏保存待检。

【防控措施】按照《猪链球菌病应急防治技术规范》实施。

（1）加强饲养管理。搞好环境卫生，猪只出现外伤时及时进行外科处理，坚持自繁自养和全进全出制度。

（2）免疫接种。该病流行的猪场可用菌苗进行预防，目前，国内有猪链球菌弱毒活苗和灭活苗，也可应用当地菌株制备多价菌苗进行预防。

（3）治疗。发病猪应严格隔离和消毒，根据药物敏感性试验结果选择敏感药物大剂量及时治疗有一定效果。

（4）疫情处理。一旦发生疫情，应按《猪链球菌病应急防治技术规范》进行诊断、报告、处置。对病猪进行隔离或视情况扑杀处理，对病死猪及排泄物、可能被污染饲料、污水等按要求进行无害化处理；对可能被污染的物品、交通工具、用具、畜舍进行严格彻底消毒。

【公共卫生学】本病可感染人并致死亡。1968 年丹麦首次报道了人感染猪链球菌导致脑膜炎的病例，目前全球已有几百例人感染猪链球菌病例报告，地理分布主要在北欧和南亚一些养殖和食用猪肉的国家和地区。2005 年 6—8 月，我国四川省资阳、内江等9 个市相继发生猪链球菌病疫情，并造成多人感染猪链球菌病，给当地畜牧业发展和群众生产生活带来很大影响，造成了巨大的经济损失。

病人的主要临床表现为潜伏期短，平均常见潜伏期 2~3d，最短可数小时，最长7d。感染后起病急，畏寒、发热、头痛、头昏、全身不适、乏力、腹痛、腹泻。外周血白细胞计数升高，中性粒细胞比例升高，严重患者发病初期白细胞可以降低或正常；重症病例迅速发展为中毒性休克综合征，出现皮肤出血点、瘀点、瘀斑，血压下降，脉压差缩小。可表现出凝血功能障碍、肾功能不全、肝功能不全、急性呼吸窘迫综合征、软组织坏死、筋膜炎等；部分病例表现为脑膜炎，恶心、呕吐（可能为喷射性呕吐），重者可出现昏迷。有些脑膜刺激征阳性，脑脊液呈化脓性改变，皮肤没有出血点、瘀点、瘀斑，无休克表现；还有少数病例在中毒性休克综合征基础上，出现化脓性脑膜炎症状。

对于人感染猪链球菌病，主要采取以控制传染源（病、死猪等家畜）、切断人与病（死）猪等家畜接触为主的综合性防控措施。在有猪链球菌疫情的地区强化疫情监测，各级各类医疗机构的医务人员发现符合疑似病例、临床病例诊断的立即向当地疾病预防控制机构报告。疾控机构接到报告后立即开展流行病学调查，同时按照突发公共卫生事件报告程序进行报告。病（死）家畜应在当地有关部门的指导下，立即进行消毒、焚烧、深埋等无害化处理。对病例家庭及其畜圈、禽舍等区域和病例发病前接触的病、死猪所在家庭及其畜圈、禽舍等疫点区域进行消毒处理。同时要采取多种形式开展健康宣传教育。

（七）猪传染性萎缩性鼻炎

猪传染性萎缩性鼻炎（Swine infectious atrophic rhiniris，SAR）是由支气管败血波氏杆菌单独或与产毒性多杀性巴氏杆菌联合感染引起猪的一种慢性传染病。临诊上以鼻炎、鼻梁变形（图 8-21）、鼻甲骨萎缩（以鼻甲骨下卷曲最常见）和生产性能下降为特征。现在已把这种疾病归类于两种：一种是非进行性萎缩性鼻炎（NPAR），这种病主要由支气管败血波氏杆菌所致；另一种是进行性萎缩性鼻炎（PAR），主要由产毒性多杀性巴氏杆菌引起或与其他因子共同感染引起。该病的危害主要是造成病猪的生长受阻，饲料报酬降低，给不少国家和地区养猪业造成严重的经济损失。

【诊断】对于典型的病例，可根据临诊症状、病理变化（鼻甲骨变形、图8-22）做出诊断，但在该病的早期，典型症状尚未出现之前需要依靠实验室方法确诊。

病料样品采集：细菌分离与鉴定可采取鼻拭子或锯开鼻骨采取鼻甲骨卷曲的黏液，进行细菌分离培养、生化鉴定和药敏试验。采集时，首先用70%乙醇溶液清洁消毒鼻盘和鼻孔周围，将灭菌拭子插入鼻腔到鼻孔与内眼角交界处，在鼻腔周壁轻轻转动几周后取出，立即将拭子头部剪下并置于含有5%胎牛血清、pH值7.3的PBS液中送检。血清学检查采集病畜血清。

【防控措施】根据本病的病原学和流行病学特点，要有效地控制该病的流行及其给生产带来的损失，必须有一套综合性的兽医卫生措施，并在生产中严格执行。

（1）规模化猪场在引进种猪时，应进行严格的检疫，防止携带产毒多杀性巴氏杆菌的种猪引入猪场，引进后至少观察3周，并放入易感仔猪，经一段时间病原学检测阴性者方可混群。

（2）根据经济评价的结果，在有本病严重流行的猪场，建议采用淘汰病猪、更新猪群的控制措施，并经严格消毒后，重新引进健康种猪群。而在流行范围较小、发病率不高的猪场应及时将感染、发病仔猪及其母猪淘汰出来，防止该病在猪群中扩散和蔓延。

（3）严格执行全进全出和隔离饲养的生产制度，加强4周龄内仔猪的饲养管理，创造良好的生产环境、适当通风，并采取隔离饲养，以防止不同年龄猪只的接触。

（4）适时进行疫苗免疫接种，降低猪群的发病率。母猪产前2个月及1个月各接种一次支气管败血波氏杆菌-多杀性巴氏杆菌灭活二联苗，保护新生仔猪不感染，也可给1~3周龄仔猪接种。

（5）抗生素治疗可明显降低感染猪发病的严重性和副作用。通过抗生素群体治疗能够减少繁殖猪群、断奶前后猪群的发病或病原携带状态。预防性投药一般于产前2周开始，并在整个哺乳期定期进行，结合哺乳仔猪的鼻腔内用药，可以在一定程度上达到预防或治疗的目的。常用的药物包括土霉素、恩诺沙星和各种磺胺类药物，但在应用前最好先通过药敏试验选择敏感药物。

（八）猪支原体肺炎

猪支原体肺炎（Mycoplasmal pneumonia of swine，MPS）又称猪喘气病、猪地方流行性肺炎、猪霉形体肺炎，是由猪肺炎支原体引起猪的一种慢性呼吸道传染病。该病的主要临诊症状是咳嗽和气喘，典型的腹式呼吸，见图8-23。病变的特征是融合性支气管肺炎，可见肺尖叶、心叶、中间叶和膈叶前缘呈"肉样"或"虾肉样"实变（图8-24）。急性病例以肺水肿和肺气肿为主，亚急性和慢性病例患猪生长缓慢或停止，饲料转化率低，育肥期延长。单独感染时病死率不高，但与PRRSV和其他病原混合感染时常引起病死率升高。

本病在世界各地广泛分布，发病率高，一般情况下病死率不高，但继发其他病原感染可造成严重死亡，所致的经济损失很大，给养猪业发展带来严重危害。

【诊断】对于急性型和慢性型病例，可根据流行病学、临诊症状和病理变化进行诊断；对于症状不典型或隐性感染的猪则需要依靠实验室方法或结合使用 X 线透视胸部进行诊断。

病料样品采集：病原 PCR 检测采集流行初期濒死或死亡猪的肺。血清学检测可采集发病及同群动物血清。

【防控措施】预防或消灭猪气喘病主要在于坚持采取综合性的防控措施，疾病的有效控制取决于猪舍的环境包括空气质量、通风、温度及合适的饲养密度。根据该病的特点应采取的措施主要有以下几点。

（1）目前尚未发病地区和猪场的主要措施。应坚持"自繁、自养、自育"原则，尽量不从外地引进猪只，如必需引进时，应严格隔离和检疫，将引进的猪只至少隔离观察 2 个月才能混群。在一定地区内，加强种猪繁育体系建设，控制传染源，切断传播途径，搞好疫苗接种是规模化猪场疫病控制的重要措施。

（2）发病地区的养猪场采取的措施。如果该病新传入本地区或养殖场，发病猪只的数量不多，涉及的动物群较为局限，为了防止其蔓延和扩散，应通过严格检疫淘汰所有的感染和患病猪只，同时做好环境的严格消毒。

（3）生产措施。在感染猪群中控制这种疾病的最有效的办法是尽可能使用严格的全进全出的生产程序。如果该病在一个地区或猪场流行范围广、发病率高，严重影响猪群的生长和出栏，并且由于长期投药控制，产品质量和经济效益出现大幅度下降，此时应根据经济核算的结果考虑该病综合性控制规划的具体措施，如一次性更新猪群、逐渐更新猪群、免疫预防和/或药物防治等。

以康复母猪培育无病后代，建立健康猪群的主要措施是：① 自然分娩或剖腹取胎，以人工哺乳或健康母猪带乳培育健康仔猪，配合消毒切断传播途径。② 仔猪按窝隔离，防止串栏；留作种用的架子猪和断奶小猪分舍单独饲养。③ 利用各种检疫方法清除病猪和可疑病猪，逐步扩大健康猪群。

符合以下健康猪场鉴定标准之一者，可判为无气喘病猪场：① 观察 3 个月以上未发现有该病猪群，放入易感小猪 2 头同群饲养也不被感染者。② 一年内整个猪群未发现气喘病症状，所有宰杀或死亡猪的肺部无该病病变者。③ 母猪连续生产两窝仔猪，在哺乳期、断奶后到架子猪，经观察无气喘病症状，一年内经 X 线检查全部哺乳仔猪和架子猪，间隔 1 个月再行复查，均未发现气喘病病变者。

（4）免疫预防。根据猪群具体情况对母猪实行药物防控。有条件的可进行疫苗免疫预防。母猪每年接种两次疫苗，仔猪一出生就尽早进行预防接种。进口和国产的都有弱毒活疫苗和灭活疫苗，灭活疫苗主要以进口为主，采取肌内注射方式进行免疫，国内自主研制的弱毒疫苗采用肺内注射方式进行免疫。

（5）药物治疗。目前可用于猪气喘病治疗的药物很多，如泰妙菌素、泰乐菌素、林可霉素/壮观霉素、替米考星、恩诺沙星和多西环素等抗生素，在治疗猪气喘病时，这些药物的使用疗程一般都是 5~7d，必要时需要进行 2~3 个疗程的投药。在治疗过程中应及时进行药物治疗效果的评价，选择最佳的药物和治疗方案。

（九）旋毛虫病

旋毛虫病（Trichinellosis）是由旋毛形线虫寄生所引起的人畜共患寄生虫病。旋毛虫的成虫寄生于人和多种动物的肠内，又称肠旋毛虫，幼虫寄生于横纹肌中，又称肌旋毛虫。

旋毛虫病为世界性分布，欧洲、美洲、亚洲、非洲许多国家均有流行。我国动物感染旋毛虫极为普遍，福建、贵州、云南、西藏、湖北、河南、甘肃、辽宁、吉林、黑龙江等均有报道。家畜中则多见于猪、犬。

【诊断】生前诊断很困难，猪旋毛虫病常在宰后检出。方法：取膈肌剪成麦粒大的小块 24 块，放在两载玻片间压薄，低倍镜下观察有无包囊，发现包囊或尚未形成包囊的幼虫，即可确诊。

【防控措施】本病无特异性防控技术，但应在猪场灭鼠，预防猪吞食死亡老鼠。

预防本病，关键在于加强卫生宣传教育，普及有关旋毛虫病方面的科学知识；加强肉品卫生检验工作，不仅要检验猪肉，还要检验狗肉及其他兽肉，发现含旋毛虫的肉应按肉品检验规程处理；提倡圈养猪、不放牧，更不宜到荒山野地去放牧；大力扑灭饲养场及屠宰场内的鼠类；改变饮食习惯，提倡熟食，不食各种生肉或半生不熟的肉类。

旋毛虫病的治疗，用于猪旋毛虫病治疗，按 100kg 体重 200mg 计算总剂量，以橄榄油或液体石蜡按 6：1 配制，分两次深部肌内注射，间隔 2d，效果良好。

【公共卫生学】人感染旋毛虫主要是由于吃生的或半生的猪肉、野猪肉、狗肉等发病。调查证明，90% 以上的病人，大多是吃生肉或半生肉所致。此外，通过肉屑污染餐具、手指和食品等也可感染。

人感染旋毛虫后的症状表现与感染强度和身体强弱有关。人的旋毛虫病可分为由成虫引起的肠型和由幼虫引起的肌型两种，成虫侵入肠黏膜时，引起肠炎，有半数病人出现呕吐、恶心、腹痛和粪中带血等早期胃肠道症状。感染 15d 左右，幼虫进入肌肉，出现肌型症状，其特征为急性肌炎、发热和肌肉疼痛；发热时，用一般解热剂无效。幼虫移行期（2~3 周），破坏血管内膜，可发生全身性血管炎、水肿，以脸部特别是眼周围更为明显，甚至波及四肢。当肌肉严重感染时，可出现呼吸、咀嚼、吞咽及说话发生困难，肌肉疼痛，尤以四肢和腰部明显，其中以腓肠肌疼痛尤甚。其持续时间，最短 12d，最长 70d，但多数病例在 3 周左右消失。此种疼痛，不能以止痛剂所减轻。患者体温常常升高，嗜酸性粒细胞显著增多。由于心肌炎，脉搏减弱，血压降低，病人可出现虚脱，精神失常，视觉丧失，呈脑炎、脑膜炎症状。后期（成囊期）急性症状与全身症状消失，但肌肉阵痛可持续数月之久。国外报道，病死率可达 6%~30%，国内现有资料的病死率在 3% 左右。病程为 2~3 周至 2 个月以上不等。

对于人旋毛虫病，可根据临床症状，本地区旋毛虫病的流行情况以及最近是否有吃生肉或不熟肉的病史，血中嗜酸性粒细胞增多等做出初步诊断。人旋毛虫病的治疗，目前多采用噻苯哒唑，已在我国的云南、西藏、吉林等省（自治区）应用，效果良好，可驱杀成虫及肌肉内幼虫。用药后，可出现减食、头昏、恶心、呕吐、腹泻、皮疹等暂时性副作用，不久可自行消失。若同时应用激素治疗，可减轻副作用。丙硫苯咪唑也可试用。

(十) 猪囊尾蚴病

猪囊尾蚴病（Porcine Cysticercus）又称猪囊虫病，是猪带绦虫的幼虫——猪囊尾蚴引起的人畜共患寄生虫病。猪和野猪是主要的中间宿主，人是猪带绦虫的中间宿主。本病广泛流行于以猪肉为主要肉食的国家和地区，目前世界上还有 22 个国家发生此病。我国的东北、华北、西北、华东地区和广西、云南等省、自治区发生也较多。

【诊断】按照《猪囊尾蚴病诊断技术》进行。

猪囊尾蚴病的生前诊断比较困难，根据其临诊特点可按以下方法进行。① 听。病猪喘气粗，叫声嘶哑；② 看。病猪肩、颜面部肌肉宽松肥大，眼球突出，整个猪体呈哑铃形；③ 检查。舌部，眼结膜和股内侧肌，可触摸到颗粒样硬结节。死后诊断通常比较容易，切开咬肌、腰肌、股内侧肌、肩胛外侧肌和舌肌等处，常可见到囊尾蚴结节。

免疫学诊断，从猪囊尾蚴取得无菌囊液制成抗原，进行皮内变态反应、沉淀反应、乳胶凝集试验、快速 ELISA 试验、补体结合试验、间接血凝试验等，对于诊断人和猪的猪囊尾蚴病有重要意义。生前免疫学诊断常用的方法是酶联免疫吸附试验（ELISA）和间接血凝试验。

【防控措施】

（1）加强宣传教育，提高人民对猪囊尾蚴危害性和感染途径与方式的认识，自觉防治囊尾蚴。抓好"查、驱、管、检、改"五个环节：① 普查猪带绦虫病患者；② 对患者进行驱虫；③ 加强肉品卫生检验，推广定点屠宰，集中检疫严禁囊虫猪肉进入市场，检出的阳性猪肉，应严格按照国家规定，进行无害化处理；④ 管好厕所管好猪，防止猪吃病人粪便；⑤ 注意个人卫生，不吃生的或半生的猪肉，以防感染猪带绦虫。

（2）治疗。① 人的猪囊尾蚴病。治疗前需经卫生部门详细检查，同时应充分考虑疗程的长期性和药物可能产生的严重反应，做好必要的应急措施。治疗药物主要有吡喹酮（对人体囊尾蚴病的疗效是肯定的，药物总有效率为 100%。）、丙硫咪唑（该药对病程短的患者疗效高，对囊尾蚴结节吸收效果好，并可用于吡喹酮治疗无效的患者）。② 猪的囊尾蚴病。治疗药物主要是吡喹酮和丙硫咪唑。吡喹酮按 30～60mg/kg 体重，每天 1 次，用药 3 次，每次间隔 24～48h。

【公共卫生学】人感染囊尾蚴病主要由体内自身感染、体外自身感染和外来感染 3 种方式引起。体内自身感染是有钩绦虫患者因恶心、呕吐将小肠有钩绦虫节片或虫卵返回胃内而引起；体外自身感染是由于绦虫病人不注意卫生，便后不洗手，用沾染虫卵的手拿食物进食而引起感染，据统计，在绦虫病人中有 14.9%（2.3%～25%）伴发囊尾蚴病；外来感染主要是通过吃了有钩绦虫卵污染的瓜果、蔬菜，饮用了虫卵污染的河水、井水而感染。

人感染囊尾蚴病的主要临床症状：根据囊尾蚴寄生部位和感染程度的不同，出现的症状也不相同。人体寄生的囊尾蚴可由一个至数千个不等。

皮肌型（轻型或无症状型）：囊尾蚴仅寄生在皮下浅层肌肉组织，可见到手指甲大小（平均直径为 1cm）圆形或椭圆形的结节，触摸有弹性，可移动，无压痛。数月内可由 1~2 个增至数千个，以背部及躯干为多，四肢较少，常分批出现。即使在数目较多时，也不出现严重症状，仅有肌肉酸痛感觉。

脑型：由于囊尾蚴在脑内寄生部位、感染程度、存活时间长短以及宿主反应性等的不同，表现的症状复杂多样化。有的可全无症状，有的则极为严重甚至突然死亡。脑型囊尾蚴以癫痫发作最多见。临床可见头痛、神志不清、视力模糊、记忆力减退、颅压增高等症状。脑血流量障碍时，还可引起瘫痪、麻痹、半身不遂、失语和眼底病变等症状。脑脊液白细胞显著增多，尤其是淋巴细胞。如诱发脑炎则可引起死亡。

眼型：囊尾蚴可寄生于眼的任何部位，但绝大多数寄生在眼球深部，即玻璃体（占 40.5%）及视网膜下（占 32.7%）。轻者表现为视力障碍，常有虫体蠕动感；重者可失明。囊尾蚴在眼球内的寿命为 1~2 年。虫体存活时，患者尚可忍受。一旦虫体死亡，释放的毒素强烈刺激，可引起炎性渗出性反应，如视网膜炎，脉络膜炎或脓性全眼球炎，甚至产生视网膜脱落，并发白内障、青光眼，直至眼球萎缩等。

（十一）猪圆环病毒病

猪圆环病毒病（Porcine circovirus infection）是由圆环病毒科（DNA 病毒）、圆环病毒属的猪圆环病毒 2 型（PCV2）引起猪的一种多系统功能障碍性疾病，出现严重的免疫抑制。临诊上以新生仔猪先天震颤（CT）、猪皮炎和肾病综合征（PDNS）（图 8-25，图 8-26）、断奶仔猪多系统衰竭综合征（PMWS）和 PCV2 相关性繁殖障碍为其主要的表现形式。

该病病原是 1982 年由 TisCher 等发现并鉴定的，1999 年我国首次进行的血清学调查结果表明，在许多猪群中也存在着猪圆环病毒感染，此后从国内发病猪中分离并鉴定了 2 株野毒。

【诊断】一般性诊断要了解该病流行病学、临诊症状、病理变化等特点，实验室诊断包括对 PCV2 病毒的 PCR 检测、PCV2 抗体的检测等。该病的确诊需要一般性诊断和实验室诊断相结合。

【防控措施】目前尚无特效的治疗方法，应采取全进全出的饲养管理制度，保持良好的卫生及通风状况，确保饲料品质，使用抗生素控制继发感染，以及淘汰发病猪并进行无害化处理等综合性防控措施。生产实践中，要因地制宜、分阶段采取针对性措施。

（1）分娩期。① 仔猪全进全出，两批猪之间要彻底清扫消毒。②分娩前要清洗母猪和驱除体内外寄生虫。③ 限制交叉哺乳，如果确实需要也应限制在分娩后 24h 之内。

（2）断乳期（保育期）。① 原则上一窝一圈，猪圈分隔坚固（壁式分隔）。② 坚持严格的全进全出制度（进猪时间上要求同一猪舍内的进猪先后严格控制在一周之内，并有与邻舍分割的粪尿排污系统）。③ 降低养猪密度：不少于 0.33m² / 猪。④ 增加喂料器空间：大于 7m² / 仔猪。⑤ 改善空气品质 $NH_3 < 10mg/kg$，$CO_2 < 0.1\%$，相对湿度 < 85%。⑥ 猪舍温度控制和调整：3 周内仔猪控制在 28℃，每隔一周调低 2℃，直至常温。⑦ 批与批之间不混群。

（3）生长/育肥期。① 育肥猪，采用壁式分隔饲养。② 坚持严格的全进全出，坚持空栏、清洗和消毒制度。③ 断奶后从猪圈移出的猪不混群。④ 降低饲养密度：不少于 0.75m²/猪。⑤ 改善空气质量和温度。

（4）免疫接种。目前，商品化的猪圆环病毒 2 型灭活疫苗，能有效地预防 PCV2 感染所引起的相关疫病，但并不能完全控制 PCV2 感染。

（十二）副猪嗜血杆菌病

副猪嗜血杆菌病（Haemophilus parasuis，HPS）又称猪格氏病（Glasser's disease），是由副猪嗜血杆菌（H. parasuis）引起的一种以猪多发性浆膜炎和关节炎为特征的接触性传染病。目前，该病呈世界性分布，其发生呈递增趋势，以高发病率和高死亡率为特征，影响猪生产的各个阶段，给养猪业带来了严重损失。

副猪嗜血杆菌有 15 个以上血清型，其中血清型 4、5、13 最为常见（占 70% 以上）。一般条件下难以分离和培养，尤其是对于应用抗生素治疗过病猪的病料，因而给本病的诊断带来困难。本菌对外界抵抗力不强，常用消毒剂均可将其灭活。

【诊断】本病可根据病史、临诊症状（图 8-27）和特征性病变（图 8-28）作出初步诊断，确诊需进行病料涂片镜检，副猪嗜血杆菌分离培养鉴定。另外，可采用乳胶凝集、ELISA、PCR 等方法进行确诊。

病料样品采集：关节液、心包液、病变的实质脏器。

【防控措施】副猪嗜血杆菌病的有效防控，应加强免疫抑制性病毒病的免疫、选择有效的药物组合对猪群进行常规的预防保健、改善猪群饲养管理条件等综合性措施。

（1）免疫接种。疫苗的免疫接种是预防副猪嗜血杆菌病的可选方法之一，但必须注意本病血清型多，不同血清型菌株之间的交叉保护率很低。建议用从当地分离的菌株制备灭活苗，可有效控制副猪嗜血杆菌病的发生。或者使用副猪嗜血杆菌多价油乳剂灭活苗，给母猪接种，通过初乳可使 4 周龄以内的仔猪获得保护力，仔猪 4 周龄时，再接种同样疫苗，使其产生免疫力。

（2）加强饲养管理。保持清洁卫生，通风良好，防寒防暑，尽量减少其他呼吸道病原的入侵，杜绝大小猪只混养，减少猪的流动，提高猪的抗病力。

提倡自繁自养，因本病血清型具有明显的地方特性，尽量从本地区购进仔猪，以防将新的血清型病原带入本地区。

本菌对青霉素、氨苄西林、氟喹诺酮类、头孢菌素、庆大霉素和增效磺胺类药物敏感，发病猪可用上述一种或联合用药，进行肌内注射或静脉注射。但对红霉素、氨基苷类、壮观霉素和林可霉素有抗药性。口服药物治疗对严重的副猪嗜血杆菌病暴发可能无效。近年来，本菌抗药性日渐增强。

三、禽病

（一）鸡传染性喉气管炎

鸡传染性喉气管炎（Infectious laryngotracheitis，ILT）是由疱疹病毒科（DNA 病

毒）、甲型疱疹病毒亚科、传喉病毒属的禽疱疹病毒Ⅰ型引起鸡的一种急性接触性呼吸道传染病。其特征为呼吸困难，咳嗽，咳出含有血液的渗出物，喉部和气管黏膜肿胀，出血性糜烂。该病传播快，病死率较高，是目前严重威胁养鸡业的重要呼吸道传染病。该病1925年首次报道于美国，现已广泛流行于世界许多养禽的国家和地区；我国于1986年发现了血清学阳性病例，1992年分离到病毒。

【诊断】根据流行病学、特征性症状和典型的病变，即可做出诊断。在症状不典型，与传染性支气管炎、鸡支原体病不易区别时，须进行实验室诊断。

病料样品采集：从活鸡采集病料，最好用气管拭子，将采集好的拭子放入含有抗生素的运输液中保存；从病死鸡采集病料，可取病鸡的整个头颈部或气管、喉头送检；用于病毒分离的，应将病料置于含抗生素的培养液中。

【防控措施】

（1）预防。坚持严格隔离、消毒等措施是防止本病流行的有效方法，封锁疫点，禁止可能污染的人员、饲料、设备和鸡只的流动是成功控制的关键。野毒感染和疫苗接种都可造成传染性喉气管炎病毒带毒鸡的潜伏感染，因此避免将康复鸡或接种疫苗的鸡与易感鸡混群饲养尤其重要。

目前有两种疫苗可用于免疫接种。一种是弱毒疫苗，经点眼、滴鼻免疫。但ILT弱毒疫苗一般毒力较强，免疫鸡可出现轻重不同的反应（精神萎靡，采食下降或不食，闭眼流泪，呼吸啰音，有的出现和自然发病相同的症状），甚至引起成批死亡，接种途径和接种量应严格按说明书进行。另一种是强毒疫苗，可涂擦于泄殖腔黏膜，4~5d后，黏膜出现水肿和出血性炎症，表示接种有效，但排毒的危险性很大，一般只用于发病鸡场。首次免疫时间一般在35~40日龄，二次免疫时间在90~95日龄。接种后四五天即可产生免疫力，并可维持大约一年。鸡群存在有支原体感染时，禁止使用以上疫苗，否则会引起较严重的反应，非用不可时，在接种前后3d内应使用有效抗生素治疗支原体。

目前，我国哈尔滨兽医研究所研制的基因工程疫苗——鸡传染性喉气管炎和鸡痘基因工程活载体疫苗具有安全、无副反应、高效等优点。本疫苗系用表达鸡传染性喉气病毒gB重组鸡痘病毒的鸡胚成纤维细胞培养物，经反复冻融后，加冻干保护剂冷冻干燥而成。

对暴发ILT的鸡场，所有未曾接种过疫苗的鸡只，均应进行疫苗的紧急接种。紧急接种应从离发病鸡群最远的健康鸡只开始，直至发病群。

（2）控制。发现病鸡，应按《中华人民共和国动物防疫法》的规定，采取严格控制、扑灭措施，防止疫情扩散。

（3）治疗。使用药物对症疗法，仅可使呼吸困难的症状缓解。发生本病后，可用消毒剂每日进行消毒1~2次，以杀死环境中的病毒。中药制剂在生产上应用有较好效果，可根据鸡群状况选用。

（二）鸡传染性支气管炎

鸡传染性支气管炎（Infectious bronchitis of chicken，IB）又称禽传染性支气管炎，

是由冠状病毒科（RNA 病毒）、冠状病毒亚科、丙型冠状病毒属、禽冠状病毒的传染性支气管炎病毒引起的鸡的一种急性、高度接触性传染的呼吸道和泌尿生殖道疾病。其特征是病幼鸡以咳嗽、打喷嚏、流涕、呼吸困难和气管发生啰音等呼吸道症状为主；产蛋鸡则表现产蛋减少、品质下降，输卵管受到永久性损伤而丧失产蛋能力。肾病变型传染性支气管炎的病鸡还表现拉淀粉糊样粪便，肾脏苍白、肿大，呈"花斑肾"。肾小管和输尿管内有尿酸盐沉积。

该病具有高度传染性，因病原系多血清型，而使免疫接种复杂化。感染鸡生长受阻、耗料增加、产蛋和蛋品质下降、死淘率增加，给养鸡业造成巨大经济损失。

1930 年美国首先发现了该病，目前在世界各养鸡国均有发现。我国于 1972 年由邝荣禄在广东首先发现 IB 的存在，现已在我国大部分地区蔓延。

【诊断】根据临诊病史、病理变化、血清转阳或抗体滴度升高等可做出初步诊断。确诊需进行实验室检验，包括病毒分离鉴定、病毒干扰试验、气管环培养、对鸡胚致畸性检验，病毒中和试验、琼脂扩散试验、ELISA、血凝及血凝抑制试验和 IBV RNA 检测技术。

病料样品采集：最好采集气管拭子或采集刚扑杀的病鸡支气管和肺组织，放入含有抗生素（青霉素 10 000IU/mL、链霉素 100mg/mL）的运输液中，置冰盒内保存送至实验室；对于肾型和产蛋下降型的病鸡，可取病鸡的肾和输卵管送检；从大肠尤其是盲肠扁桃体和粪便分离病毒成功率最高。

【防控措施】严格执行隔离、检疫等卫生防疫措施。鸡舍要注意通风换气，防止过挤，注意保温，加强饲养管理，补充维生素和矿物质饲料，增强鸡体抗病力。

（1）免疫接种。应在 1~14 日内给雏鸡采用 IBV 的弱毒活疫苗点眼滴鼻或喷雾免疫。现在国内市场上正式批准的有 M_{41}、H_{52}、H_{120} 等不同株的弱毒疫苗，它们的抗原性比较接近。此外，国外还有其他血清亚型疫苗株如 4/91 等，其中有的已出现在我国市场上。由于鸡群母源抗体水平不同、各地 IBV 流行毒株不同及不同品种鸡群对喷雾的易感性不同，应在有经验的兽医指导下选择合适的疫苗株，在适合的年龄采用最佳的免疫途径实施免疫。为了预防产蛋下降，种鸡或产蛋鸡应在 12~20 周龄期间选用灭活油乳剂苗胸部肌内注射，免疫 1~2 次。

（2）治疗。本病尚无特效疗法。不严重时，发病鸡群注意保暖（必要时，可提高舍温 1~2℃）、通风换气和鸡舍带鸡消毒。为了补充钠、钾损失和消除肾脏炎症，可以给予复方口服补液盐、或含有柠檬酸盐或碳酸氢盐的复方制剂。

发生疫病时，应按《中华人民共和国动物防疫法》的规定，采取严格控制、扑灭措施，防止疫情扩散。污染场地、用具彻底消毒后，方能引进建立新鸡群。

（三）传染性法氏囊病

鸡传染性法氏囊病（Infectious bursal disease，IBD）又称甘保罗病，是由双 RNA 病毒科的传染性法氏囊病病毒引起幼鸡的一种急性、热性、高度接触性传染病。主要症状为发病突然，传播迅速，发病率高，病程短，剧烈腹泻，极度虚弱。特征性的病变是法氏囊水肿、出血、肿大或明显萎缩，肾脏肿大并有尿酸盐沉积，腿肌、胸肌点状或刷状出血，腺胃和肌胃交界处条状出血。幼鸡感染后，可导致免疫抑制，并可诱发多种疫病或使多种疫苗免疫失败，是目前危害养鸡业的最严重的传染病之一，世界动物卫生组织将本病列为 B 类动物疫病。

本病最早于 1957 年发生于美国特拉华州的甘保罗镇（Gumboro），所以又称为甘保罗病（Gumboro disease），目前在世界养鸡的国家和地区广泛流行。我国于 1979 年先后在北京、广州发现本病并分离到病毒，之后逐渐蔓延至全国各地，是近年来严重威胁我国养鸡业的重要传染病之一。一方面死亡率、淘汰率增加，另一方面导致免疫抑制，使多种有效疫苗对鸡的免疫应答下降，造成免疫失败，使鸡对病原易感性增加，造成巨大的经济损失。

【诊断】根据本病的流行病学、症状、病变的特征，如突然发病，传播迅速，发病率高，有明显的高峰死亡曲线和迅速康复的特点；腿肌出血，法氏囊水肿和出血，体积增大，黏膜皱褶混浊不清，严重者法氏囊内有干酪样分泌物等，就可做出诊断。由 IBDV 变异株感染的鸡，只有通过法氏囊的病理组织学观察和实验室检验才能做出诊断。病毒分离鉴定、血清学试验和易感鸡接种是确诊本病的主要方法。按照《传染性囊病诊断技术》进行诊断。

病料样品采集：采集发病鸡的法氏囊、脾、肾和血液。

【防控措施】鸡感染传染性法氏囊病病毒或用疫苗免疫后，都能刺激机体产生免疫应答，体液免疫是该病保护性免疫应答的主要机制。目前发现应用血清 I 型的疫苗毒株，对雏鸡免疫后所产生的免疫应答不能抵抗亚型或变异毒株的感染。国内也有报道以 5 种常用血清 I 型疫苗对雏鸡进行免疫，并应用当地分离的 6 株亚型毒株分别攻毒，结果最高保护率为 78%；最低仅为 51%。

患 IBD 的病愈鸡或人工高免血清、卵黄内具有保护性的被动免疫抗体，在雏鸡 2 周龄左右能抵抗 IBD 野毒的感染，因此应用高免血清和卵黄抗体，对刚发病的雏鸡注射有较好治疗效果。此方法可能人为传播多种传染病，除非不得已，不应作为 IBD 的控制方法来提倡。

目前，国内已有"鸡传染性法氏囊病精制蛋黄抗体"，可用于本病早、中期感染的治疗和紧急预防，具有很好的效果。且可避免蛋源性疫病的传播。该产品主要含鸡传染性法氏囊病蛋黄抗体，AGP 效价≥1∶32，皮下或肌内注射均可。

传染性法氏囊病的预防和控制，需要采取综合防控措施：

（1）严格的兽医卫生措施。在防控本病时，首先要注意对环境的消毒，特别是育雏室。消毒药对环境、鸡舍、用具、笼具进行喷洒，经 4~6h 后，进行彻底清扫和冲洗，然后再经 2~3 次消毒。因为雏鸡从疫苗接种到抗体产生需经一段时间，所以必须将免疫接种的雏鸡，放置在彻底消毒的育雏室内，以预防传染性法氏囊病毒的早期感染。如果被病毒污染后的环境，不采取严格、认真、彻底消毒措施，在污染环境中饲养的雏鸡，由于大量病毒先于疫苗侵害法氏囊，再有效的疫苗也不能获得有效的免疫力。

（2）提高种鸡的母源抗体水平。种鸡群经疫苗免疫后，可产生高的抗体水平，可将其母源抗体传递给子代。如果种鸡在 18~20 周龄和 40~42 周龄经 2 次接种传染性法氏囊油佐剂灭活苗后，雏鸡可获得较整齐和较高的母源抗体，在 2~3 周龄内得到较好的保护，能防止雏鸡早期感染和免疫抑制。

（3）雏鸡的免疫接种。雏鸡的母源抗体只能维持一定的时间。确定弱毒疫苗首次免疫日龄是很重要的，首次接种应于母源抗体降至较低水平时进行。确定首免日龄可应用琼扩试验测定雏鸡母源抗体消长情况，当 1 日龄雏鸡测定，阳性率不到 80% 的鸡群在 10~16 日龄间首免；阳性率达 80%~100% 的鸡群，在 7~10 日龄再检测一次抗体，阳性率在 50% 时，可确定于 14~18 日龄首免。也就是说所有雏鸡群应在 7~21 日龄用传染性法氏囊病弱毒疫苗饮水免疫 1~2 次。在该病不严重的地区或鸡场，建议用中等毒力的疫苗，但在流行和发病严重的鸡场，可能不得不选用中等毒力偏强的疫苗。

（4）由于传染性法氏囊病毒毒株的变异及毒力的增强，使得近年来该病的免疫失败增多。

发现疫情，应按《中华人民共和国动物防疫法》的规定，采取严格控制、扑灭措施，防止扩散蔓延。

（四）马立克氏病

鸡马立克氏病（Marek's disease，MD）是由疱疹病毒科（DNA 病毒）、甲型疱疹病毒亚科、马立克病毒属的禽疱疹病毒 2 型引起鸡的一种高度接触传染的淋巴组织增生性肿瘤疾病，以各种内脏器官、外周神经、性腺、虹膜、肌肉和皮肤单独或多发的淋巴样细胞浸润，形成淋巴肿瘤为特征。

【诊断】对本病的诊断可根据流行病学特点、临诊症状、病理变化、病毒分离鉴定和血清学检查等进行（图 8-29、图 8-30）。其中病理组织学检查对该病诊断具有特别的指征意义，可用于确诊。按照《鸡马立克氏病诊断技术》进行诊断。

病料样品采集：病理组织学检查可采集病变部位组织样本；用于病毒分离的材料可以是羽髓或从抗凝血中分离的白细胞，也可以是淋巴瘤细胞或脾细胞悬液。

【防控措施】出壳即接种疫苗是预防本病的主要措施，但必须结合综合卫生防疫措施，防止出雏和育雏阶段早期感染以保证和提高疫苗的保护效果。

鸡马立克氏病 814 液氮苗（即在液氮中保存的 I 型 CVI988/Rispens 株细胞苗），是目前控制马立克氏病病毒感染的较为理想的疫苗。"814 株"是从国内市场分离的自然弱毒株，免疫原性好，更适合我国使用。此外，还有 I 型 CVI988/Rispens 株和 III 型的 HVT 或 II 型 SB1 的二价苗。免疫接种一定要在出壳后立即完成。要严格预防孵化厅内的早期感染。选用的疫苗一定要绝对防止其他外源病毒的污染。

发生本病时，应按《中华人民共和国动物防疫法》的规定，采取严格控制措施严防疫情扩散。

本病没有公共卫生学意义。因为大量研究已表明马立克氏病病毒或相关疫苗毒均与人类癌症没有病原学联系。

（五）产蛋下降综合征

鸡产蛋下降综合征（Eggs drop syndrome'76，EDS-76）又称为"减蛋综合征-76"，

是由腺病毒科（DNA 病毒）、禽腺病毒属的减蛋综合征病毒（学名为鸭腺病毒甲型）引起鸡的一种以产蛋下降为主的传染病，主要临诊特征是鸡群产蛋量急剧下降，蛋壳颜色变浅，软壳蛋、无壳蛋、粗壳蛋数量增加。本病广泛流行于世界各地，对养鸡业危害极大，已成为蛋鸡和种鸡的主要传染病之一。

【诊断】根据流行特征和产蛋变化可以做出初步诊断。确诊需依靠实验室检查。

病料样品采集：发病鸡产的软壳蛋或薄壳蛋，也可取可疑病鸡的输卵管、泄殖腔内容物或粪便；血清学检测采集发病鸡的血清。

【防控措施】应采取综合性防控措施。对该病尚无成功的治疗方法，发病后应加强环境消毒和带鸡消毒。

（1）防止病毒传入。从非疫区鸡群中引种，引进的种鸡应严格隔离饲养。严格执行兽医卫生措施，加强鸡场和孵化厅消毒工作，饮水经氯处理，切断各种传播途径。另外，应注意不要在同一场内同时饲养鸡和鸭，防止鸡与其他禽类尤其是水禽接触。

（2）免疫接种。控制本病主要是通过对种鸡群和产蛋鸡群实行免疫接种。商品化的鸡新城疫-传染性支气管炎-减蛋综合征三联灭活疫苗（La Sota 株十 M_{41} 株十 HSH_{23} 株和 La Sota 株+M_{41}株+AVI_{127}株）均有较好的免疫效果。

（六）禽白血病

禽白血病（Avian leukosis，AL）又称禽白细胞增生病，是由逆转录病毒科（又名反转录病毒科）、正逆转录病毒亚科（RNA 病毒）、甲型逆转录病毒属的禽白血病/肉瘤病毒群的病毒引起的禽类多种肿瘤性疾病的通称，包括淋巴细胞性白血病、成红细胞性白血病、成髓细胞性白血病、骨髓细胞瘤、血管瘤、内皮瘤、肾瘤和肾胚细胞瘤、肝癌、纤维肉瘤、骨石化（硬化）病、结缔组织瘤等。自然条件下最常见的是淋巴细胞性白血病。

禽白血病是一种世界性分布的疾病，目前在许多国家已得到很好的控制，但该病在我国几乎波及所有的商品鸡群。近年来，该病的发生呈上升趋势，个别蛋鸡群的病死率达 35% 以上，给蛋鸡养殖者造成了巨大的经济损失。

【诊断】病理解剖学和病理组织学在白血病的诊断上有重要的价值，因为各型的白血病都出现特殊的肿瘤细胞及性质不同的肿瘤，它们之间无相同之处，也不见于其他疾病。另外，外周血在某些类型白血病的诊断上也特别有价值，如成红细胞性白血病可于外周血中发现大量的成红细胞（占全部红细胞的 90%~95%）。白血病与马立克氏病也可通过病理切片区分开，因为白血病病毒引起的是全身性骨髓细胞瘤，而马立克氏病病毒引起的是淋巴样细胞增生性肿瘤。

病料样品采集：取患鸡的口腔冲洗物、粪便、血液、肿瘤、感染母鸡新产的蛋。正在垂直传播病毒的母鸡所产的蛋孵化 10 日龄的鸡胚可做病毒分离。

【防控措施】目前，该病无有效的药物和疫苗防控，主要依靠综合性预防控制措施。这需要做好如下几项工作：① 从无外源性 ALV 感染的祖代鸡或原种鸡公司及其相应的父母代种鸡场选购苗鸡。② 一个鸡场只饲养同一品系和同一批（年龄）的种鸡，以避免同一鸡场内的横向感染。③ 同一孵化厅只用于同一个种鸡场来源的种蛋，以预防孵化厅内可能的早期横向传播。④ 严格选用没有外源性 ALV 感染的活疫苗，并定期检测鸡群中血清 ALV 抗体状态，监控已使用过的疫苗的可靠性。用于制备疫苗的鸡胚尤其要加强病毒的监测，严防污染。

对于某些污染严重的原种场，应及时更换品系。某些祖代和父母代种鸡场存在该病时，采取净化措施常常并不现实，应以提高饲养管理水平，及时淘汰瘦弱、贫血及患大肝病病鸡，并加强日常卫生管理和消毒措施，尤其是孵化后的阶段，以减少该病的水平传播和疾病造成的损失。

（七）禽痘

禽痘（Avian pox）是由痘病毒科（RNA 病毒）、禽痘病毒属的鸡痘病毒引起的禽类的一种急性、热性、高度接触传染性疾病，以无毛处皮肤的痘疹和口腔、咽部黏膜的纤维素性坏死性炎症为特征。其中危害最严重的是鸡痘，因为它对鸡群造成的影响除引起死亡外，还有增重降低，产蛋减少，产蛋期推迟等。

本病广泛分布于世界各国，在大型鸡场中常有流行。病禽生长迟缓，产蛋减少；如存在强毒感染或并发其他传染病、寄生虫病以及饲养管理不善时，则可引起大批死亡。对雏鸡造成的损失往往更为严重。

【诊断】皮肤型和混合型根据症状和眼观变化可做出诊断。产生疑问时可通过组织病理学方法检查细胞质内包涵体或分离病毒来证实。

病料样品采集：无菌采集痘病变部位，以新形成的痘疹最好。

【防控措施】要预防和减少鸡群被蚊虫叮咬的可能性。可选用禽痘弱毒疫苗皮肤划痕接种预防。

（1）免疫接种。目前国内使用的疫苗是鸡痘鹌鹑化弱毒疫苗。

（2）控制措施。平时做好卫生防疫工作。及时消灭蚊虫，避免各种原因引起的啄癖和机械性外伤。新引进的家禽应隔离观察，证明无病时方可合群。一旦发生本病，应隔离病禽，病重者淘汰，死禽深埋或焚烧。禽舍、运动场和一切用具要严格消毒。存在于皮肤病痕中的病毒对外界环境的抵抗力很强，所以鸡群发生本病时，隔离的病鸡应在完全康复 2 个月后方可合群。

（八）鸭瘟

鸭瘟（Duck plague）又名鸭病毒性肠炎，是由疱疹病毒科（DNA 病毒）、甲型病毒亚科、马立克病毒属的鸭疱疹病毒Ⅰ型（鸭瘟病毒）引起的鸭、鹅等雁形目禽类的一种急性、败血性及高度致死性传染病。临诊上以发病快、传播迅速、发病率和病死率高，部分病鸭肿头流泪、下痢、食道黏膜出血及坏死，肝脏出血或坏死等为主要特征。该病给世界养鸭业造成了巨大的经济损失。

【诊断】根据该病的流行病学特点，特征性临诊症状有诊断意义的剖检病变可做出初步诊断，确诊有赖于进行实验室检查。

病料样品采集：无菌采集病死禽的肝、脾和肾。

【防控措施】

（1）加强饲养管理，坚持自繁自养。由于鸭瘟的传播速度快，致死率高，一旦传入鸭群可造成巨大的经济损失，因此对该病的防控应给予足够的重视。在该病的非疫区，要禁止到鸭瘟流行区域和野禽出没的水域放鸭，加强本地良种繁育体系建设，坚持自繁自养，尽量减少从外地，尤其是从疫区引种的机会，防止该病的引入。加强饲养管理，防止带毒野生水禽进入鸭群。

（2）加强检疫、消毒和免疫接种。受威胁地区除应加强检疫、消毒等兽医卫生措施外，易感鸭群应及时进行鸭瘟疫苗的免疫接种。疫苗免疫接种是预防和控制鸭瘟的主要措施，目前国内应用的疫苗主要是鸭瘟弱毒苗。

（3）控制扑灭措施。发生鸭瘟时，要按《中华人民共和国动物防疫法》规定，采取严格的封锁和隔离措施。及时扑杀销毁发病鸭群，病鸭污染的场地、水域和工具等进行彻底消毒，粪便堆积发酵处理。疫点周围受威胁的鸭群立即接种鸭瘟高免血清或鸭瘟弱毒疫苗，防止该病扩散传播。

（九）鸭病毒性肝炎

鸭病毒性肝炎（Duck virus hepatitis，DH）是由微 RNA 病毒科、禽肝炎病毒属的鸭甲型肝炎病毒引起的小鸭的一种急性、接触性、高度致死性的传染病，临诊上以发病急、传播快、病死率高，肝脏有明显出血点和出血斑为特征。

【诊断】根据该病的流行病学特点、临诊症状和病理变化特征可做出初步诊断。确诊则需要进行实验室诊断。

病料样品采集：无菌采集病死鸭的肝脏供病毒分离或鉴定。

【防控措施】坚持严格防疫、检疫和消毒制度，坚持自繁自养、全进全出，防止本病传入鸭群是该病防控的首要措施。

疫区及其受本病威胁地区的鸭群进行定期的疫苗免疫预防是防止本病发生的有效措施。目前疫苗已研制成功三种：① 氢氧化铝鸭肝炎病毒鸡胚化弱毒苗；② 氢氧化铝鸭肝炎病毒鸡胚化弱毒灭活苗；③ 氢氧化铝强毒灭活苗。氢氧化铝鸭肝炎病毒鸡胚化弱毒苗的保护率最高，在母鸭开产之前 2~4 周注射，母鸭所产的鸭蛋中即含有多量抗体，孵出的雏鸭可获得被动免疫，因而能够抵抗感染。

发生本病时，要按《中华人民共和国动物防疫法》规定，采取严格的封锁和隔离措施，及时扑杀销毁发病鸭群，病鸭污染的场地、水域和工具等进行彻底消毒，粪便堆积发酵处理。发病或受威胁的雏鸭群可紧急注射高免卵黄或血清以降低病死率，控制疫情发展。

（十）鸭浆膜炎

鸭浆膜炎是由鸭疫里氏杆菌感染引起的一种败血性传染病。又名"三周病"（鹅感染里氏杆菌称鹅流感）。以纤维素性心包炎、肝周炎、气囊炎、输卵管炎和脑膜炎为特征。呈急性、热性、急性败血性或慢性经过。本病的发病率和致死率均很高，特别是在商品肉鸭场，可引起雏鸭大批死亡或感染鸭的生长发育迟缓、淘汰率增加，给养鸭业造成巨大的经济损失。

本病最早于 1932 年在美国纽约州发现，目前呈世界性分布。我国 1982 年首次报道发现本病，目前各养鸭省区均有发生，是危害养鸭业的重要传染病之一。

【诊断】根据该病典型的临诊症状和剖检病变，结合流行病学特点一般可初步诊断。进一步确诊则需要进行鸭疫里氏杆菌的分离和鉴定。

【防控措施】应在认真执行综合性防控措施的基础上，重点做好以下工作。

（1）加强管理。预防本病要改善鸭舍的卫生条件，特别注意通风、干燥、防寒及降低饲养密度，地面育雏要勤换垫料。做到"全进全出"，以便彻底消毒。

（2）免疫预防。雏鸭在4~7日龄接种鸭疫里氏杆菌油乳剂灭活疫苗或蜂胶佐剂灭活疫苗可以有效地预防本病的发生，肉鸭免疫力可维持到上市日龄。以铝胶为佐剂的灭活疫苗也有较好的免疫效果，但免疫持续时间较短，需要进行2次免疫。由于鸭疫里氏杆菌的血清型较多，疫苗中应含有主要血清型菌株。美国已研制出1、2和5型鸭疫里氏杆菌弱毒疫苗。

（3）药物防治。应根据细菌的药敏试验结果选用敏感的抗菌药物进行预防和治疗。

（十一）小鹅瘟

小鹅瘟（Gosling plague）又称鹅细小病毒感染、Derzsy氏病，是由细小病毒科（DNA病毒）、依赖病毒属的鹅细小病毒（又名小鹅瘟病毒）引起雏鹅和雏番鸭的一种急性或亚急性的败血性传染病。本病主要侵害4~20日龄的雏鹅，以传播快、高发病率、高病死率、严重下痢、渗出性肠炎、肠道内形成腊肠样栓子为特征。在自然条件下成年鹅常呈隐性感染，但经排泄物和卵可传播该病。该病是危害养鹅业的主要病毒性传染病。

【诊断】根据本病的流行病学、临床症状和剖检病变特征即可做出初步诊断，确诊需要进行实验室诊断。

病料样品采集：无菌采集病死雏鹅、雏番鸭的肝脏、脾脏和胰脏等病料。

【防控措施】应采取综合性防控措施。本病的预防主要在两方面，一是孵化房中的一切用具和种蛋彻底消毒，刚出壳的雏鹅、雏番鸭不要与新引进的种蛋和成年鹅、番鸭接触，以免感染。二是做好雏鹅、雏番鸭的预防，对未免疫种鹅、番鸭所产蛋孵出的雏鹅、雏番鸭于1日龄注射小鹅瘟弱毒疫苗，且隔离饲养到7日龄，而免疫种鹅、番鸭所产蛋孵出的雏鹅、雏番鸭一般于7~10日龄时需注射小鹅瘟高免血清或小鹅瘟精制抗体。

利用弱毒苗免疫种母鹅是预防本病最有效的方法。在留种前1个月做第一次接种，15d后做第二天接种，再隔15d方可留种蛋。经免疫的种母鹅所产后代全部能抵抗感染，能维持整个产蛋期。

鹅群一旦发生本病，要按《中华人民共和国动物防疫法》规定，采取严格的封锁和隔离措施，及时扑杀发病鹅群，病鹅污染的场地和工具等进行彻底消毒，粪便堆积发酵处理。疫点周围受威胁的鹅群立即注射小鹅瘟高免血清或弱毒疫苗，防止该病扩散传播。

（十二）禽霍乱

禽霍乱（Fowl cholera）又名禽巴氏杆菌病、禽出血性败血病，是由多杀性巴氏杆菌引起的鸡、鸭、鹅和火鸡等多种禽类的一种急性败血性传染病，急性型的特征为突然发病，下泻，出现急性败血症症状，发病率和病死率均高，慢性型发生肉髯水肿和关节炎，病程较长，病死率较低。

该病在世界所有养禽的国家均有发生，是威胁养禽场的主要疫病之一。

【诊断】仅根据临诊症状不易确诊，但通过剖检病理变化（图8-31）观察，结合流行病学及防治效果进行综合分析，可做出确诊。必要时可进行实验室检查。

病料样品采集：无菌采集病死禽的肝、脾和心血等病料。

【防控措施】做好平时的饲养管理，使家禽保持较强的抵抗力，对防止本病发生是最关键的措施。养禽场严格执行定期消毒卫生制度，引进种禽或幼雏时必须从无病的禽场购买。新购进的鸡鸭必须隔离饲养2周，无病时方可混群。常发本病的地方，可用禽霍乱菌苗预防接种或定期饲喂有效的药物。

（1）治疗。早期确诊，及时应用敏感的抗生素如头孢噻呋钠、恩诺沙星等治疗，有较好的效果。

（2）疫情控制措施。禽群发生霍乱后，应将病死家禽全部深埋或销毁，病禽进行隔离治疗，同禽群中尚未发病的家禽，全部喂给抗生素或喹诺酮类药物，以控制发病。污染的禽舍、场地和用具等进行彻底消毒。距离较远的健康家禽紧急注射菌苗。

（十三）鸡白痢

鸡白痢（Pullorosis）是由鸡白痢沙门氏菌引起的鸡和火鸡的一种细菌性传染病。雏鸡和雏火鸡呈急性败血性经过，以肠炎和灰白色下痢为特征；成鸡以局部和慢性感染为特征。

该病发生于世界各地，对人和动物的健康构成了严重的威胁，除能引起动物感染发病外，还能因食品污染造成人的食物中毒。

【诊断】根据流行病学、临诊症状和剖检变化可作初步诊断。确诊需采取肝、脾、心肌、肺和卵黄等样品接种选择性培养基进行细菌分离，进一步可进行生化试验和血清学分型试验鉴定分离株。

病料样品采集：病原分离鉴定可无菌采取病、死禽的肝、脾、肺、心血、胚胎、未吸收的卵黄、脑组织及其他病变组织。成年鸡采取卵巢、输卵管和睾丸等。

【防控措施】防控禽沙门氏菌病的原则是杜绝病原菌的传入，清除群内带菌鸡，同时严格执行卫生、消毒和隔离制度。

（1）加强严格的卫生检疫和检验措施。通过严格的卫生检疫和检验，防止饲料、饮水和环境污染。根据本地特点建立完善的良种繁育体系，慎重引进种禽、种蛋，必须引进时应了解对方的疫情状况，防止病原菌进入本场。

（2）定期检疫，及时淘汰阳性鸡和可疑鸡。健康鸡群应定期通过全血平板凝集反应进行全面检疫，淘汰阳性鸡和可疑鸡；有该病的种鸡场或种鸡群，应每隔4~5周检疫一次，将全部阳性带菌鸡检出并淘汰，以建立健康种鸡群。

（3）加强消毒。坚持种蛋孵化前的消毒工作，可通过喷雾、浸泡等方法进行，同时应对孵化场、孵化室、孵化器及其用具定期进行彻底消毒，杀灭环境中的病原菌。

（4）加强饲养管理。保持育雏室、养禽舍及运动场的清洁、干燥，加强日常的消毒工作。防止飞禽或其他动物进入而散播病原菌。

发现病禽，迅速隔离（或淘汰）消毒。全群进行抗菌药物预防或治疗，可选用的药物有氟苯尼考、磺胺类、喹诺酮类、硫酸黏杆菌素、硫酸新霉素等，但是治愈后的家禽可能长期带菌，不能作种用。

（十四）禽伤寒

禽伤寒（Typhus avium）是由鸡伤寒沙门氏菌所引起的禽类的一种败血性传染病，主要发生于鸡，以发热、贫血、败血症和肠炎下痢为临诊特征，一般呈散发性。

【诊断】根据本病在鸡群中的流行病史、症状和病理变化，可以做出初步诊断。确诊依赖于从病鸡的内脏器官取材料进行鸡沙门氏菌的分离培养鉴定。

病料样品采集：病原学检查可无菌采集病死鸡的肝、脾、肺、心血、胚胎、未吸收的卵黄、脑组织及其他病变组织；成年鸡取卵巢、输卵管及睾丸。血清学检测采集病鸡血液分离血清。

【防控措施】防控本病必须严格贯彻消毒、隔离、检疫、药物预防等一系列综合性措施；病鸡群及带菌鸡群应定期反复用凝集试验进行检疫，将阳性鸡及可疑鸡全部剔出淘汰，最终净化鸡群。

发生本病时，病禽应进行无害化处理，严格消毒鸡舍及用具。运动场铲除一层地面土并加垫新土，填平水沟，防止鸟、鼠等动物进入鸡舍。

饲养员、兽医、屠宰人员以及其他经常与畜禽及其产品接触的人员，应注意卫生消毒工作，防止本病从畜禽传染给人。

（1）免疫接种。曾有人使用过灭活菌苗，结果无很大价值。

（2）治疗。应选用经药敏试验高敏的药物进行治疗。

（十五）鸡败血支原体感染

鸡败血支原体感染（Mycoplasma gallisepticum infection）又称鸡毒霉形体感染，也称为鸡败血霉形体感染或慢性呼吸道病，在火鸡则称为传染性窦炎，是由禽毒霉形体引起鸡和火鸡等多种禽类的慢性呼吸道病。临诊上以呼吸道症状为主，特征表现为咳嗽、流泪（图 8-32）、流鼻液（图 8-33）、呼吸道啰音，严重时呼吸困难和张口呼吸。火鸡发生鼻窦炎时主要表现眶下窦肿胀。病程发展缓慢且病程长，并经常见到与其他病毒或细菌混合感染。感染此病后，幼鸡发育迟缓，饲料报酬降低，产蛋鸡产蛋下降，病原可在鸡群中长期存在和蔓延，还可通过蛋垂直传染给下一代。

【诊断】禽败血支原体感染与其他一些呼吸道疾病的症状类似，因此确诊须进行病原分离鉴定和血清学检查。

病料样品采集：病原分离鉴定可采取病、死鸡的气管、气囊和鼻窦渗出物及鼻甲骨或肺组织等。血清学检测采集血液或血清。

【防控措施】由于支原体感染在养鸡场普遍存在，在正常情况下一般不表现临诊症状，但如遇环境条件突然改变或其他应激因素的影响时，可能暴发本病或引起死亡，因此，必须加强饲养管理和兽医卫生防疫工作。

（1）疫苗免疫接种。免疫接种是减少支原体感染的一种有效方法。国内外使用的疫苗主要有弱毒疫苗和灭活疫苗。弱毒疫苗既可用于尚未感染的健康小鸡，也可用于已感染的鸡群，免疫保护率在80%以上，免疫持续时间达7个月以上。灭活疫苗以油佐剂灭活疫苗效果较好，多用于蛋鸡和种鸡。免疫后可有效地防止本病的发生和种蛋的垂直传递，并减少诱发其他疾病的机会，增加产蛋量。

（2）消除种蛋内支原体。阻断经卵传播是预防和减少支原体感染的重要措施之一，也是培育无支原体鸡群的基础。

（3）培育无支原体感染鸡群。主要程序如下：① 选用对支原体有抑制作用的药物，降低种鸡群支原体的带菌率和带菌强度，从而降低种蛋的污染率；② 种蛋入孵后先45℃处理14h，杀灭蛋中支原体；③ 小群饲养，定期进行血清学检查，一旦出现阳性鸡，立即将小群淘汰；④ 在进行上述程序的过程中，要做好孵化箱、孵化室、用具、房舍等的消毒和兽医生物安全工作，防止外来感染。

通过上述程序育成的鸡群，在产蛋前进行一次血清学检查，无阳性反应时可用做种鸡。当完全阴性反应亲代鸡群所产种蛋不经过药物或热处理孵出的子代鸡群，经过几次检测未出现阳性反应后，可以认为已建成无支原体感染群。

（4）严格执行全进全出制的饲养方式。进鸡前的鸡舍进行彻底消毒，有利于降低该病的发生率及经济损失。

鸡群一旦出现该病，可选用抗生素进行治疗。常用的药物中以泰妙菌素、泰乐菌素、红霉素、柱晶白霉素、链霉素和氧氟沙星等疗效较好，但该病临诊症状消失后极易复发，且禽败血支原体易产生耐药性，所以治疗时最好采取交替用药的方法。病鸡康复后具有免疫力。

（十六）鸡球虫病

鸡球虫病（Chicken coccidiosis）是由于孢子虫纲真球虫目艾美耳科的球虫引起的原虫病，以3~7周龄的雏鸡最易感染。本病的主要特征是患鸡消瘦、贫血和血痢，病愈小鸡生长发育受阻。成年鸡多为带虫者，增重和产蛋都受到影响。

【诊断】成年鸡和雏鸡带虫现象极为普遍，所以不能只根据从粪便和肠壁刮取物中发现卵囊，就确定为球虫病。正确的诊断，需根据粪便检查、临诊症状、流行病学调查和病理变化等多方面的因素加以综合判断。

【防控措施】

（1）搞好环境卫生，消灭传染源。

（2）搞好隔离工作，切断传染源。孵化室、育雏室、成鸡舍都要分开，饲养管理人员要固定，互不来往，用具不混用。发现病鸡及时诊断，立即隔离，轻者治疗，重者淘汰，并对整个鸡舍进行消毒。

（3）加强饲养管理，提高鸡体抗病力。合理搭配日粮，保障正常营养需要。幼龄鸡维生素K的需要量最高，补充维生素K可降低盲肠球虫病的病死率。鸡群要密度适宜，分群合理，保持环境条件稳定等以提高鸡的抗病力。

（4）药物预防。在鸡未发病时或有个别鸡只发病时，应用预防剂量的药物，如莫能霉素、尼卡巴嗪、常山酮、氯苯胍、海南霉素、马杜霉素铵、氨丙林、球痢灵等药物饲喂或饮水，均可取得一定的预防效果。

（5）免疫预防。应用抗球虫药尽管有效，但药物残留问题却一直困扰着人们，相当多的药物都已规定了不同的停药期，考虑到出口肉鸡的限制，选择抗球虫药物时应予注意。为了克服这一问题，国内外的学者一直致力于球虫弱毒活疫苗的研究。商品化的球虫弱毒株疫苗，已产生了较为满意的结果，可克服抗药性和药物残留的影响，正逐步取代药物预防。

一旦发病，选择抗球虫药物进行治疗。因球虫易产生抗药性，所以无论应用哪种药物防治，都不能长期应用，应间隔使用或轮换使用。

（十七）低致病性禽流感

低致病性禽流感（Lowerly pathological avain influenza，LPAI）是由 A 型流感病毒 H9N2、H7N9 等亚型（如 H1–H4、H6 和 H8–H15 亚型）低致病性毒株引起的家禽的以呼吸困难、蛋鸡产蛋性能下降为特征的一种急性传染病。尽管 H_9 亚型等低致病性禽流感是低致病力毒株，本身并不一定造成鸡群的大规模死亡，但它感染后往往造成生产性能下降，鸡群的免疫力下降，对各种病原的抵抗力降低，常常发生继发感染，因而给养鸡场造成巨大的经济损失。

【诊断】根据禽流感流行病学、临诊症状和剖检变化等综合分析可以做出初步诊断。进一步确诊还应作病毒分离鉴定和血清学检查等。

病料样品采取：参考高致病性禽流感。

【防控措施】采用加强饲养管理、卫生消毒、检疫等综合性措施防止本病发生。

免疫接种：禽流感病毒可使机体产生免疫反应，少数康复鸡都有坚强的免疫力。采用灭活苗接种，也可使免疫鸡获得主动免疫，我国现有的 H9 亚型（HN106 株、HL 株、F 株）流感灭活苗，具有较好的免疫保护率。

【公共卫生学】禽流感病毒有感染宿主多样性的特点，不仅感染家禽和野禽，也感染人、猪、鲸、雪貂等多种动物。使得禽流感病毒作为人畜共患病的公共卫生地位更显突出。

1999 年 2 月，郭元吉等发现 5 个禽源 H9N2 病毒感染人的病例，5 个病人全部康复。1999 年 3 月，我国香港从 2 个年龄分别是 4 岁和 1 岁的女孩体内分离出 2 株 H9N2 禽流感病毒，在使用了常规的抗流感药物后，2 人也全部康复，这 2 株比 1997 年分离到的 H5N1 温和，造成的损失和影响也不及 1997 年的 H5N1。2008 年 12 月 30 日，香港从一名 2 月龄婴儿体内分离出 H9N2 亚型人禽流感病毒。这些事件的发生，无疑又增加了禽流感病毒感染人并致病的例证。香港在 20 世纪 70—80 年代从鸭体内分离到 16 株 H9N2 病毒，90 年代初从鸡体内分离到 1 株 H9N2 病毒，1998 年又从猪体内分离到 1 株 H9N2 病毒。近年来，由于 H9N2 亚型禽流感病毒在我国广泛流行，接触病禽的人员必须做好卫生消毒工作，加强个人防护，确保人的健康。

甲型 H7N9 流感病毒基因来自东亚地区野鸟和中国上海、浙江、江苏鸡群的基因重配，病毒自身基因变异，可能是感染人并导致高死亡率的原因。

（十八）禽网状内皮组织增殖症

禽网状内皮组织增殖症（Avian reticuloendothelisis，RE）是由逆转录病毒（又名反转录病毒科）、丙型逆转录病毒属的禽网状内皮组织增殖症病毒（REV）引起禽类的一组症状不同的综合征。包括免疫抑制、急性致死性网状内皮细胞瘤、矮小综合征以及淋巴组织和其他组织的慢性肿瘤形成等。

该病不仅是一种肿瘤性疾病，而且还是一种免疫抑制性疾病。自 20 世纪 90 年代以来，它在感染率、致病性和传播力上都有了较大的变化，因此是养禽业的又一潜在威胁。

【诊断】在典型病理变化的基础上，结合检测 REV 或其抗体进行。

病料样品采集：血清、血液、病变组织器官。

【防控措施】对本病的控制尚无比较成熟的方法。现阶段防控的主要对策是加强原种群中 REV 抗体和蛋清样本中病毒抗原的检测，淘汰阳性鸡，净化鸡群，同时对阳性鸡污染的鸡舍及其环境进行严格消毒。加强禽用疫苗生产的管理和监督，防止 REV 污染，慎用非 SPF 蛋生产的疫苗，以防注射疫苗引起本病的传播。目前 REV 疫苗的研究仅停留在实验室阶段，尚无商业化生产。

四、牛、羊病

（一）牛传染性鼻气管炎

牛传染性鼻气管炎（Infectioys bovine rhinotrachei tis，IBR）又称"坏死性鼻炎""红鼻睛病"、牛传染性脓疱性外阴-阴道炎，是由疱疹病毒科（DNA 病毒）、甲型疱疹病毒亚科、水痘病毒属的牛疱疹病毒 1 型（又称牛传染性鼻气管炎病毒）引起牛的一种急性接触性传染病。其特征是鼻道及气管黏膜发炎、发热、咳嗽、呼吸困难、流鼻液等症状，有时伴发阴道炎、结膜炎、脑膜脑炎、乳腺炎，也可发生流产。

本病最早于 1950 年在美国发现，1956 年分离并确认了病原。目前，该病呈世界性分布，美国、澳大利亚、新西兰以及欧洲许多国家都有本病流行，但丹麦和瑞士已经消灭了该病，1980 年，我国从新西兰进口奶牛中首次发现本病，并分离到了传染性牛鼻气管炎病毒。其危害性在于病毒侵入牛体后，可潜伏于一定部位，导致持续性感染，病牛长期乃至终生带毒，给控制和消灭本病带来极大困难。

【诊断】根据该病在流行病学、临诊症状和病理变化等方面的特点，可进行初步的诊断，在新疫区要确诊本病，必须依靠病毒分离鉴定和血清学诊断。

病料样品采集：分离病毒所用的病料，可以是发热期的鼻腔洗涤物，也可以用流产胎儿的胸腔液或胎盘子叶。

【防控措施】由于本病病毒可导致持续性的感染，防控本病最重要的措施是在加强饲养管理的基础上，加强冷冻精液检疫、管理制度，不从有病地区或国家引进牛只或其精液，必须引进时需经过隔离观察和严格的病原学或血清学检查，证明未被感染或精液未被污染方可使用。在生产过程中，应定期对牛群进行血清学监测，发现阳性感染牛应及时淘汰。

在流行较严重的国家，一般用疫苗预防控制，常用各种弱毒疫苗及基因缺失疫苗。虽不能防止感染，但可明显降低发病率及患病严重程度。在发病率低的欧洲国家，则采取淘汰阳性牛的严厉措施，不再允许使用疫苗。

本病尚无特效疗法，病畜应及时严格隔离，最好予以扑杀或根据具体情况逐渐淘汰。

关于本病的疫苗，目前有弱毒疫苗、灭活疫苗和亚单位苗（用囊膜糖蛋白制备）3类，研究表明，用疫苗免疫过的牛并不能阻止野毒感染，也不能阻止潜伏病毒的持续性感染，只能起到防御临诊发病的效果。因此，采用敏感的检测方法（如 PCR 技术）检出阳性牛并扑杀可能是目前根除本病的唯一有效途径。

（二）牛恶性卡他热

牛恶性卡他热（Bovine malignant catarrhal fever，BMCF）又名恶性头卡他或坏疽性鼻卡他，是由疱疹病毒科、丙型疱疹病毒亚科、恶性卡他热病毒属的角马疱疹病毒 1 型（又名麋羚疱疹病毒 1 型）引起牛的一种高度致死性淋巴增生性病毒性传染病，以高热、口鼻眼黏膜的黏脓性坏死性炎症、角膜混浊并伴有脑炎为特征。

18 世纪末欧洲就有本病存在，19 世纪中叶南非发生本病，20 世纪初该病在北美被发现，亚洲则是在近半个世纪因引进非洲角马才被发现。目前，本病散发于世界各地，我国也有该病的报道。

【诊断】根据流行特点、临诊症状及病理变化可做出初步诊断，确诊需进行实验室检查，包括病毒分离培养鉴定、动物试验和血清学诊断等。

病料样品采集：病毒分离用的血液用 EDTA 或肝素抗凝，脾、淋巴结、甲状腺等组织应无菌采集，冷藏下迅速送检。

【防控措施】目前本病尚无特效治疗方法。控制本病最有效的措施，是立即将绵羊等反刍动物清除出牛群，不让其与牛接触，特别是在媒介动物的分娩期，更应阻止相互接触。同时注意畜舍和用具的消毒。当动物园和养殖场必须引进媒介动物时，必须经血清中和试验证明为阴性，并隔离观察一个潜伏期后才能允许其活动。

对病牛，一旦发现应立即扑杀并无害化处理，污染的场地应用卤素类消毒药物进行彻底消毒。有人曾研制灭活疫苗，应用效果不佳，弱毒疫苗也已研制出来，但尚未推广使用。

（三）牛白血病

牛白血病（Bovine Leukaemia）又称牛白血组织增生症、牛淋巴肉瘤、牛恶性淋巴瘤，是由逆转录病毒科（又名反转录病毒科）（RNA 病毒）、正逆转录病毒亚科、丁型逆转录病毒属的牛白血病病毒引起的牛的一种慢性肿瘤性疾病，其特征为淋巴样细胞恶性增生，进行性恶病质和高度病死率。分为地方流行型白血病（EBL）和散发型白血病（SBL）两大类。前者主要发生于成年牛，病原体是反转录病毒科的牛白血病病毒；后者主要见于犊牛，病原尚不清楚。

EBL 病早在 18 世纪末即被发现，目前本病分布广泛，几乎遍及全世界养牛的国家。我国自 1977 年以来，先后在江苏、安徽、上海、陕西、新疆等地发现本病，并有不断扩大与蔓延的趋势，给养牛业造成了严重的威胁。

【诊断】根据临诊症状和病理变化即可诊断，触诊肩前、股前、后淋巴结肿大，直检骨盆腔及腹腔内有肿瘤块存在，腹股沟和髂淋巴结的肿大；血液学检查可见白细胞总数增加，淋巴细胞数量增加 75% 以上，并出现成淋巴细胞（瘤细胞）；活组织检查可见成淋巴细胞和幼稚淋巴细胞；尸体剖检及组织学检查具有特征性病变等。

具有特别诊断意义的是腹股沟和髂淋巴结的增大；由于淋巴细胞增多症经常是发生肿瘤的先驱变化，它的发生率远远超过肿瘤形式，因此，检查血象变化是诊断本病的重要依据。对感染淋巴结做活组织检查，发现有成淋巴细胞（瘤细胞），可以证明有肿瘤的存在。尸体剖检可以见到特征的肿瘤病变。最好采取组织样品（包括右心房、肝、脾、肾和淋巴结）作显微镜检查以确定诊断。

亚临床型病例或症状不典型的病例则需要通过实验室方法确诊。

病料采集：淋巴结、血液、实质脏器。

【防控措施】本病尚无特效疗法。根据本病的发生呈慢性持续性感染的特点，防控本病应采取以严格检疫、淘汰阳性牛为中心，包括定期消毒、驱除吸血昆虫、杜绝因手术、注射可能引起的交叉传染等在内的综合性措施。

无病地区应严格防止引入病牛和带毒牛；引进新牛必须进行认真的检疫，发现阳性牛立即淘汰，但不得出售，阴性牛也必须隔离 3~6 月以上方能混群。

染疫场每年应进行 3~4 次临诊、血液和血清学检查，不断清除阳性牛；对感染不严重的牛群，可借此进行净化，当所有牛群连续 2 次以上均为琼扩阴性结果时，即可认为是白血病的净化群。如感染牛只较多或牛群长期处于感染状态，应采取全群扑杀的坚决措施。对检出的阳性牛，如因其他原因暂时不能扑杀时，应隔离饲养，控制利用；肉牛可在肥育后屠宰。阳性母牛可用来培养健康后代，犊牛出生后 6 月龄、12 月龄和 18 月龄时，各做一次血检，阳性牛必须淘汰，阴性者单独饲养，喂以健康牛乳或消毒乳，阳性牛的后代均不可作为种用。

国外已有实验性灭活疫苗用于该病的预防，并证明疫苗的特异性。

（四）牛出血性败血病

牛出血性败血病（Haemorrhagic septicaemia）又名牛巴氏杆菌病，是由多杀性巴氏杆菌引起牛的一种急性、热性传染病。该病的特征是高热、肺炎、急性胃肠炎和内脏广泛出血，慢性者则表现为皮下、关节以及各脏器的局灶性化脓性炎症。本病分布于世界各地，我国各地均有本病发生，可造成巨大的经济损失。

【诊断】根据流行病学特点、临诊症状和病理剖检变化可做出初步诊断，但确诊需要通过实验室方法进行。

病料样品采集：采取急性病例的心、肝、脾或体腔渗出物以及其他病型的病变部位、渗出物、脓汁等病料。

【防控措施】本病的发生与各种应激因素有关，因此综合性的预防措施应包括加强饲养管理，增强机体抵抗力；注意通风换气和防暑防寒，避免过度拥挤，减少或消除降低机体抗病能力的应激因素；并定期进行牛舍及运动场消毒，杀灭环境中可能存在的病原体。新引进的牛要隔离观察1个月以上，证明无病时方可混群饲养。

在经常发生本病的疫区，可按计划每年定期进行牛出血性败血症菌苗的免疫接种。

发生本病时，应立即隔离患病牛并严格消毒其污染的场所，在严格隔离的条件下对患病动物进行治疗，常用的治疗药物有青霉素、头孢噻呋钠、氟苯尼考、恩诺沙星、替米考星等多种抗菌药物。其中，最近应用于临床的头孢噻呋效果很好。也可选用高免或康复动物的血清进行治疗。周围的假定健康动物应及时进行紧急预防接种或药物预防，但应注意用弱毒菌苗进行紧急预防接种时，被接种动物应于接种前后至少1周内不得使用抗菌药物。

（五）牛结核病

牛结核病（Bovin tuberculosis）是由牛分枝杆菌引起人和动物共患的一种慢性传染病，目前在牛群中最常见。临诊特征是病程缓慢、渐进性消瘦、咳嗽、衰竭，病理特征是在体内多种组织器官中形成特征性肉芽肿、干酪样坏死和钙化的结节性病灶。

该病是一种古老的传染病，曾广泛流行于世界各国，以奶牛业发达国家最为严重。由于各国政府都十分重视结核病的防治，一些国家已有效地控制或消灭了此病，但在有些国家和地区仍呈地区性散发和流行。我国的人畜结核病虽得到了控制，但近年来发病率又有增高的趋势，因该病严重危害人畜健康，所以引起了人们的高度关注。

【诊断】当发现动物呈现不明原因的逐渐消瘦、咳嗽、肺部异常、慢性乳腺炎、顽固性下痢、体表淋巴结慢性肿胀等症状时，可怀疑为本病。通过病理剖检的特异性结核病变不难做出诊断；结核菌素变态反应试验是结核病诊断的标准方法。但由于动物个体不同，结核菌素变态反应试验尚不能检出全部结核病动物，可能会出现非特异性反应，因此必须结合流行病学、临诊症状、病理变化和微生物学等检查方法进行综合判断，才能做出可靠、准确的诊断。应按照《动物结核病诊断技术》进行诊断。

病料样品采集：无菌采集患病动物的痰、尿、脑脊液、腹水、乳及其他分泌物，病变淋巴结和病变器官（肺、肝、脾等）。

【防控措施】按照《牛结核病防治技术规范》实施。

该病的综合性防控措施通常包括以下几方面，即加强引进动物的检疫，防止引进带菌动物，净化污染群，培育健康动物群；加强饲养管理和环境消毒，增强动物的抗病能力、消灭环境中存在的牛分枝杆菌等。

（1）引进动物时，应进行严格的隔离检疫，经结核菌素变态反应确认为阴性时方可解除隔离、混群饲养。

（2）每年对牛群进行反复多次的普检，淘汰变态反应阳性病牛。通常牛群每隔3

个月进行 1 次检疫，连续 3 次检疫均为阴性者为健康牛群。检出的阳性牛应无害化处理，其所在的牛群应定期进行检疫和临诊检查，必要时进行病原学检查，以发现可能被感染的病牛。

（3）每年定期进行 2~4 次的环境彻底消毒。发现阳性病牛时要及时进行 1 次临时的大消毒。常用的消毒药为 20% 石灰水或 20% 漂白粉悬液。

（4）患结核病的动物应无害化处理，不提倡治疗。

【公共卫生学】病人和牛互相感染的现象在结核病防控中应当充分注意。人结核病多由牛分枝杆菌所致，特别是儿童常因饮用带菌牛奶而感染，所以饮用消毒牛奶是预防人患结核病的一项重要措施。但为了消灭传染源，必须对牛群进行定期检疫，无害化处理病牛才是最有效的办法。

（六）牛梨形虫病（牛焦虫病）

牛梨形虫病又称为牛焦虫病、牛血孢子虫病，是由梨形虫纲巴贝斯科或泰勒科原虫引起的总称，由蜱传播。本病在世界上许多地区发生和流行，我国各地也常有发生，使畜牧业遭受巨大损失。

1. 牛巴贝斯虫病（Cattle Babesiosis）

牛巴贝斯虫病是由巴贝斯科巴贝斯属的多种巴贝斯虫寄生于牛的红细胞内引起的一种原虫病。临床上主要特征为高热、贫血、黄疸和血红蛋白尿为特征，又称为蜱传热、红尿症。

【诊断】根据流行病学资料及临床症状可以做出初步的诊断。要确诊可采用以下两种方法：① 可采用血涂片染色镜检，发现红细胞内有特征性虫体，即可确诊。② 血清学诊断方法。间接荧光抗体、酶联免疫吸附试验、间接血凝试验已经得到广泛的应用。

【防控措施】

（1）灭蜱。灭蜱是预防巴贝斯虫病的关键。春季第一批牛蜱幼蜱侵害牛体时，用 1%~2% 敌百虫溶液喷洒牛体。夏、秋季对牛体喷洒或药浴，在蜱活动频繁季节，每周处理一次。牛群应避免到蜱大量滋生和繁殖的牧场去放牧，以免受到蜱叮咬。必要时改为舍饲。

（2）药物预防。用咪唑苯脲预防效果较佳，对在疫区放牧的牛群，在发病季节到来前，每隔 15d 用药物预防一次。

（3）严格引种。有蜱有虫地区的牛群要运输到无蜱无虫地区时，必须将牛体上的蜱彻底杀灭。牛群要运输到有蜱有虫地区时，最好选 1 岁以内的牛犊；如在发病季节或到了发病季节，应于到达后数日至十余日，应用药物预防。

（4）治疗。常用治疗药物有下列几种：① 锥黄素（黄色素）。按 3~4mg/kg 体重，配成 0.5%~1% 溶液静脉注射，症状未见减轻时，间隔 24h 再注射 1 次。病牛在治疗后的数日内，须避免烈日照射。② 贝尼尔（血虫净、三氮咪）。按 3.5~3.8mg/kg 体重，配成 5%~7% 溶液肌内注射。黄牛偶见腹痛等副作用，但很快消失。水牛对该药物较敏感，一般用药一次较为安全，连续使用，易出现毒性反应，甚至死亡。③ 阿卡普林

（硫酸喹啉脲、焦虫素）。按 0.6~1mg/kg 体重，配成 5%溶液皮下注射，有时注射后数分钟出现起卧不安、肌颤、流涎、出汗及呼吸困难等副作用，妊娠牛可流产。一般于 1~6h 后自行消失，皮下注射阿托品（10mg/kg 体重）可迅速缓解。④ 咪唑苯脲（苯脲咪唑）。按 1~3mg/kg 体重，配成 10%溶液肌内注射，效果很好。该药安全性较好，增大剂量至 8mg/kg，仅出现一过性的呼吸困难，流涎，肌肉颤抖，腹痛和排出稀便等副反应，约经 30min 后消失。但该药在体内不进行降解并排泄缓慢，导致长期残留在动物体内，由于这种特性，使该药具有较好的预防效果，但同时也导致了组织内长期药物残留。因此，牛用药后 28d 内不可屠宰供食用。

2. 牛泰勒虫病（Cattle theileriosis）

牛泰勒虫病是指由泰勒科泰勒属的数种泰勒虫寄生于牛、羊和其他野生动物的巨噬细胞、淋巴细胞和红细胞内引起的一种原虫病。临床上以高热、贫血、出血、消瘦及体表淋巴结肿胀为特征。

【诊断】根据流行病学、临诊症状和典型病理变化可做出初步诊断，确诊需进一步做淋巴结穿刺涂片镜检和耳静脉采血涂片镜检发现虫体。

【防控措施】预防的关键在灭蜱。残缘璃眼蜱是一种圈舍蜱，在每年 3—4 月和 11 月向圈舍内，特别是墙缝等处喷洒药物灭蜱。同时，做好牛体的灭蜱工作。在流行区，牛舍和牛体可用杀虫剂进行喷洒和药浴，消灭蜱类。对瑟氏泰勒虫病，在发病季节前每隔 15d 注射一次贝尼尔，有较好的预防效果。免疫期 82d 以上，但该苗对瑟氏泰勒虫无交叉保护作用。

在治疗方面，对于环形泰勒虫病目前还没有特效药物。国内已研制出预防环形泰勒虫病的裂殖体胶冻细胞苗，接种 20d 后产生免疫力，如能早期应用比较有效的药物，同时配合对症治疗，特别是输血疗法可以大大降低病死率。治疗药物为磷酸伯氨喹啉，剂量为 0.75mg/kg，每天口服 1 次，连用 3 次。

对于泰勒氏虫病可交替使用贝尼尔与黄色素治疗，7d 为 1 个疗程，效果较好。

（七）牛锥虫病

伊氏锥虫病（Trypanosomosis evansi）是由吸血昆虫机械性传播伊氏锥虫所引起的一种多种动物共患的血液原虫病，又名苏拉病。多发于热带和亚热带地区。临床上以高热、黄疸、贫血、进行性消瘦以及高病死率为特征。

本病呈世界性分布，在我国主要流行于长江中下游、华南、西南和西北等地。

【诊断】根据流行病学、症状、血液学检查、病原学检查和血清学诊断，进行综合判断。在血液中查出锥虫，即可确诊，但因虫体在末梢血液中的出现有周期性，要多重检查，才能发现虫体。

病料样品采集：在发热期采末梢静脉血或穿刺肩前淋巴结取活组织制作血涂片。死后剖检肺、肝和肾组织制作压片。

【防控措施】

（1）锥虫在宿主体外不能长时间存活，宿主死亡，体内虫体便很快消失。控制媒介昆虫可防制其解除动物宿主是预防本病的关键，虻、蝇吸血后最初几分钟内最具有感染性，8h后，不再具有传播病原的能力。

（2）药物预防。临床上以喹嘧胺的预防期最长，注射一次有3~5个月的预防效果。

（3）治疗。应抓住3个要点，即治疗要早（后期治疗效果不佳），药量要足（防止产生耐药性），观察时间要长（防止过早使役引起复发）。常用药物有：① 安锥赛（喹嘧胺）。每千克体重用药3~5mg，用灭菌生理盐水配成10%的溶液，皮下或肌内注射，隔日1次，连用2~3次，也可与拜耳205交替使用。② 萘磺苯酰脲（商品名纳加诺，拜耳205）。每千克体重12mg，用灭菌蒸馏水或生理盐水配成10%的药液，静脉注射。③ 贝尼尔。每千克体重5~7mg，配成5%~7%的溶液，深部肌内注射，每天1次，连用3次。

上述药物都有一定毒性，要严格按说明书使用，同时要配合对症治疗，方可收到较好的疗效。

（八）日本血吸虫病

日本血吸虫病（Schistosomosis japonicum）是由日本血吸虫寄生于人和牛、羊、猪、啮齿类动物的门静脉系统和肠系膜静脉的小血管所引起的人畜共患寄生虫病，以下痢、便血、消瘦、实质脏器散布虫卵结节等为特征。

【诊断】在流行区，根据临床症状可对急性大量感染的动物血吸虫病做出初步诊断，确诊需要病原学检查和血清学试验。

【防控措施】对本病的预防要采取综合性措施，要人、畜同步防治，在积极查治病畜、病人及控制感染外，还需加强粪便和用水管理，安全放牧和消灭中间宿主钉螺等。

（1）预防。① 灭螺是切断血吸虫病传播途径，防止再感染的关键性措施。消灭钉螺，可采用土埋、围垦及药物灭螺。灭螺药物有氯硝柳氨、茶子饼、石灰等。② 严格管理人畜粪便，不使新鲜粪便落入有水的地方，畜粪进行堆积发酵，不用新鲜粪便做肥料。③ 搞好饮水卫生，严禁家畜与疫水接触。④ 选择没有钉螺的地方放牧。

（2）常用的治疗药物。① 吡喹酮。牛30mg/kg体重，一次口服，最大用药量黄牛以300kg、黄牛以400kg体重为限。山羊20mg/kg体重，一次口服。或用5%吡喹酮注射液，0.4mL/kg体重，分点肌内注射，效果好，注射后病牛有不同程度的反应，一般在8~24h消失，轻度流涎者可在4h内恢复。② 硝硫氰胺（7505）。黄牛2~3mg/kg体重、水牛1.5~2mg/kg体重，静脉注射；或用60mg/kg体重，一次口服，最大剂量黄牛以300kg、水牛以400kg体重为限。③ 六氯对二甲苯（血防846）。新血防片（含量0.25g）应用于急性期病牛，剂量为100~200mg/kg体重，每日口服，连用10d为一疗程；血防846油溶液（20%），剂量为40mg/kg体重，每日注射，5d为一疗程，半个月后可重复治疗。

【公共卫生学】人感染血吸虫主要与疫水接触有关，无年龄和性别的差异，虫体在人体内的寿命较长，有的高达20多年。临诊表现有急性和慢性。预防上主要是做好粪便管理，避免与疫水接触，到疫区工作时应穿长腰靴、稻田袜、戴手套或用防护剂涂抹皮肤，以防感染。

（九）山羊关节炎脑炎

山羊关节炎脑炎（Caprine arthritis-encephalomyelitis，CAE）是由逆转录病毒科（RNA病毒）、正逆转录病毒亚科、慢病毒属的山羊关节炎—脑脊髓炎病毒引起山羊的一种慢性传染病。临诊特征是成年羊为慢性多发性关节炎，间或伴发间质性肺炎或间质性乳腺炎；羔羊常呈现脑脊髓炎症状。该病不仅病死率高、病程较长，而且可导致山羊生长受阻、生产性能下降，对山羊养殖业的发展影响很大。

本病1974年在美国首先发现，目前已分布于世界很多国家。1985年以来，我国先后在甘肃、贵州、四川、新疆、河南、辽宁、黑龙江、陕西、云南、海南和山东11个省、自治区发现本病，具有临诊症状的羊均为从英国引进的萨能奶山羊、吐根堡奶山羊及其后代，或是与这些进口山羊有过接触的山羊。

【诊断】依据病史、临诊病状和病理变化可对病例做出初步诊断，确诊需进行病原分离鉴定和血清学试验。

病料样品采集：无菌采集动物的周围血或刚挤下的新鲜奶或抽出的关节液，立即进行试验。以无菌手术收集病变组织，置于细胞培养液中待用。

【防控措施】本病目前尚无疫苗和有效治疗方法。防控本病主要以加强饲养管理和采取综合性防疫卫生措施为主。加强进口检疫，禁止从疫区（疫场）引进种羊；引进种羊前，应先作血清学检查，运回后隔离观察1年，其间再做两次血清学检查（间隔半年），均为阴性时才可混群。

采取检疫、扑杀、隔离、消毒和培育健康羔羊群的方法对感染羊群实行综合防治和净化，效果较好。即每年对超过2月龄的山羊全部进行1~2次血清学检查，对检出的阳性羊一律扑杀淘汰并作无害化处理；羊群严格分圈饲养，一般不予调群；羊圈除每天清扫外，每周还要消毒1次（包括饲管用具）；羊奶一律消毒处理；怀孕母羊加强饲养管理，使胎儿发育良好，羔羊产后立刻与母羊分离，用消毒过的喂奶用具喂以消毒羊奶或消毒牛奶，至2月龄时开始进行血清学检查，阳性者一律淘汰。在全部羊只至少连续2次（间隔半年）呈血清学阴性时，方可认为该羊群已经净化。

（十）梅迪—维斯纳病

梅迪—维斯纳病（Maecii-visna）是由逆转录病毒科（RNA病毒）、正逆转录病毒亚科、慢病毒属的梅迪—维斯纳病毒引起的成年绵羊的一种慢性、进行性、接触性传染病。临诊特征是潜伏期长，病程缓慢，进行性消瘦并伴有致死性间质性肺炎或脑膜炎。病羊衰弱，最后终归死亡，对养羊业带来重大损失。

本病最早发现于南非（1915）绵羊中，以后在荷兰（1918）、美国（1923）、（1933）、法国（1942）、印度（1965）、匈牙利（1973）、加拿大（1979）等国均有本病报道。

我国于1966—1967年，从澳大利亚、英国、新西兰进口的边区莱斯特成年羊中出现一种呼吸道障碍为主的疾病，病羊逐渐瘦弱，衰竭死亡，其临诊症状和剖检变化与梅迪病相似。1984年用美国的抗体和抗原检测，从澳大利亚和新西兰引进的边区莱斯特绵羊及其后代检出了梅迪—维斯纳病毒抗体，并于1985年分离出了病毒。

【诊断】2岁以上的绵羊、无体温反应、呼吸困难逐渐增重，可怀疑为本病。确诊本病还需采取病料送检验单位作病理组织学检查、病毒分离等实验室检查。

病料样品采集：无菌采集动物的周围血或刚挤下的新鲜奶或抽出的关节液，立即进行试验，以无菌手术收集病变组织，置于细胞培养液中待用。

【防控措施】本病目前尚无疫苗和有效的治疗方法，因此防控本病的关键在于防止健康羊接触病羊。引进种羊应来自非疫区，新进的羊必须隔离观察，加强进口检疫，经检疫认为健康时始可混群。避免与病情不明羊群共同放牧。每6个月对羊群做一次血清学检查。凡从临诊和血清学检查发现病羊时，最彻底的办法是将感染群绵羊全部扑杀。病尸和污染物应按《中华人民共和国动物防疫法》的规定销毁或用石灰掩埋。圈舍、饲管用具应用2%氢氧化钠或4%碳酸钠消毒。

国内有从封锁、隔离的病羊群中研究培育健康羔羊群的方法，即将临诊检查和血清学检查（琼脂扩散试验）双阳性的种羊，严格隔离饲养，羔羊产出后立即与母羊分开，实行严格隔离饲养，禁止吃母乳，喂以健康羊奶或消毒乳，经过几年的检疫和效果观察，认为能培育出健康羔羊。

五、马病

（一）马传染性贫血

马传染性贫血（Equine infectious anemia，EIA）简称马传贫，又称沼泽热，是由逆转录病毒科（RNA病毒）、正逆转录病毒亚科、慢病毒属的马传贫病毒引起的马属动物的一种传染病。病的特征是病毒持续性感染、反复发作，呈现发热并伴有贫血、出血、黄疸、心脏衰弱、浮肿和消瘦等症状。在发热期（有热期）症状明显，在间歇期（无热期）症状逐渐减轻或暂时消失。慢性或隐性马长期持续带毒。

本病1843年在法国首次发现，经两次世界大战后传播到世界各养马国家。目前，呈世界性分布。我国原本无此病，1931年日本侵华时把此病带进了东北及华北等地，1954年和1958年从苏联进口马匹时又将该病传入我国，并广为散布。我国于1965年由解放军兽医大学首次分离马传贫病毒成功，进而研制成功了马传贫补体结合反应和琼脂扩散反应两种特异诊断法，1975年中国农业科学院哈尔滨兽医研究所又研制成功了马传贫驴白细胞弱毒疫苗。该疫苗的推广应用，结合采取"养、检、隔、封、消、处"等综合性防控措施，使我国的疫情已得控制，疫区逐渐消失，多个省市已宣布达到农业农村部规定的消灭标准。

【诊断】目前常用的诊断方法有临诊综合判断、补体结合反应和琼脂扩散反应，其中任何一种方法呈现阳性，都可判定为传贫病马。

各种诊断方法，以琼扩检出率为最高，其次为补提结合反应，临诊综合判断法检出率为最低。但几种诊断法的结果不一致并有交错，都不能互相代替，必须同时并用，才能提高检出率。

病料采集：血清、血液、脏器、骨髓。

【防控措施】为了预防及消灭马传贫，必须坚决贯彻执行《马传染性贫血防治技术规范》。

1. 预防措施

加强饲养管理，搞好环境卫生，消灭蚊、蛇等吸血动物。新购入的马属动物，必须隔离观察1个月，经过检疫，认为健康者，方可合群。马匹外出时，应自带饲槽、水桶，禁止与其他马匹混喂、混饮或混牧。

2. 控制措施

（1）封锁。发生马传贫后，要划定疫区或疫点进行封锁。假定健康马不得出售、串换、转让或调群。种公马不得出疫区配种。繁殖母马一律用人工授精方法配种。自疫点隔离出最后1匹马之日起，经1年再未检出病马时，方可解除封锁。

（2）检疫。除进行测温、临诊及血液检查外，以1个月的间隔做3次补反和琼扩。临诊综合判断、补反或琼扩，任何一种判定为阳性的马骡，都是传贫病马。对有变化可疑的病马，立即隔离分化。除进行临诊综合判断以外，尚应做2次补体结合反应和琼扩，符合病马标准者按病马处理。经1个月观察，若仍有可疑时，可按传贫病马处理。对经分化排除传贫可疑的马骡，体表消毒后回群。

（3）隔离。对检出的传贫病马和可疑病马，必须远离健康马厩分别隔离，以防止扩大传染。

（4）消毒。被传贫病马和可疑病马污染的马厩、系马场、诊疗场等，都应彻底消毒。粪便应堆积发酵消毒。为了防止吸血昆虫侵袭马体，可喷洒0.5%二溴磷或0.1%敌敌畏溶液。兽医诊疗和检疫单位必须做好诊疗器材尤其是注射器、注射针头和采血针头的消毒工作。

（5）处理。病马要集中扑杀处理，对扑杀或自然死亡病马尸体应进行无害处理。

（6）免疫。在疫区，污染程度严重、污染面较大时，一般先进行检疫，将病马、假定健康马分群。然后对假定健康马接种马传贫驴白细胞弱毒疫苗。注苗后一般不再做定期检疫，出现有症状的病马仍按规定扑杀处理。疫区在注苗后6个月，经临诊综合判断，未检出马传贫病马时，即可解除封锁。

（二）马流行性淋巴管炎

马流行性淋巴管炎（Epizootic lymphangitis）又称伪性皮疽，是由伪皮疽组织胞浆菌引起的马属动物的一种慢性传染病。其临诊特征是在皮下淋巴管及其邻近的淋巴结、皮肤和皮下结缔组织形成结节、脓肿、溃疡和肉芽肿，也可感染肺部、鼻黏膜及眼结膜。

本病很早就流行于非洲和欧洲地中海沿岸地区，以后蔓延于世界各地。新中国成立前我国各地区的马群中都有发生，主要呈散发，有时呈地方流行性（如东北、内蒙古及西南等地），新中国成立后采取积极措施已得到控制。

【诊断】根据临诊上患畜体表的淋巴管索肿、念珠状结节、散在结节及蘑菇状溃疡和全身症状不明显等特点，结合流行病学情况，即可做出初步诊断。为了与类似疫病的鉴别，可进行细菌学检查和变态反应试验。

病料样品采集：无菌采集化脓灶和病变淋巴结。做病原分离时，要将病料放在含有抗生素的液体培养基中冷藏。

【防控措施】早期诊断、及时隔离治疗或扑杀是防控本病的有效办法。

平时应加强宣传教育，消除各种可能发生外伤的因素，合理使役，经常刷拭马体，搞好环境卫生，防止厩舍潮湿，增强马匹体质。发生外伤后应及时治疗。新引进的马匹应隔离检疫，注意体表有无结节和脓肿，防止混进病马。本病自然治愈马可获得长期或终生免疫。人工免疫马、康复马和患马的血清内都有抗体存在，在常发本病的地区，可试用灭活或中国农业科学院兰州兽医研究所研制的 T21-71 弱毒菌苗进行免疫接种，以控制本病的流行。

本病是一种顽固性疾病，应早期发现，及时治疗。采取药物疗法与手术疗法相结合才能取得较好的治疗效果。

发生本病后应按《中华人民共和国动物防疫法》规定，将病马及时隔离治疗，同厩马匹应逐匹触摸体表，发现病马及时隔离。被污染的马厩、系马场、诊疗场，应用 10% 的热氢氧化钠溶液或 20% 的漂白粉溶液消毒，每 10～15d 一次。饲养用具、刷拭用具及鞍挽用具等用 5% 甲醛溶液浸泡消毒。治疗病马的器械应煮沸消毒。粪尿作发酵处理，尸体应深埋。治愈马注意体表消毒，并经隔离检疫 2 个月证明未再发病后方可混群。

（三）马鼻疽

马鼻疽（Malleus，Glanders）是由鼻疽伯氏菌引起的马属动物多发的一种人兽共患传染病。通常马多为慢性经过，驴骡常呈急性，人也可感染。病的特征是在鼻腔、喉头、气管黏膜和皮肤上形成特异性鼻疽结节、溃疡和瘢痕，在肺脏、淋巴结和其他实质脏器内形成鼻疽性结节。人鼻疽的特征为急性发热，局部皮肤或淋巴管等处发生肿胀、坏死、溃疡或结节性脓肿，有时呈慢性经过。

马鼻疽是一种古老的疫病。在公元前 5 世纪就有记载，曾在世界各国广泛流行，危害严重。经过几十年的努力，使本病得到了基本控制，大多数经济发达国家已先后消灭了本病。我国目前已稳定控制，几乎消灭。

【诊断】鼻疽的病情复杂，须进行临诊、细菌学、变态反应、血清学及流行病学等综合诊断。但在大规模鼻疽检疫中，以临诊检查及鼻疽菌素点眼为主，配合进行补体结合反应。

病料采集：从未开放、未污染的病灶无菌采集病料。

【防控措施】严格执行《马鼻疽防治技术规范》。

目前对鼻疽尚无有效菌苗，为了迅速消灭本病，必须抓好控制和消灭传染源这一主要环节，及早检出病马，严格处理，切断传播途径，加强饲养管理，采取养、检、隔、处、消等五字综合性防疫措施。

对开放性和急性鼻疽马应按《中华人民共和国动物防疫法》规定，立即扑杀，进行无害化处理。必须诊疗时，应在严格隔离条件下，组织专人治疗，防止散播传染。有效治疗药物有金霉素、土霉素、四环素、链霉素及磺胺嘧啶等，应用最多的药物是磺胺嘧啶和土霉素。但病马难以彻底治愈，临诊康复后仍应隔离饲养。

【公共卫生学】人对鼻疽易感，发病多由伤口感染引起。人类感染多与职业有关，多发生于与病畜有密切接触的饲养员、屠宰工人、兽医和接触病料的实验室工作人员，偶尔可引起致死性疾病。

人的鼻疽可呈急性或慢性经过。急性型潜伏期约1周，常突然发生高热，在颜面、躯干、四肢皮肤出现类似天花样的疱疹，四肢深部肌肉发生疖肿，膝、肩等关节发生肿胀、肌肉和关节剧烈疼痛，鼻黏膜、喉头、肺等部位发生溃疡性炎症。出现贫血、黄疸、咳浓血痰。患者极度衰竭，如不及时治疗，最后常因脓毒血症发生循环衰竭而死亡。慢性型潜伏期长，有的可达半年以上。发病缓慢，病程长，反复发作可达数年之久。全身症状轻微，有低热或不规则发热，盗汗，四肢关节酸痛。皮肤或肌肉发生鼻疽结节和脓肿，在脓汁内含有鼻疽杆菌。病人渐见消瘦，呈恶病质状，常因逐渐衰竭而死亡。有时仅在皮肤黏膜上出现小结节和小溃疡，经治疗可痊愈。

人类预防本病主要依靠个人防护，在接触病畜、病料及污染物时应严格按规定操作，以防感染。对鼻疽病人应隔离治疗，所用药物与病马相同，一般两种以上药物联合同时应用，症状消失。脓肿应切开引流，但应防止病原扩散，加强消毒。

（四）马巴贝斯虫病

马巴贝斯虫病（又称马梨形虫病）（Babesiosis）是由努巴贝斯虫（旧称马焦虫）和马巴斯虫（旧称马钠氏焦虫）寄生于马红细胞引起的血液原虫病。以高热、贫血和黄疸为主要特征。在我国主要流行于新疆、内蒙古、青海、东北及南方各省区。

【诊断】根据流行病学资料及临诊表现往往可以做出诊断。为了确诊，可采取血液涂片，姬姆萨染色，检查红细胞中的虫体。有时需反复多次或改用集虫法进行检查，才能发现虫体。

病料样品采集：可疑动物的血液。

【防控措施】治疗、预防参阅牛巴贝斯虫病。当马匹中已出现临床病例或由安全区向疫区输入马匹时，可应用咪唑苯脲进行药物预防。

（五）伊氏锥虫病

伊氏锥虫病（Trypanosomosis evansi）是由伊氏锥虫引起的一种血液原虫病，亦称苏拉病。临诊特征为进行性消瘦、贫血、黄疸、高热、心肌衰竭，常伴发生体表水肿和神经症状。是马属动物、牛、水牛、骆驼的常见疾病。马属动物感染后，取急性经过，病程1~2个月，病死率高。牛及骆驼，虽有急性并死亡的病例，但多数为慢性，少数呈带虫状态。

【诊断】可根据流行病学、临诊症状、血液学检查、病原学检查和血清学诊断，进行综合判断，但以病原学检查最为可靠。

病料样品采集：可疑动物的血液。

【防控措施】在疫区及早发现病畜和带虫动物，进行隔离治疗，控制传染源，同时定期喷洒杀虫药，尽量消灭吸血昆虫，必要时进行药物预防。

1. 预防

加强饲养管理，消灭虻、厩蝇等传播媒介。药物预防在生产上较实用的是：喹嘧啶的预防期最长，注射一次有 3~5 个月的预防效果；萘磺苯酰脲用药一次有 1.5~2 个月的预防效果；沙莫林预防期可达 4 个月。

2. 治疗

治疗要早，用药量要足，现在常用的药物有以下几种。

（1）萘磺苯酰脲。商品名纳加诺或拜耳（Bayer205）或苏拉明，生理盐水配成 10% 溶液，静脉注射。用药后个别病畜有体表水肿、口炎、肛门及蹄冠糜烂、跛行、荨麻疹等副作用，静脉注射下列药物可以缓解：氯化钙 10.0g，苯甲酸钠咖啡因 5.0g，葡萄糖 30.0g，生理盐水 1 000mL，混合。

（2）安锥赛有两种盐类，即硫酸甲基喹嘧胺和氯化喹嘧胺。前者易溶于水，易吸收，用药后能很快收到治疗效果；后者仅微溶于水，故吸收缓慢，但可在体内维持较长时间，达到预防的目的。一般治疗多用前者，按 5mg/kg 体重，溶于注射用水内，皮下或肌内注射。预防时可用喹嘧胺预防盐，国外生产者有两种不同比例产品，均由硫酸甲基喹嘧胺和氯化喹嘧胺混合而成，其混合比例为 3∶2 或 3∶4，使用时应以其中硫酸甲基喹嘧胺含量计算其用量，可同时收到治疗及预防效果。

（3）贝尼尔。以注射用水配成 7% 溶液，深部肌内注射，马按 3.5mg/kg 体重，每日 1 次，连用 2~3d。

（4）氯化氮胺菲啶盐酸盐（商品名沙莫林）。是近年来非洲家畜锥虫病常用治疗药，按 1mg/kg 体重，用生理盐水配成 2% 溶液，深部肌内注射。当药液总量超过 15mL 时应分两点注射。对牛有较好的治疗效果。

锥虫病畜经以上药物治疗后，易产生抗药虫株。因此，在治疗后复发的病例，常建议改用其他药物，建议改用的药物如下：曾用萘磺苯酰脲者改用喹嘧胺；曾用喹嘧胺或三氮脒者改用沙莫林；曾用沙莫林者改用三氮脒。

六、兔病

（一）兔病毒性出血病

兔病毒性出血病（Rabbit viralhemorrhagic disease，RHD）俗称"兔瘟"，是由嵌杯病毒科（RNA 病毒）、兔病毒属的兔出血症病毒引起家兔的一种急性、热性、败血性、高度接触性传染病，以全身多系统出血、肝脏坏死、实质脏器水肿、瘀血、出血和高死亡率为特征。本病常呈暴发流行，发病率及病死率极高，给世界养兔业带来了巨大危害。1984 年，杜念兴、徐为燕等在我国最先报道本病，1988 年蔓延至欧洲及墨西哥。

【诊断】根据流行病学特点，2 个月以上家兔发病快、死亡率高并出现典型的临诊症状，结合剖检的典型病理变化能初步诊断。确诊需要进行实验室检查。

病料样品采集：感染兔血液和肝脏等脏器中病毒的含量极高，可用于病毒抗原的检测。

【防控措施】采取消毒、隔离、封锁、扑灭等综合性措施。坚持自繁自养。不能从发生该病的国家和地区引进感染的家兔和野兔及其未经处理过的皮毛、肉品和精液，特别是康复兔及接种疫苗后感染的兔，因为存在长时间排毒的可能。

该病尚无有效治疗药物。病初高免血清治疗（成年兔每只肌内注射 2~3mL）有较好疗效。疫区定期用组织灭活疫苗进行预防接种，成年兔每次每只皮下注射 1mL，免疫期可持续半年以上，一年免疫 2 次。

一旦发生本病，应按《中华人民共和国动物防疫法》的规定，将与感染群接触者全部扑杀，并无害化处理，同时进行封锁消毒达到净化的目的。

(二) 兔黏液瘤病

兔黏液瘤病（Rabbit myxomatosis）是由痘病毒科、兔痘病毒属黏液瘤病毒引起兔的一种接触传染性、高度致死性传染病，以全身皮肤，特别是颜面部和天然孔周围皮肤发生黏液瘤样肿胀为特征，给养兔业造成毁灭性的损失。到目前为止已发生过本病的国家和地区有 56 个。我国目前尚无该病发生。

【诊断】根据流行病学、临诊症状和剖检病变可对该病做出诊断，但确诊需要进行实验室检查。

病料样品采集：采取病变组织，将表皮与真皮分开，PES 液洗涤后备用。

【防控措施】我国尚未发现有该病，应加强国境检疫，严防从该病流行的国家或地区引进兔及其产品，必须引进时应进行严格检疫，禁止将血清学阳性或感染发病兔引入国内。进口兔毛皮等产品要进行严格的熏蒸消毒以杀灭兔皮中污染的黏液瘤病毒。试验证明，60℃ 1h 可以灭活干皮中的病毒；50℃ 24h 才能灭活新鲜皮毛中的黏液瘤病毒。

疫区主要通过疫苗接种进行该病的预防，常用的疫苗有异源性的纤维瘤病毒疫苗和同源性的黏液瘤病毒疫苗两种，二者免疫预防效果均较好。该病尚无有效的治疗方法。

一旦发现病兔及其兔群，应立即按《中华人民共和国动物防疫法》规定进行扑杀销毁无害化处理。

(三) 野兔热

野兔热（Rabbit tularemia）又叫土拉热、土拉杆菌病，是由土拉热弗朗西斯菌引起的人畜共患的一种急性传染病。主要特征是体温升高，淋巴结肿大，脾脏及其他内脏器官坏死并形成干酪样病灶。本病主要见于野生啮齿类动物，再由它传染给家畜和人，因此属于自然疫源性疾病。动物感染该病会造成严重的经济损失，同时对旅游业也构成一定影响。

本病主要分布在北半球，我国土拉杆菌病自然疫源地不但存在于人烟稀少的边疆省份，而且也存在于个别的内地省份。

【诊断】根据该病在流行病学、临诊症状和病理剖检等方面的特点，可进行初步的诊断，确诊本病要依靠实验室检验。

病料样品采集：分离病原所用的病料可采集动物淋巴结、肝、肾、胎盘等病灶组织，血清学检测可采集发病动物血液分离血清。

【防控措施】

（1）采取综合卫生措施。在本病流行地区，应驱除野生啮齿动物和吸血昆虫。经常进行杀虫、灭鼠。兔舍进行彻底消毒。病畜及时隔离治疗，同场及同群家畜用凝集反应及变态反应检查，直至全部阴性为止。

（2）弱毒菌苗有良好的预防效果。康复动物对本病产生坚强的免疫力。

（3）患病动物与人类均可用链霉素治疗，也可用土霉素、四环素、金霉素、庆大霉素等治疗。此外，还应根据病情采取支持疗法和对症疗法。

【公共卫生学】人对本病也易感，人的感染大多因从事狩猎、打谷草等野外活动，饲养感染的羊和加工污染的皮毛等，经昆虫叮咬、经口及呼吸道或经皮肤黏膜也可感染。如我国山东某冷冻食品加工厂冬季暴发流行本病，经调查证明系由于加工野兔肉时接触病兔而发生的。不同年龄、性别、职业与发病无关，主要取决于接触的机会。

人感染后潜伏期为 1~10d。突然发病，高热恶寒，全身倦怠，肌肉痉挛，食欲不振，盗汗，有时出现呕吐、鼻出血，可持续 1~2 周，有时拖延数周之久。由于感染途径多，可出现各种不同的病型，腺肿者最多见，以局部淋巴结疼痛、肿胀为特征，一般不波及周围组织。溃疡-腺肿型者病菌侵入局部皮肤发生溃疡，附近淋巴结肿痛，多由于被吸血昆虫叮咬或处理感染动物而得病。胃肠型者表现溃疡性扁桃体炎、咽炎、肠系膜淋巴结炎，腹部有阵发性钝痛。肺型表现卡他性鼻炎、肺炎及肺门淋巴结肿。眼-腺型，经眼结膜感染，眼睑严重水肿，结膜充血，角膜形成小溃疡，有脓性分泌物，并有耳前或颈部淋巴结肿大。也有感染后不发病者，即使发病其预后往往良好。

预防人类感染本病，主要是做好个人防护，避免接触疫源动物。处理受染动物要戴手套。病人不需隔离，但对溃疡、淋巴结等分泌物要进行消毒。预防注射可用冻干弱毒菌苗皮肤划痕接种一次，可保持免疫力 5 年以上。应用此苗后，已使疫源地发病率明显降低。

（四）兔球虫病

兔球虫病（Rabbit coccidiosis）是由兔艾美耳球虫属的多种球虫引起的兔的一种原虫病。本病是家兔最常见且危害严重的内寄生虫病，对养兔业造成了巨大经济损失。

球虫属于单细胞原虫，寄生于兔的有 16 种。寄生于肝脏、胆管上皮细胞内的称为肝型球虫；寄生于肠道上皮细胞内的叫肠型球虫。但在临床上所遇到的往往是两类混合感染。球虫在兔体内寄生、繁殖，卵囊随粪便排出，污染饲料、饮水、食具、垫草和兔笼，在适宜的温度、湿度条件下变为侵袭性卵囊，易感兔吞食后而感染。

【诊断】依据流行情况、临床症状及剖检病变可做出初步诊断。确诊应做实验室检验。肝球虫病死兔在胆管、胆囊黏膜上取样涂片，能检出卵囊。肠球虫病取肠黏膜、肠结节涂片，能查到大量球虫卵囊。

病料采集：肝脏、粪便及肠管。

【防控措施】应采取综合性防治措施。

（1）兔舍应选择建在向阳、高燥的地方，并要保持环境的清洁和通风。

（2）喂给家兔的饲草、饲料和水，要干净、新鲜、卫生。

（3）最好使用铁丝笼，家兔排出的粪、尿及时通过笼底网眼漏在承粪板上，定时清理干净，严防污染饲料和水。

（4）用具要勤清洗消毒，兔笼尤其是笼底板要定期用火焰消毒或暴晒，以杀死卵囊。

（5）幼兔和成兔分开饲养，发现病兔马上隔离。

（6）断奶以后至3月龄的幼兔，应使用药物控制球虫病的发生。为防止产生抗药性，可采用几种抗球虫药物轮换使用。

常用防治球虫病的药物及用法：常用的有磺胺氯吡嗪钠、磺胺-6-甲氧嘧啶、磺胺-2-甲氧嘧啶、氯苯胍、莫能霉素、盐霉素等。

在众多抗球虫药中，含有马杜霉素的各种剂型的药，不能用于兔，否则会发生中毒死亡。盐霉素、莫能霉素使用时也应慎重，以免过量中毒。

第三节　三类动物疫病防控要点

一、多种动物共患病

（一）大肠杆菌病

大肠杆菌病（Colibacillosis）是指由致病性大肠杆菌引起多种动物不同疾病或病型的通称。病原性大肠杆菌和人畜肠道内正常寄居的非致病性大肠杆菌在形态、染色反应、培养特性和生化反应等方面没有区别，但抗原构造不同。

大肠杆菌有菌体抗原（O-Ag）171种，表面抗原（K-Ag）103种，鞭毛抗原（H-Ag）60种，因而构成许多血清型。致病性大肠杆菌的许多血清型可引起各种家畜和家禽发病，其中 O_8、O_{138}、O_{141} 等多见于猪，O_8、O_{78}、O_{101} 等见于牛羊，O_4、O_5、O_{75} 等见于马，O_1、O_2、O_{36}、O_{78} 等多见于鸡，O_{10}、O_{85}、O_{119} 等多见于兔。一般使仔猪致病的血清型往往带有 K_{88} 抗原，而使犊牛和羔羊致病的多带有 K_{99} 抗原。不同地区的优势血清型往往有差别，即使在同一地区，不同疫场（群）的优势血清型也不尽相同。

1. 猪大肠杆菌病

仔猪：因仔猪的生长期和病原菌血清型不同，本病在仔猪的临诊表现也有不同。

（1）黄痢型。又称仔猪黄痢，潜伏期短，出生12h以内即可发病，长的也仅1～3d，较此更长者少见。一窝仔猪出生时体况正常，经过一定时间，突然1～2头表现全身衰竭，迅速死亡，以后其他仔猪相继发病，排出黄色浆状稀粪（图8-34），内含凝乳小片和小气泡，很快脱水、消瘦、昏迷衰竭死亡。

（2）白痢型。又称仔猪白痢，仔猪突然拉稀，同窝相继发生，排出腥臭、黏腻乳白色或灰白色的糨糊状（图8-35）粪便，腹泻次数不等。仔猪精神不振，畏寒，脱水，吃奶减少或不吃，有时见有吐奶。一般病猪的病情较轻，及时治疗能痊愈，但多因反复发作而形成僵猪，严重时，患猪粪便失禁，1周左右死亡。

（3）水肿型。又称猪水肿病、大肠杆菌毒血症、浮肿病、胃水肿，是小猪一种急性、致死性的疾病，其特征为胃壁和其他某些部位发生水肿（图8-36）。本病发病率虽然不很高，但病死率很高（约90%）。主要发生于断乳仔猪，小至数日龄，大至4月龄都有发生。生长快、体况健壮的仔猪最为常见，瘦小仔猪少发生。其发生一般和饲料、饲养方法改变、气候变化等有关。如初生得过黄痢的仔猪，一般不发生本病。

病猪突然发病，精神沉郁，食欲减少，口流白沫，体温无明显变化，病前1~2d有轻度腹泻，后便秘。心跳疾速，呼吸初快而浅，后来慢而深。喜卧地、肌肉震颤，不时抽搐，四肢动作游泳状，呻吟，站立时拱腰，发抖。前肢如发生麻痹，则站立不稳，后肢麻痹，则不能站立。行走时四肢无力，共济失调，步态摇摆不稳，盲目前进或作圆圈运动。水肿是本病的特殊症状，常见于脸部、眼睑（图8-37）、结膜、齿龈、颈部、腹部的皮下。病程短的仅仅数小时，一般为1~2d，也有长达7d以上的。

2. 鸡大肠杆菌病

鸡大肠杆菌病（Avian colibacillosios）是由致病性大肠杆菌引起的疾病总称，是鸡场的一种常见病、多发病。本病主要发生于密集化养禽场，各种禽类均易感，特别是幼禽和肉用仔鸡最常见，给养禽业造成巨大的经济损失。

病鸡没有特征性的临床表现，与鸡只的发病日龄、病程长短、受侵害部位、有无继发和混合感染有很大关系。其主要的病型有胚胎和幼雏的死亡、败血症、气囊炎、心包炎、肝周炎（图8-38）、输卵管炎、肠炎、腹膜炎和大肠杆菌性肉芽肿等。由于常和霉形体病合并感染，又常继发于其他传染病（如新城疫、禽流感、传染性支气管炎、巴氏杆菌病等），使治疗十分困难。

3. 犊牛大肠杆菌病

犊牛大肠杆菌病又称犊牛白痢。是由一定血清型的大肠杆菌引起的一种急性传染病。大肠杆菌广泛地分布于自然界，动物出生后很短时间即可随乳汁或其他食物进入胃肠道，成为正常菌。新生犊牛当其抵抗力降低或发生消化障碍时，均可引起发病。本病主要是经消化道感染，子宫内感染和脐带感染也有发生。本病多发生于2周龄以内的新生犊牛。

4. 羔羊大肠杆菌病

羔羊大肠杆菌病是由致病性大肠杆菌所引起的一种幼羔急性、致死性传染病。临床上表现为腹泻和败血症。多发生于出生数日至6周龄的羔羊，呈地方性流行，也有散发的。气候不良、营养不足、场地潮湿污秽等，易造成发病；主要在冬春舍饲期间发生；经消化道感染。

5. 马属大肠杆菌病

病驹体温升至40℃以上，剧烈下痢，肛门失禁，流出液体粪便，呈白色或灰白色，含大量黏液，有时混有血液。病驹常在数日内死亡。病程较长的，下痢与便秘交替发生。有的关节肿大，表现跛行。病死率一般为 10%~20%。

6. 兔大肠杆菌病

潜伏期 4~6d。最急性者突然死亡。多数病兔初期腹部膨胀，粪便细小、成串，外包有透明、胶冻状黏液，随后出现水样腹泻。病兔四肢发冷、磨牙、流涎，眼眶下陷，迅速消瘦，1~2d 内死亡。

【诊断】根据流行病学、临床症状和病理变化可做出初步诊断。确诊需进行细菌学检查。

病料采集：败血症为血液、内脏组织；肠毒血症为小肠前部黏膜，胃壁水肿液；肠型为发炎的肠黏膜。对分离出的大肠杆菌应进行生化反应和血清学鉴定，然后再根据需要，做进一步的检测。

【防控措施】

1. 预防措施

控制本病重在预防。

（1）怀孕母畜应加强产前产后的饲养和护理，仔畜应及时吮吸初乳，饲料配比适当，勿使饥饿或过饱，断乳期饲料不要突然改变。

（2）对舍饲的畜（禽）群，尤其要防止各种应激因素的影响。

（3）加强种鸡和雏鸡的饲养管理。

种鸡：在进行人工授精时，人员、用具要严格消毒，种蛋入孵和孵化期间要严格消毒；以降低传播本病的机会。

雏鸡饲养：①适宜的温度。在育雏前 3d，保证育雏室的温度达到 33~35℃，以后每周下降 2~3℃，直到 30d 育雏期结束，使室温维持在 18~21℃。②适宜的湿度。育雏期间定期带鸡喷雾消毒。这样既可以保持空气湿润，又可保持地面干燥，还可起到消毒作用。③加强通风。在保证温度的同时合理透风，可以减少慢性呼吸道疾病和大肠杆菌病的发生。

（4）加强日常消毒和病死畜禽及其污染物的无害化处理。

（5）用针对本地（场）流行的大肠杆菌血清型制备的多价活苗或灭活苗接种妊娠母畜或种禽，可使仔畜或雏禽获得被动免疫。

（6）近年来，使用一些对病原性大肠杆菌有竞争抑制作用的非病原性大肠杆菌（如 NY-10 菌株、SY-30 菌株等）以预防仔猪黄痢的菌群调整疗法，已在国内某些地区推行，收到了较好的效果。

（7）因用重组 NA 技术研制成功的仔猪大肠杆菌病 K_{88} 基因工程苗、987P 基因工程苗、K_{88}-K_{99} 双价基因工程苗以及 K_{88}-K_{99}-987P 三价基因工程苗，母猪产前 30d 和 15d 各注射一次大肠杆菌基因工程苗，可预防仔猪黄痢。仔猪 2 周龄接种仔猪水肿病灭活疫苗可预防仔猪水肿病。目前尚没有预防仔猪白痢的疫苗。产前 2~6 周给妊娠母牛接种产肠毒素性大肠杆菌疫苗，犊牛出生后将其初乳喂给新生犊牛，以预防产肠毒素性大肠杆菌感染。羊大肠杆菌甲醛灭活疫苗，系用那波里大肠杆菌（O_{78}：K_{80}）制成，免疫期

6个月。

2. 治疗措施

本病的急性经过往往来不及救治。药物治疗时，应在药敏试验指导下选择性用药，以减少大肠杆菌耐药性的产生。

（1）可使用敏感的抗生素和磺胺类药物进行治疗，如硫酸新霉素、大观霉素、丁胺卡那霉素、头孢噻呋、头孢噻肟、硫酸黏杆菌素等进行治疗，并辅以对症治疗。但仔猪黄痢和水肿病往往来不及治疗，对仔猪白痢早期治疗有一定效果。

（2）近年来，使用活菌制剂治疗畜禽下痢，有良好功效。

（3）犊牛患病时，可通过补液调节病牛体内的水分、电解质以及酸碱平衡。

【公共卫生学】人感染致病性大肠杆菌后发病大多急骤，主要症状是腹泻，常为水样稀便，不含黏膜和脓血，每天数次至10多次，伴有恶心、呕吐、腹痛、里急后重、畏寒发热、咳嗽、咽痛和周身乏力等表现。一般成人症状较轻，多数仅有腹泻，数日可愈。少数病情严重者，可呈霍乱样腹泻而导致虚脱或表现为菌病型肠炎。

由 O_{157} 型引起者，呈急性发病，突发性腹痛，先排水样稀粪，后转为血性粪便、呕吐、低烧或不发烧。小儿能导致溶血性尿毒综合征，血小板减少，有紫癜，造成肾脏损害，难以恢复。婴幼儿和年老体弱者多发，并可引起死亡。人感染 O_{157} 型后也可表现为无症状的隐性感染，但有传染性。

人大肠杆菌最有效的预防方法是搞好个人和集体的饮食卫生。发病时，多数病例病情较轻，早期控制饮食，减轻肠道负荷，一般可迅速痊愈。婴幼儿多因腹泻而失水严重，应予以水、电解质的补充和调节，一般不用抗生素治疗，但对肠侵袭型大肠杆菌所致急性菌痢型肠炎，可选用敏感的抗生素和喹诺酮药。肠出血性大肠杆菌感染多发生于儿童和老人，只要及时采用抗生素治疗，辅以对症疗法，一般不会危及生命安全，关键在于及时诊断，防止病情恶化，若发展为溶血性尿毒综合征，损害肾脏，则难以治愈，迄今尚无人大肠杆菌病的菌苗可以利用。

（二）李斯特氏菌病

李斯特氏菌病（Listeriosis）是由产单核细胞李斯特氏菌（原称李氏杆菌）引起的一种人兽共患传染病。家畜主要表现脑膜炎、败血症和孕畜流产；家禽和啮齿类动物则表现坏死性肝炎和心肌炎；有的还可出现单核细胞增多症。人主要表现脑膜炎。但无论哪一种病型，病情均严重，不可忽视。

【诊断】根据流行特点、临诊症状及病理学变化可做出初步诊断。

病料样品采集：李斯特氏菌病脑炎的病灶分布局限于脑干部，所以应在此部位采集一部分脑实质。败血症病例，不必限于特定脏器，但常选肝脏和脾脏。对于流产病例，采取流产胎儿消化器官内容物及母畜的阴道分泌物。

【防控措施】

（1）预防本病尚无有效的菌苗，预防的主要措施在于管理。①加强饲料卫生管理是预防李斯特氏菌病的主要措施。②驱除鼠类和其他啮齿类动物，消灭体外寄生虫，不从发病地区引入畜禽。

发生本病时，应将病畜隔离治疗。被污染的畜舍、用具应彻底消毒，防止病菌散布；病畜的乳、肉及其他产品必须进行无害化处理；同时应尽力查出原因，采取防控措施。如怀疑是青贮饲料致病时，应改用其他饲料。将未受感染的动物尽早隔离至清净地方，有效控制疫情的发展。

（2）治疗。抗生素对李斯特氏菌病有很好效果。但对家畜李斯特氏菌脑炎治疗效果不稳定，成功率较低。

【公共卫生学】人对李斯特氏菌有易感性，感染后可呈现多种症状，但常见者为脑膜炎症，其次为妊娠感染、败血症及局部感染等。

新生儿的李斯特氏菌病有早发型和迟发型两种。早发型是产后立即发病，或于生后2~5日内发病，病儿一般为早产儿，主要表现为呼吸道和中枢神经系统症状；迟发型在产后1~3周发病，主要表现脑膜炎症状。孕妇感染本病出现类似流感症状，并导致胎儿流产。兽医师及从事相关职业人员易患皮肤型李斯特氏菌病，抵抗力降低时则发展为全身性感染。

防控应采取以下措施：① 养成不饮生水、生乳及不食生鱼、生肉的卫生习惯；② 病畜、病禽肉不可食用；③ 牧区和农牧兼有的农村，要教育儿童不可在畜舍周围玩耍；④ 经常注意灭鼠和杀灭吸血节肢动物；⑤ 兽医及有关职业人员应做好个人防护。

（三）类鼻疽

类鼻疽（Melioidosis）是由伪鼻疽伯氏菌所致的一种热带地区人畜共患传染病，特征性病变是受侵害器官发生化脓性炎症和特征性肉芽肿结节。

【诊断】类鼻疽诊断与鼻疽诊断相同。

病料样品采集：细菌分离从没污染的病灶采集病料，血清学检测主要采取患病动物血等。

【防控措施】由于该病对人和动物的危害较大，而且是一种自然疫源性疾病，因此必须采取有效措施进行防控。

（1）加强引进动物的检疫，防止病原传入。

（2）新发病地区或养殖场应对患病动物采取严厉的措施，扑杀并销毁感染动物及周围的啮齿类动物，同时严格消毒，防止污染。

（3）在疫区定期检疫、消毒，发现病畜及时隔离、无害化处理。流行区家畜感染率高，为了切断动物传染途径，应将本病列入有关乳品、肉品卫生检验规程。

（4）死亡家畜禁止食用，应焚烧或高温化制处理。

目前尚无预防本病的有效菌苗。在治疗方面，常用药物为四环素、强力霉素、卡那霉素和磺胺类药物。

【公共卫生学】人对类鼻疽病易感，目前全世界每年确诊的病例有近百例。

（四）放线菌病

放线菌病（Actimomycosis）又称"大颌病"，是多种致病性放线菌引起人和牛、羊、猪等多种动物的一种非接触性慢性传染病，以牛放线菌较为常见。临诊上以患病动物头、颈、颔下和舌形成明显的肉芽肿和慢性化脓灶，脓汁中含有特殊菌块（称"硫磺颗粒"）为特征。该病在世界各地均有分布。我国也有本病的存在，通常为散发性。

【诊断】根据临诊表现和病理变化可做出初步诊断；但确诊必须结合实验室检查的结果进行综合分析后判断。

病料样品采集：主要采集新鲜脓汁。

【防控措施】加强饲养管理，遵守兽医卫生制度，防止皮肤、黏膜损伤；局部损伤后及时处理可防止该病的发生。

发生该病后应及时进行治疗，硬结可用外科手术切除，若有瘘管形成要连同瘘管彻底切除，然后用碘酊纱布填塞，同时肌内注射抗生素。常用的抗菌药物包括青霉素、红霉素、四环素、林可霉素等。

（五）肝片吸虫病

肝片吸虫病（Fasciolosis）是由肝片吸虫寄生于牛、羊等反刍动物的肝脏胆管中引起的急性或慢性肝炎、胆管炎，并伴有营养障碍和全身性中毒现象。人也有被感染的报道。

【诊断】根据流行病学资料、临床症状、粪便检查和死后剖检（图8-39 牛肝脏胆囊中的肝片吸虫）等进行综合判定。

病料样品采集：新鲜粪便、血液和死亡动物肝脏。

【防控措施】

1. 预防

应根据流行病学特点，采取综合防控措施。

（1）预防性定期驱虫。驱虫的时间和次数可根据流行区的具体情况而定。在我国北方地区，每年应进行两次驱虫：一次在冬末春初，另一次在秋末冬初，在放牧转为舍饲。南方因终年放牧，每年可进行3次驱虫。急性病例可随时驱虫。在同一牧地放牧的动物最好同时都驱虫，尽量减少感染源。

（2）消灭中间宿主椎实螺。灭螺是预防肝片形吸虫病的重要措施。可结合农田水利建设，草场改良，填平无用的低洼水潭等措施，以改变螺的滋生条件。此外，还可用化学药物灭螺，如施用1∶50 000的硫酸铜，2.5mg/L的血防67及20%的氯水均可达到灭螺的效果。如牧地面积不大，亦可饲养家鸭，消灭中间宿主。

（3）加强饲养卫生管理。家畜粪便，特别是驱虫后的粪便应堆积发酵产热而杀灭虫卵。选择在高燥处放牧；动物的饮水最好用自来水、井水或流动的河水，并保持水源清洁，以防感染。从流行区运来的牧草需经处理后，再饲喂舍饲的动物。

2. 治疗

治疗片形吸虫病的药物较多，各地可根据药源和具体情况加以选用。

（1）硝氯酚（拜耳9015）。① 粉剂或片剂。剂量为牛3~4mg/kg体重；绵羊为4~5mg/kg体重，一次口服。② 针剂。剂量为牛0.5~1.0mg/kg体重，绵羊为0.75~1.0mg/kg体重，深部肌内注射。高效驱成虫，适用于慢性病例，对童虫无效。

（2）丙硫咪唑（抗蠕敏）。剂量为牛20~30mg/kg体重，一次口服，或10mg/kg体重，经第三胃投予。绵羊为10~15mg/kg体重，一次口服，疗效甚好。本药不仅对成虫有效，而且对童虫也有一定的疗效。

（3）三氯苯唑（肝蛭净）。剂量为黄牛10~15mg/kg体重，水牛10~12mg/kg体重；绵羊及山羊为8~12mg/kg体重，均一次口服，对成虫和童虫均有杀灭作用。用药后14d肉才能食用，乳10d后才能饮用。

（六）丝虫病

丝虫病（Seteriosis）是由丝状线虫寄生于牛、羊、马、野生反刍类、猪等动物腹腔引起的寄生虫病，又称腹腔丝虫病。寄生于腹腔的成虫，致病性不强；但有些种的幼虫可寄生于非固有宿主的某些器官，引起如脑脊髓丝虫病和浑睛虫病等一些危害严重的疾病。

1. 牛、马丝虫病

在我国主要为马丝状线虫、鹿丝状线虫、指形丝线虫。

（1）马丝状线虫。寄生于马属动物的腹腔，有时也寄生于胸腔、盆腔和阴囊等处（其幼虫可能出现于眼前房内，称浑睛虫，长可达30mm）。

（2）鹿丝状线虫。又称唇乳突丝状线虫。该虫寄生于牛、羚羊和鹿的腹腔。

（3）指形丝线虫。寄生于黄牛、水牛和牦牛的腹腔，和鹿丝状线虫相似。

【诊断与防控措施】取动物外周血液检查，发现微丝蚴即可确诊。乙胺嗪（海群生）可杀死微丝蚴，但不能杀成虫。预防应包括防止吸血昆虫叮咬和扑灭吸血昆虫两个方面。

2. 马脑脊髓丝虫病（腰痿病）

马脑脊髓丝虫病是由寄生于牛腹腔的指形丝状线虫的晚期幼虫侵入马的脑和脊髓的硬膜下或者实质中引起的寄生虫病。在我国，马脑脊髓丝虫病多发生于长江流域和华东沿海地区，东北和华北等地亦有病例发生。马、骡患病后，逐渐丧失使役能力，重病者多因长期卧地不起，发生褥疮，继发败血症致死。

【诊断】早期诊断亟待解决。病马出现临诊症状时，才能做出诊断，但治疗已为时过晚，难以治愈。

【防控措施】可采用下列措施。

（1）控制传染源。马厩应建在高燥通风处，并远离牛舍。蚊虫出现季节，应尽量避免马、骡与牛接触。

（2）普查牛只。对带微丝蚴的牛，应用药物治疗，消灭病原，或者对病牛进行无害化处理。

（3）阻断传播途径。搞好环境卫生，消灭蚊虫滋生地；药物驱蚊灭蚊。

（4）药物预防。对新引进的马用海群生进行预防注射。

在治疗上需在皮内反应呈阳性，尚无临诊症状或症状轻微时，才能收到较好的效果。用药为海群生，口服和注射配合使用。

3. 浑睛虫病

马、骡浑睛虫病的病原有 3 种：指形丝状线虫或鹿丝状线虫，间或为马丝状线虫的童虫。发生于牛时，则多为马丝状线虫的童虫。中间宿主为蚊。马或牛的一个眼内，常寄生 1~3 条，游动于眼前房中，以马、骡为多发。

浑睛虫病的根本疗法是应用角膜穿刺法取出虫体，并用抗生素眼药水点眼。术后穿刺的创口一般可在 1 周内愈合；也可用 2%~3% 硼酸溶液、1/1 500 的碘溶液、2/1 000 海群生强力清洗结膜囊，以杀死或冲出虫体。2% 可卡因滴眼，虫体受刺激后由眼角爬出，然后用镊子将虫体取出。

在流行季节，大力灭蝇；也可在眼部加挂防蝇帘。在每年 6 月和 7 月上旬，以 1% 敌百虫或 2% 噻苯唑溶液滴眼，在成虫期前进行全群性驱虫。

4. 副丝虫病

（1）马副丝虫病。马副丝虫病是由多乳突副丝虫寄生于马的皮下组织和肌间结缔组织引起的寄生虫病。病的特点是常在夏季形成皮下结节，结节多于短时间内出现，迅速破裂，并于出血后自愈。这种出血的情况颇像夏季淌出的汗珠，故又称本病为血汗症。

【诊断与防控措施】根据病的发生季节，特异性症状，容易诊断。确诊可取患部血液或压破皮肤结节取内容物，在显微镜下检查有无虫卵和微丝蚴。可用海群生治疗。预防主要是消灭吸血昆虫。

（2）牛副丝虫病。本病是由丝虫科的牛副丝虫所引起的一种牛的寄生虫病，与马副丝虫病极为相似。

【诊断与防控措施】根据结节发生的季节性，突然出现的出血性结节，在出血中检查到虫卵或孵出的幼虫，即可确诊。防治同马副丝虫病。

（3）牛、马盘尾丝虫病。本病是由盘尾科、盘尾属的一些线虫寄生于牛、马的肌腱、韧带和肌间引起的，在寄生处形成硬结。

【诊断与防控措施】根据病变出现的特定部位和病变的性质，可做出初步判断。在病变部取小块皮肤，加生理盐水培养，观察有无幼虫。死后剖检可在患部发现虫体和相应病变。治疗可试用海群生。对未化脓的肿胀切忌切开，可用温热法或涂擦刺激剂消除局部炎症。对已化脓的、坏死的病例，需施行手术疗法，彻底切除坏死组织。在吸血昆虫活跃季节，应灭蚊驱虫，消除吸血昆虫的滋生地。

（4）犬恶丝虫病。犬恶丝虫病是丝虫科、恶丝虫属的犬恶丝虫，寄生于犬的右心室和肺动脉引起的以循环障碍、呼吸困难及贫血等症状为特征的一种寄生虫病。猫、狐、狼等动物亦能感染。人偶被感染引起肺部及皮下结节，病人出现胸痛和咳嗽。

【诊断与防控措施】根据临诊症状并在外周血液内发现微丝蚴，即可确诊。

驱成虫：硫胂胺钠 2.2mg/kg，静脉注射，每天 2 次，连用 2d。肝、肾功能不全犬禁用；静脉注射时，药液不能漏出血管外；中毒时，可用二巯基丙醇解救。二氯苯胂 2.5mg/kg，静脉注射，间隔 4~5d 再注射 1 次。

驱微丝蚴：碘化噻唑青胺 10mg/次。连服 7~10d。锑酚 1.5mg/kg，静脉注射，连用 3~4d，也可杀灭心丝虫的成虫。注射伊维菌素，伊维菌素对心丝虫的成虫和微丝蚴有效。

治疗本病，还应根据病情对症治疗。当发生肺病变时，一次肌内注射强的松 30mg，接着每天注射抗生素，可获得良好效果。当有肝症状时，应进行保肝治疗。并测定血清转氨酶，如血清谷丙转氨酶值超过 80μ/L 时，则预后不良。

（七）附红细胞体病

附红细胞体病（Eperythrozoonosis）：是由附红细胞体引起猪的一种急性、热性人畜共患传染病。临诊上以发热、贫血、溶血性黄疸、呼吸困难、皮肤发红和虚弱为特征，严重时导致死亡。

1932 年，Doyle 在印度首次报道了本病，随后在许多国家和地区均有报道。我国附红细胞体病在 20 世纪 80 年代开始报道，在随后的十几年中，有关该病的发生多是一些零星的报道。但随着养殖业的发展，饲养密度的增加以及多种未知因素的存在，2001 年在全国范围内猪附红细胞体病大面积暴发和流行，给我国的养猪业带来了巨大的经济损失。

【诊断】 根据流行病情况、临诊症状、病理变化和血液学检查可做初步诊断。确诊要做实验室病原检查。

病料样品采集：发热期抗凝血液。

【防控措施】

1. 预防

目前市场上无预防本病的疫苗，预防本病需采取综合性预防措施。① 切断传播途径。疫苗免疫或药物注射时每头猪 1 个针头，注射时针头要注意消毒。断尾、剪齿、剪耳号的器械使用前要消毒。定期驱虫，杀灭虱子和疥螨及吸血昆虫。防止猪群打斗、咬尾。在母猪分娩中的操作要带塑胶手套。② 预防猪的免疫抑制性因素及疾病。减少应激。③ 药物预防。在产前 2 周和产后 4 周以金霉素拌料，或母猪在产前注射土霉素或喂服四环素族抗生素。1 日龄仔猪注射土霉素，以控制通过胎盘感染的附红细胞体。种猪和生长育肥猪在饲料中加入对氨基苯砷酸，可预防猪附红细胞体病发生（但需严防砷的蓄积中毒），或在发病季节到来之前，用四环素类药物进行全群预防性投药。

2. 治疗

发病动物用血虫净、土霉素和四环素等药物治疗有较好效果。① 贝尼尔。在猪发病初期，采用该药效果较好，按 5~7mg/kg 体重深部肌内注射，间隔 48h 重复用药一次。② 新胂凡钠明。按 10~15mg/kg 体重静脉注射，一般 3d 后症状可消除。③ 对氨基苯胂酸钠。对病猪群，每吨饲料混入 180g，连用 1 周，以后改为半量，连用 1 个月。④ 土霉素或多西环素。3mg/kg 体重肌内注射，连用一周；同群猪同时拌料。⑤ 其他药物。氯喹、奎宁、青蒿素、青蒿素酯、咪唑苯脲、黄色素等都有一定的疗效。⑥ 联合用药。土霉素 500mg/kg 体重和阿散酸 100mg/kg 体重同时拌料连用 1 周。

治疗过程中应注意以下 3 个方面的问题，方能取得较好的效果。① 贝尼尔的毒副作用大，用药时间和剂量必须严格按要求使用。② 要对症治疗，因急性附红细胞体病会引起严重的酸中毒和低血糖症，仔猪和慢性感染的猪应进行补铁。③ 防止继发感染，一旦出现继发感染要及时进行控制。

（八）Q 热

Q 热（Q fever 国内也有人将此病称为"寇热"）是由贝氏柯克斯体引起的一种自然疫源性人畜共患传染病。多种动物和禽类均可感染，但多为隐性感染。人感染后表现发热、乏力、头痛及肺炎症状。其暴发流行大多与人类频繁接触家畜及畜产品有关。

本病于 1935 年在澳大利亚屠宰场工人中首先被发现。目前该病分布于世界大部分国家和地区，我国于 1950 年首次发现本病，现已有内蒙古、四川、云南、新疆、西藏等 10 多个省、自治区、直辖市存在本病。

【诊断】在本病流行区，根据患者与家畜特别是牛羊的接触史，以及发热、剧烈头痛和肺部炎症，可怀疑为本病。确诊还需进行病原检查和血清学试验。

病料样品采集：血清、发热期血液。

【防控措施】由于家畜是 Q 热的主要传染源，因此控制病畜是防止人畜发生 Q 热的关键。为此，人医、兽医应密切配合，平时应了解本病疫源的分布和人、畜感染情况，注意家畜的管理。

（1）管理传染源。患者应隔离，痰及大小便应消毒处理。注意家畜、家禽的管理，使孕畜与健畜隔离，并对家畜分娩期的排泄物、胎盘进行无害化处理，对其污染的环境进行严格消毒处理。

（2）切断传播途径。① 屠宰场、肉类加工厂、皮毛制革厂等场所，与牲畜有密切接触的工作人员，Q 热实验室人员、兽医、必须按防护条例进行工作，应加强集体和个人防护。② 灭鼠灭蜱。

（3）免疫。受贝氏柯克斯体威胁的牲畜可肌内注射接种卵黄囊膜制成的灭活苗，以减少发病。

（4）治疗措施。四环素族对本病有特效。对发病动物应尽早治疗，全群动物可进行预防性投药。

【公共卫生学】贝氏柯克斯体可感染人，对人可引起一种急性的有时是严重的疾病，多见于男性青壮年，其特点是突然发生，剧烈头痛、高热，并常呈现间质性的非典型肺炎。人通过下列途径受染：

（1）呼吸道传播。此为最主要的传播途径。贝氏柯克斯体随动物尿粪、羊水等排泄物以及蜱粪便污染尘埃或形成气溶胶进入呼吸道致病。

（2）接触传播。与病畜、蜱粪接触，病原体可通过受损的皮肤、黏膜侵入人体。

（3）消化道传播。饮用污染的水和奶类制品也可受染。但因人类胃肠道非本病原体易感部位，而且污染的牛奶中常含有中和抗体，能使病原体的毒力减弱而不致病，故感染机会较少。

症状：人体潜伏期 12~39d，平均 18d。起病大多急骤，少数较缓。

（1）发热。初起时伴畏寒、头痛、肌痛、乏力、发热在 2~4d 内升至 39~40℃，呈弛张热型，持续 2~14d。部分患者有盗汗。近年发现不少患者呈回归热型表现。

（2）头痛。剧烈头痛是本病突出特征，多见于前额，眼眶后和枕部，也常伴肌痛，尤其腰肌、腓肠肌为著，亦可伴关节痛。

（3）肺炎。30%~80%病人有肺部病变。于病程第5~6d开始干咳、胸痛，少数有黏液痰或血性痰，体征不明显，有时可闻及细小湿啰音。X线检查常发现肺下叶周围呈节段性或大叶性模糊阴影，肺部或支气管周围可呈现纹理增粗及浸润现象，类似支气管肺炎。肺病变于第10~14病日最显著，2~4周消失。偶可并发胸膜炎，胸腔积液。

（4）肝炎。肝脏受累较为常见。患者食欲缺乏、恶心、呕吐、右上腹痛等症状。肝脏肿大，但程度不一，少数可达肋缘下10cm，压痛不显著。部分病人有脾大。肝功检查胆红素及转氨酶增高。

（5）心内膜炎。慢性Q热约2%患者有心内膜炎，表现为长期不规则发热，疲乏、贫血、杵状指、心脏杂音、呼吸困难等。继发的瓣膜病变多见于主动脉瓣，二尖瓣也可发生，与原有风湿病相关。慢性Q热指急性Q热后病程持续数月或一年以上者，是一多系统疾病，可出现心包炎、心肌炎、心肺梗塞、脑膜脑炎、脊髓炎、间质肾炎等。人急性Q热大多预后较好，未经治疗，约有1%的死亡率。慢性Q热，未经治疗，常因心内膜炎死亡，病死率可达30%~65%。

免疫：对接触家畜机会较多的工作人员可予以疫苗接种，以防感染。我国应用的活疫苗为用减毒兰QM-6801株所制成，皮上划痕接种或口服。由卵黄囊膜制成的灭活苗可进行肌内注射，也可用于人，但有疫苗反应。

治疗：四环素族及氯霉素对本病有特效。

二、猪病

（一）猪传染性胃肠炎

猪传染性胃肠炎（Transmissible gastioenteritis of pigs，TGE）是由冠状病毒科（RNA病毒）、冠状病毒亚科、甲型冠状病毒属的猪传染性胃肠炎病毒引起猪的一种高度接触传染性肠道疾病。临诊上以病猪呕吐、严重腹泻和脱水为特征，不同品种、年龄的猪只都可感染发病，尤以2周龄以内仔猪、断乳仔猪易感性最强，病死率高，通常为100%；架子猪、成年猪感染后病死率低，一般呈良性经过。近年来发现，某些猪传染性胃肠炎病毒基因缺失毒株还可导致猪只出现程度不等的呼吸道感染。

【诊断】根据该病的流行特点、临诊症状、病理变化等可以做出初步诊断，确诊需要依靠实验室诊断。

病料样品采集：粪便或小肠。两端结扎的病变小肠是最好的样品，但要新鲜或冷藏。血清学检测可采集病猪血液分离血清。

【防控措施】对本病的预防主要是采取加强管理、改善卫生条件和免疫预防措施。在猪群饲养管理过程中，应注意防止猫、犬和狐狸等动物出入猪场；冬季避免成群麻雀在猪舍采食饲料，因为它们可以在猪群间传播TGE。要严格控制外来人员进入猪场。

及时进行疫苗免疫接种是控制该病的有效方法之一。免疫时可使用猪传染性胃肠炎与猪流行性腹泻二联灭活苗和弱毒苗。怀孕母猪口服活毒苗常产生较高的抗体水平，它不仅对母猪本身产生保护力，而且其母源抗体对哺乳仔猪也有较高保护力。

本病目前尚无特效的治疗方法，唯一的对症治疗就是减轻脱水、酸中毒和防止继发感染。此外，为感染仔猪提供温暖、干燥的环境，供给可自由饮用的饮水或营养性流食，能够有效地减少仔猪的死亡率。发现病猪应及时淘汰，病死猪应进行无害化处理，污染的场地、用碱性的消毒剂进行彻底消毒。

（二）猪密螺旋体痢疾

猪密螺旋体痢疾（Swine dysentery）又称血痢、黑痢、出血性痢疾、黏膜出血性痢疾等，是由致病性猪痢疾蛇形螺旋体引起猪的一种肠道传染病。以大肠黏膜卡他性、出血性、坏死性炎症，黏液性或黏膜出血性腹泻（图8-40）为特征。该病在猪群中的发病率较高，病猪生长发育受阻，饲料转化率降低，给养猪业造成了很大的经济损失。

【诊断】根据本病流行特点和临诊特征可作初步诊断。必要时可进行实验室细菌学检查和血清学试验。

病料样品采集：粪便或大肠。两端结扎的病变大肠是最好的样品，但要新鲜或冷藏。未死亡时诊断常用直肠拭子采集大肠黏液。血清学检测可采集病猪血液分离血清。

【防控措施】本病尚无可靠或实用的免疫制剂以供预防。目前普遍采用抗生素和化学药物控制此病，培育SPF猪，净化猪群是防治本病的主要手段。

药物早期治疗常有一定效果，可控制猪群的发病率、减少死亡，但停药后容易复发，在猪群中难以根除。可用于本病防治的药物包括乙酰甲喹、喹乙醇、洁霉素、硫酸新霉素、泰乐菌素、林可霉素、金霉素、强力霉素、四环素、链霉素等。由于容易复发，因此，停药10~20d后，需换用另一种敏感药物继续治疗，并在防治过程中及时评估效果，以便及时调整防治方案。因此，应采取综合性预防措施，并配合药物防治才能有效地控制或消灭该病。

（三）猪流行性感冒

猪流行性感冒（简称猪流感）是由正黏病毒科（RNA病毒）、甲型流感病毒属的猪流感病毒引起的一种急性高度接触性传染病。以猪突然发病，传播迅速，来势猛，发病率高，致死率低，高热，上呼吸道炎症为主要特征。

此病在动物中存在历史已久，早在1918年，猪流感就曾在美国大流行。1955年，瑞典、东欧各国流行马流感，其后，在美国、西欧、大洋洲都有马流感流行。近几年禽类也广为流行，猪流感流行更为严重，并常常与副猪嗜血杆菌病、猪蓝耳病等混合感染造成严重损失。

目前，流行的猪流感病毒主要有H1N1、H3N2和H1N2亚型，系统进化分析又可将其分为猪古典H1N1、类禽H1N1、类人H3N2、基因重配H3N2及各种基因型的H1N2亚型。

美国1999年发现H1N2猪流行株，由人源、禽源与猪源株重配产生。日本1978年发现的 H1N2 株，源于 H1N1 与 H3N2 的基因重配。我国近年来也发现 H1N2 重配株，但基因来源有别于日本株。此外，还在猪群分离到 H5N1 及 H9N2 亚型。来自人类或禽的 H3N2 也感染猪。2009 年 3 月，源于北美洲人群的流感疫情，其病原是新的重配 H1N1 亚型，流感病毒的基因片段同时拥有亚洲猪流感、北美洲猪流感病毒特征。

引起猪流感的病毒主要是 H1N1 和 H3N2 亚型，前者在人猪之间可以互相传染，后者从人传染给猪，因而，人、猪流感有时先后或同时流行。流感病毒存在于病猪和带毒猪的呼吸道分泌物中，对热和日光的抵抗力不强，一般消毒药能迅速将其杀死。

【诊断】根据流行特点和临诊症状可做出初步诊断。实验室检查用灭菌的棉拭子采取鼻腔分泌物，鉴定其病毒。在鉴别诊断时，应注意与猪肺疫、猪传染性胸膜肺炎等进行区别。

【防控措施】

（1）防止引进传染源。防止易感猪与感染的动物接触。除康复猪带来病毒外，某些水禽和火鸡也可能带毒，应防止与这些动物接触。人发生 A 型流感时，应防止病人与猪接触。

（2）尽可能做到按年龄分群，实行全进全出制。

（3）被病猪污染的场地、用具和食槽进行彻底消毒。

（4）杜绝诱因。在流行季节要适当降低饲养密度；避免猪群拥挤；注意夏天防暑、冬天防寒保暖，保持猪圈清洁干燥。这项工作对于预防本病暴发、减轻疫情、缓和症状都是非常重要的。

（5）加强饲养管理，定期驱虫。

（6）免疫接种，目前，国内已有减毒活疫苗和灭活疫苗两种。国外已制备成猪流感病毒佐剂灭活苗，经 2 次接种后，免疫期可达 8 个月。

【疫情扑灭】

（1）一旦发病，对病猪立即就地隔离，及时处理或治疗病猪。

（2）加强场地消毒和带猪消毒。

（3）改善饲养管理条件，降低饲养密度，改善空气质量。饲喂易消化的饲料，特别要多喂些青绿饲料，以补充维生素和使大便通畅。有的病猪在良好的环境下，甚至不需药物治疗即可痊愈。

（4）目前无特效治疗药物。对严重喘气病猪，需加用对症治疗药物，如平喘药氨茶碱，改善呼吸药尼可刹米，改善精神状况和支持心脏药苯甲酸钠咖啡因，解热镇痛药如复方氨基比林、安乃近等。

（5）病猪不宜紧急出售或屠宰。个别治疗效果不佳、难以康复的，需经当地兽医确认并在其监督下进行无害化处理。

【公共卫生学】2009 年 3 月源于北美洲人群的 A/H1N1 流感或甲型 H1N1 流感至 2010 年席卷全球。2009 年 4 月 23 日至 10 月 23 日，全球大约 5 000 人死于甲型 H1N1 流感。截至 2010 年 3 月 31 日，我国 31 个省份累计报告甲型 H1N1 流感确诊病例 12.7 万例，死亡 800 余例。

（四）猪副伤寒

猪副伤寒（Paratyphussuum）又称猪沙门菌病，是由多种沙门氏菌引起1~4月龄仔猪的常见传染病。以急性败血症或慢性纤维素性坏死性肠炎（图8-41），顽固性下痢，有时以卡他性或干酪性肺炎为特征，常引起断奶仔猪大批发病，如伴发感染其他疾病或治疗不及时，死亡率较高，造成较大的经济损失。本病遍布于世界各养猪国家。屠宰过程中沙门氏菌污染胴体及其副产品也对人类食品安全造成一定的威胁，人感染后可发生食物中毒和败血症等症状。

【诊断】急性病例诊断较困难，慢性病例根据临诊症状和病理变化，结合流行病学即可做出初步诊断。确诊需要进行细菌学检查。

病料样品采集：采集病畜的肝、脾、心血和骨髓等样品。

【防控措施】采取良好的兽医生物安全措施，实行全进全出的饲养方式，控制饲料污染，消除发病诱因等是预防本病的重要环节。

发病猪应及时隔离消毒，并通过药敏试验选择合适的抗菌药物治疗，防止疫病传播和复发。庆大霉素、黏杆菌素、乙酰甲喹、硫酸新霉素及喹诺酮类药物有一定疗效。

病死猪必须进行无害化处理，以免发生食物中毒。

三、禽病

（一）鸡病毒性关节炎

鸡病毒性关节炎（Viral arthritis）又称病毒性腱鞘炎、禽病毒性关节炎综合征，是由禽呼肠孤病毒（RNA病毒）引起的鸡的传染病。该病主要侵害肉鸡，但有时也侵害蛋鸡和火鸡。临诊特征为感染鸡表现不同程度的跛行，跗关节剧烈肿胀，趾、跖部肌腱及腱鞘发炎，腓肠肌断裂，增重减少、饲料转化率低，机体的免疫功能低下，因此对养禽业构成一定危害。

【诊断】根据本病临诊特点，一般可做出初步诊断。必要时对于一些慢性和混合感染病例可进行实验室诊断。

病料样品采集：以无菌棉拭子收集病鸡关节或腱鞘水肿液或滑膜组织液，病料于-20℃保存备用。血清学检测采集病鸡血液分离血清。

【防控措施】由于呼肠孤病毒广泛存在于外界环境中，而且抵抗力较强，很难对鸡场做到彻底净化，因此平时应搞好饲养管理，加强消毒。最好采用全进全出的饲养模式，以便彻底清扫、消毒、切断传播途径。由于本病可以垂直传播，为避免来自种鸡群通过鸡胚的垂直传播，可以淘汰阳性种鸡。健康鸡群应防止引进带毒受精卵进行孵化，严禁使用污染病毒的疫苗。目前防控本病最有效的方法是对种鸡进行疫苗接种，也可给1日龄雏鸡接种呼肠孤病毒弱毒活苗。

（二）禽传染性脑脊髓炎

禽传染性脑脊髓炎（Avian encephalmyelitis，AE）又称为流行性震颤，是由微RNA

病毒科、震颤病毒属的禽脑脊髓炎病毒引起鸡的一种急性、高度接触性传染病。该病主要侵害雏鸡的中枢神经系统，典型症状是共济失调和头颈震颤，主要病变为非化脓性脑脊髓炎。成年鸡感染后出现产蛋率和孵化率下降，并能通过垂直感染和水平感染使疫情不断蔓延。

【诊断】根据临诊症状、流行病学特征，结合药物治疗无效等资料可作初步诊断，确诊需实验室诊断。

病料样品采集：最好的病料是病死鸡的脑，尤其是发病 2~3d 之前的脑组织，无菌采集后-20℃保存备用待检。血清学检测采集病鸡血液分离血清。

【防控措施】加强饲养管理，把好引种关，防止从疫区引进种蛋或雏鸡，种鸡被感染后 1 个月以内产的蛋不做种蛋孵化。有本病存在的鸡场和地区进行免疫接种是预防本病的重要措施之一，种鸡在开产前用禽脑脊髓炎灭活疫苗免疫接种，可为雏鸡提供母源抗体预防雏鸡垂直感染和发病。本病尚无有效的治疗方法，鸡群一旦发病，应立即采取措施进行无害化处理，污染场地、用具彻底消毒。

（三）传染性鼻炎

传染性鼻炎（Infectious coryza，IC）是由副禽嗜血杆菌引起鸡的一种急性上呼吸道传染病，主要特征是流鼻涕、打喷嚏、面部肿胀（图8-42）、结膜发炎、鼻腔和窦腔黏膜发炎，产蛋下降。本病主要侵害育成鸡和产蛋鸡，严重影响鸡群生长发育和产蛋，常造成严重的经济损失。

【诊断】根据其流行特点和临诊症状做出初步诊断。若要确诊或有混合感染和继发感染时则要进行实验室诊断。

病料样品采集：取急性发病期（发病后 1 周以内）并未经药物治疗的病鸡，在其眶下窦皮肤处烧烙消毒，剪开窦腔，以无菌棉签插入窦腔深部采取病料，或从气管、气囊无菌采取分泌物。血清学检测采集病鸡血液分离血清。

【防控措施】平时加强饲养管理，搞好卫生消毒，包括带鸡消毒。防止鸡群密度过大，不同年龄的鸡应隔离饲养。在寒冷季节，既要搞好防寒保暖，又要注意通风换气，降低空气中粉尘和有害气体含量。

免疫接种是预防本病的主要措施之一。由于不同血清型的副鸡嗜血杆菌之间缺乏交叉保护作用，因此在未确定流行的病原菌的血清型之前，为了提高免疫保护效果，需要接种多种血清型菌株混合的疫苗。目前国内使用的疫苗有 A 型油乳剂灭活苗和 A、C 型二价油乳剂灭活苗。但是上述疫苗不能保护少数鸡场已出现的 B 型株的感染。

本病发生后，可选用敏感药物进行治疗。如磺胺嘧啶、链霉素、土霉素、多西环素、壮观霉素、利高霉素、环丙沙星、恩诺沙星等，但停药后容易复发，且不能消除带菌状态。

（四）禽结核病

禽结核病（Avian tuberculosis）是由禽分枝杆菌引起禽的一种慢性传染病。以消瘦、贫血、受侵器官组织出现结核性结节为特征。

【诊断】 根据临诊症状和病理变化可做出初步诊断，确诊需进一步做实验室诊断。

病料样品采集：病原检查取肺、肝、脾、肠和骨髓等处结核结节。血清学检测采集病鸡血液。

【防控措施】 该病目前还无特定预防技术，其综合性防控措施通常包括：加强引进家禽的检疫，防止引进带菌禽类；净化污染群，培育健康禽群；加强饲养管理和环境消毒，增强禽群的抗病能力、消灭环境中存在的禽分枝杆菌等。

每年对禽群进行反复多次的普检，淘汰变态反应阳性病禽。患结核病的禽类应无害化处理，污染场地应彻底消毒。

四、牛、羊病

（一）牛流行热

牛流行热（Bovine epizootic fever）又称三日热或暂时热，是由弹状病毒科（RNA病毒）、暂时热病毒属、牛暂时热病毒（又名牛流行热病毒）引起牛的一种急性、热性传染病，其临诊特征是突发高热，流泪，流涎，鼻漏，呼吸促迫，后躯强拘或跛行。该病多为良性经过，发病率可高达100%，病死率低，一般只有1%~2%，2~3d即可恢复。流行具有明显的周期性、季节性和跳跃性。由于大批牛发病，严重影响牛的产奶量、出肉率以及役用牛的使役能力，尤其对乳牛产乳量的影响最大，且流行后期部分病牛因瘫痪常被淘汰，故对养牛业的危害相当大。

【诊断】 根据临诊表现、流行病学特点可做出初步诊断，确诊需要实验室检查。

病料采集：采集发病初期或高热期病牛的血液或病死牛的脾、肝、肺等。

【防控措施】 根据本病的流行特点，一旦发生该病，应及时采取有效的措施，即发现病牛，立即隔离，并采取严格封锁、彻底消毒的措施，杀灭场内及其周围环境中的蚊蝇等吸血昆虫，防止该病的蔓延传播。

定期对牛群进行疫苗的计划免疫是控制该病的重要措施之一，目前中国农业科学院哈尔滨兽医研究所研制的牛流行热灭活疫苗具有较好的免疫原性。

本病尚无特效的治疗药物。发现病牛时，病初可根据具体情况酌用退热药及强心药；治疗过程中可适当用抗生素类药物防止并发症和继发感染，同时用中药辨证施治。

经验证明，在该病流行期间，早发现、早隔离、早治疗，消灭蚊蝇是减少该病传染蔓延的有效措施。自然病例恢复后，病牛在一定时期内具有免疫力。

（二）牛病毒性腹泻/黏膜病

牛病毒性腹泻/黏膜病（Bovine viral diarrhea/Mucosal disease，BVD/MD）是由黄病毒科（RNA病毒）、瘟病毒属的牛病毒性腹泻病毒1型和2型引起牛、羊和猪的一种急性、热性传染病。病毒引起的急性疾病称为牛病毒性腹泻，引起的慢性持续性感染称为黏膜病。牛羊发生本病时的临诊特征是黏膜发炎、糜烂、坏死和腹泻；猪则表现为母猪的不孕、产仔数下降和流产，仔猪的生长迟缓和先天性震颤等。

【诊断】在本病流行地区，可根据病史、临诊症状和病理变化，特别是口腔和食道的特性病变获得初步诊断。确诊必须进行病毒鉴定以及血清学检查。

病料样品采集：对先天性感染并有持续性病毒血症的动物，可采取其血液或血清；对发病动物可取粪便、鼻液或眼分泌物，剖检时则可采取脾、骨髓或肠系膜淋巴结；也可取发病初期和后期的动物血清等。

【防控措施】平时要加强检疫，防止引进病牛，一旦发病，立即对病牛进行隔离治疗或无害化处理，防止本病的扩散或蔓延。通过血清学监测检出阳性牛，继而再用分子生物学方法检测血清学阴性的带毒牛，淘汰持续感染的牛，逐步净化牛群。

免疫接种用灭活疫苗效果欠佳，弱毒疫苗已普遍使用，但在某些免疫耐受的动物易诱发严重的黏膜病。对受威胁的无病牛群可应用弱毒疫苗和灭活疫苗进行免疫接种。目前，牛群应用的弱毒疫苗多为牛病毒性腹泻/黏膜病—牛传染性鼻气管炎—钩端螺旋体三联疫苗。

本病尚无特效治疗方法。牛感染发病后，通过对症疗法和加强护理可以减轻症状，应用收敛剂和补液疗法可缩短恢复期。加强饲养管理，增强机体抵抗力，促使病牛康复，可减少损失。

对猪群的预防措施包括防止猪群与牛群的直接和间接接触，禁止牛奶或屠宰牛废弃物作为猪饲料添加剂使用，但更重要的是防止该病毒污染猪用活疫苗。由于猪用活疫苗多使用细胞培养物生产，在生产过程中还大量使用牛血清，如果不进行检测和处理，牛血清中污染的病毒会造成接种疫苗的猪只发病。因此，应在疫苗生产过程中加强该病毒的监测，防止疫苗污染造成的损失。

（三）牛生殖器弯曲杆菌病

牛生殖器弯曲杆菌病（Bovine genital camp ulo bacterosis）是由胎儿弯曲杆菌引起牛的一种生殖道传染病。以暂时性不孕，胚胎早期死亡和少数孕牛流产为特征。主要发生于自然交配的牛群，肠道弯曲杆菌也可引起散发性流产。本病对畜牧业发展危害较大，因此世界各国已将本病列为进出口动物和精液的检疫对象。

【诊断】根据暂时性不育，发情周期不规律以及流产等表现做出初步诊断，但与其他生殖道疾病难以区别，因此确诊有赖于实验室检查。

病料样品采集：发生流产时，可采取流产胎儿的胃内容物、肝、肺和胎盘以及母畜阴道分泌物检查。发情不规则时，采取发情期的阴道黏液，其病菌的检出率最高。公牛可采取精液和包皮洗涤液检查。血清学检查时可采取病牛的血清或子宫颈阴道黏液，以试管凝集反应检查其中的抗体。

【防控措施】用菌苗给小母牛接种可有效地预防和控制此病。

淘汰带病种公牛和带菌种公牛，严防本病通过交配传播。牛群暴发本病时，应暂停配种3个月，同时用抗生素治疗病牛。流产母牛，可按子宫内膜炎治疗。

（四）牛毛滴虫病

牛毛滴虫病 CTrichomonosis）是由胎毛滴虫寄生于牛生殖道引起的一种原虫病，以生殖器官发炎、早期流产和不孕为特征。本病呈世界性分布，我国也曾有发生，给牛群的繁殖造成严重的威胁。目前，我国已基本控制。

【诊断】根据临诊症状和病理变化、流行病学可做出初步诊断，确诊需进行实验室诊断。

【防控措施】此病在我国已基本被控制，引种时应加强检疫，发现新病例时应淘汰公牛，及时进行无害化处理。如高产种公牛价格昂贵，应开展人工授精，以杜绝母牛对公牛的感染。

1. 预防

在本病流行地区，配种前应对所有牛进行检疫。对患牛、疑似患牛及健康牛应分类加以适当的处置，以免疾病扩大蔓延。

（1）患牛。指具有明显症状，并已检出虫体的母牛。经治疗后症状完全消失时，可以使用健康的公牛精液，进行人工授精。

（2）疑似患牛。虽无明显症状，但曾与病公牛配种过的母牛，亦应治疗。并以健康的公牛精液，进行人工授精。

（3）疑似感染牛。既无症状，又未曾与病公牛接触过，但曾与病公牛交配过的母畜常常接触。这些牛应经过 6 个月的隔离观察，如分娩正常，阴道分泌物的镜检结果呈阴性时，方能使其与健康牛混放在一起。

（4）已感染胎毛滴虫的公牛。不得再行配种，必须立即治疗。治疗后 5~7d，检查精液和包皮冲洗液 2 次，如为阴性时，使之与 5~10 头健康母牛进行交配，然后对母牛通过 15d 的观察（隔日镜检一次阴道分泌物），来决定其是否治愈。

（5）在安全地区内，必须对新来的公牛和用作繁殖的牛群进行检疫。在放牧期间，禁止与来自疫情不明地区的牛只接触。

2. 治疗

（1）对胎毛滴虫病患牛的治疗，除应施行必要的药物治疗外（洗涤患部，目的是为了杀死虫体），还要注意加强饲养管理工作。如注意饲料的营养全价，补充必要的维生素 A、维生素 B_1、维生素 C 及无机盐类等。

（2）公牛。应用治疗药品向包皮囊内注入，设法使药液停留在囊内一定时间，并按摩包皮囊。在治疗过程中，应禁止交配，以免影响治疗效果及传播本病。对患畜的用具及被其所污染的周围环境，严格消毒。

（五）牛皮蝇蛆病

牛皮蝇蛆病（Cattlehypodermiasis）是由皮蝇幼虫寄生于牛的皮下组织所引起的一种慢性寄生虫病。

牛皮蝇蛆病广泛地散布在我国北方和西南各省份。由于皮蝇蛆的寄生，使患畜消瘦，泌乳降低，幼畜的肥育不良，损伤皮肤而降低皮革和肉、乳的质量，有时还可感染人，造成经济上的巨大损失。

【诊断】当幼虫移行于背部皮下寄生期间，皮肤上有结节隆起，隆起的皮肤上有小孔与外界相通，孔内通结缔组织囊，囊内有幼虫，随着幼虫的生长，可见皮孔增大，用力挤压，挤出虫体，即可确诊。剖检时可在相关部位找到幼虫。牛皮蝇 2 期幼虫在食道壁寄生时，应与肉孢子虫相区别，其幼虫是分节的。此外，该病在当地的流行情况，患牛的症状及发病季节等有重要的参考价值。

【防控措施】消灭牛体内寄生的幼虫，防止幼虫化虫羽，有重要的预防和治疗作用。

（1）化学方法。用倍硫磷原液作臀部肌内注射或用伊维菌素口服或皮下注射，有良好的治疗效果。

（2）机械方法。在幼虫成熟的末期皮孔增大，通过小孔可以见到幼虫的后端，此时以手或厚玻璃将幼虫挤压出，收集烧掉。由于幼虫不在同时成熟，应每隔 10d 进行挤压一次。

在流行区皮蝇飞翔季节，可用 0.5% 溴氰菊酯、2% 敌百虫、蝇毒灵等喷洒牛体，每隔 10d 用药一次，以防止成蝇在牛体上产卵或杀死由卵内孵出的 1 期幼虫。

（六）绵羊肺腺瘤病

绵羊肺腺瘤病（Sheep pulmonary adenomatosis）又名"绵羊肺癌"或"驱赶病"，是由逆转录病毒科（RNA 病毒）、正逆转录病毒亚科、乙型逆转录病毒属的绵羊肺腺瘤病毒引起绵羊的一种慢性、接触传染性肺脏肿瘤疾病。本病的特征为潜伏期长，肺泡和呼吸性细支气管上皮的腺瘤样增生，渐进性消瘦、衰竭、呼吸困难、湿性咳嗽和水样鼻漏，终归死亡。本病给养羊业带来了严重危害。

绵羊肺腺瘤病是一种独立的慢病毒感染，与人类的肺腺瘤病和牛、马、猪及其他动物的肺腺瘤病在病原学上没有关系。

除澳大利亚外，世界上许多养羊国家都有本病发生，在南非还引起山羊患病。冰岛在 1952 年消灭了此病。我国在甘肃、青海、新疆和内蒙古等地，也有本病存在。

【诊断】疑为肺腺瘤病时，可做驱赶试验，观察呼吸次数变化和气喘、咳嗽、流鼻液情况，并将疑似病羊后躯提起，使其头部下垂观察是否有多量鼻液流出。流行病学情况和临诊症状有一定特征性，但是确诊仍需依据病理解剖学和病理组织学检查结果。

由于本病毒不能进行体外培养，尚无法进行病原学鉴定和血清学检验。

【防控措施】在无本病的清净地区，严禁从疫区引进绵羊和山羊。在补充种羊时做好港口检疫和入场、混群前的检疫，检疫方法以长期观察、做定期的系统临床检查为主。

消除和减少诱发本病的因素，避免粗暴驱赶，改善环境卫生，加强饲养管理，坚持科学配合饲料，定期消毒。

目前尚无有效的治疗方法和免疫手段。一旦发生本病，应采取果断措施，将全群羊包括临诊发病羊与外表完全健康羊彻底隔离扑杀，无害化处理，以消除病原。圈舍和草场经消毒和一定时期空闲后，重新组建新的健康羊群。

（七）羊传染性脓疱

羊传染性脓疱（Comtagious pustular dermertitis）俗称羊口疮，又称绵羊接触传染性脓疱性皮炎，是由痘病毒科（DNA 病毒）、脊椎动物痘病毒亚科、副痘病毒属口疮病毒引起的一种急性、接触性人畜共患传染病。主要危害羔羊，以口腔黏膜出现红斑、丘疹、水疱、脓疱，形成疣状痂块为特征。

本病广泛存在于世界各养羊地区，发病率几乎达 100%。在我国养羊业中，本病是一种常发疾病，引起羔羊生长发育缓慢和体重下降，给养羊业造成较大经济损失，随着对家畜烈性传染病的消灭或控制，本病越来越引起人们的重视。

【诊断】根据临诊症状特征（口角周围有增生性桑葚垢）和流行病学资料，可作初步诊断，必要时进行实验室检验。

病料样品采集：水疱液、水疱皮和溃疡面组织。

人患本病的诊断主要根据临诊症状及与病羊接触史。

【防控措施】本病主要由创伤感染，所以要防止黏膜和皮肤发生损伤，在羔羊出牙期应喂给嫩草，拣出垫草中的芒刺。加喂适量食盐，以减少啃土啃墙。不要从疫区引进羊只和购买畜产品。发生本病时，对污染的环境，特别是栏舍、管理用具、病羊体表和患部，要进行严格的消毒。耐过羊只一般可获得比较坚强的免疫力。

免疫接种：在流行地区可接种弱毒疫苗，以皮肤划痕接种法免疫效果最好。由于本病免疫接种的部位及方法不同，免疫效果亦不同，因此免疫部位及途径对于防控本病也非常重要。

治疗：对唇型和外阴型病羊，可先用 0.1%~0.2% 高锰酸钾溶液冲洗创面，再涂以 2% 龙胆紫、碘甘油、5% 土霉素软膏或青霉素软膏等。对蹄型病羊，可用福尔马林浸泡病蹄；或用 3% 龙胆紫，或 1% 苦味酸，或 10% 硫酸锌酒精溶液重复涂擦。土霉素软膏也有良效。对严重病例可给予支持疗法。为防止继发感染，可注射抗生素或内服磺胺类药物。

人患本病时主要采取对症疗法。

（八）羊肠毒血症

羊肠毒血症（Enterotoxaemia）又称"软肾病"，是由产气荚膜梭菌 D 型（又称 D 型魏氏梭菌）在羊肠道内大量繁殖产生毒素引起的主要发生于绵羊的一种急性毒血症。本病以急性死亡、死后肾组织易于软化为特征。

【诊断】本病病程极短，多突然死亡，无明显症状，故生前较难诊断。但根据本病多散发于饱食之后，死亡快，剖检肾脏软化，胆囊肿大，胸腔、腹腔及心包积液，出血性肠炎及溃疡等，可疑为本病，确诊要靠细菌学检验和毒素的检查和鉴定。

病料样品采集：肝、脾及肠内容物或刮取病变部肠黏膜。

【防控措施】由于致病性梭菌广泛存在于自然界，感染的机会多，且发病快、病程短，不仅来不及诊断治疗，而且治疗效果也不好，因此应在平时注意预防。注意饲养管理，保持环境卫生，尽量避免诱发疾病的因素，如换饲料时逐渐改变，勿使之吃过多的谷物，初春不吃过多的青草及带冰雪的草料等。

在发生疫病后，应尽快诊断，用联苗紧急接种。羔羊可用血清预防，转移放牧地区，由低洼地转向高而干燥的地区，给予粗饲料等。同时防止病原扩散，进行适当的消毒隔离，对死羊要及时焚烧或深埋。

（1）免疫接种。羊的梭菌病种类较多，且往往混合感染，在自然界流行的又很广泛，故多采用羊快疫—羊猝狙—羊肠毒血症三联苗进行预防，效果很好。

（2）治疗。对于急性病例无治疗意义。对于病程略长的羊，可注射产气荚膜梭菌抗毒素血清，在发病初期，有一定治疗效果，但一旦出现症状，毒素已与神经结合，就难以发挥其治疗效果了。口服土霉素或磺胺类药物有效。

（九）干酪性淋巴结炎

干酪性淋巴结炎（Caseous lymphadenitis）又称羊假结核病，是由假结核棒状杆菌引起的羊的一种接触性、慢性传染病，其特征为局部淋巴结发生干酪样坏死，有时在肺、肝、脾、子宫角等处发生大小不等的结节，内含淡黄绿色干酪样物质。

【诊断】根据临诊症状和脓汁的实验室检查可以确诊。

病料采集：体表淋巴结及病变组织器官。

【防控措施】防控本病的主要措施是对环境进行定期消毒，对病羊隔离，进行根治手术，最好不要让脓肿自行破溃，防止病原污染外界环境。目前尚无疫苗。

脓肿的根治手术，按一般外科常规处置后，皮肤作梭形切开，将脓肿充分暴露，连同包膜摘除；较大的脓肿可先将包膜切开一小孔，挖除大部分脓汁（但不能接触切口），然后换另一套器械仔细分离包膜，最好将包膜完全剔除。如在包膜外有丰富的血管，经过止血后，创囊内可填入明胶、海绵，撒入抗生素粉末，切口做结节缝合。

术后一般无须特殊处理，个别病羊如术后发热，拒食，可用抗生素治疗，并采用其他对症疗法。

（十）绵羊疥癣

绵羊疥癣病（Sheep mange scabies）又称绵羊螨病，俗称绵羊癞病，是由疥癣科或痒螨科的各种螨寄生于绵羊的表皮内或体表所引起的慢性、高度接触传染性、寄生虫性皮肤病，以接触感染、引起病羊剧痒、湿疹性皮炎、脱毛为特征。往往在短期内可引起羊群严重发病，严重时可引起大批死亡，危害十分严重。

【诊断】根据发病季节（秋末、冬季和初春多发）和明显的症状（剧痒和皮肤病变）以及接触感染，大面积发生等特点可以做出初步诊断。

病料采集：从健康与病患交界的皮肤处采集病料，用凸刃刀片在病灶的边缘处刮取皮屑至微出血，将病料带回实验室用显微镜检查，发现虫体才能确诊。在诊断的同时，应避免人为地扩散病原。

除螨病外，钱癣（秃毛癣）、湿疹、过敏性皮炎，蠕形螨病以及虱的寄生等也有不同程度的皮炎、脱毛和痒感等，应注意鉴别。

【防控措施】

1. 预防

疥癣病的防控重在预防。发病后再治疗，往往造成很大损失。疥癣病的预防应做好以下工作。

（1）定期进行畜群检查和灭螨处理。在流行区，对群牧的牛羊不论发病与否，要定期用药。疥癣病对绵羊的危害极大，在牧区常用药浴的方法。根据羊只的多少，可选择小的或大的药浴池。药浴常在夏季进行，要注意如下几点：① 在牧区，同一区域内的羊只应集中同时进行，不得漏浴，对护羊犬也应同时药浴；② 绵羊在剪毛后 1 周进行药浴；③ 药浴要在晴朗无风的天气进行，最好在中午 1 点左右，药液不能太凉，最好 30~37℃，药浴后要注意保暖，防止感冒；④ 药液浓度计算要准确，用倍比稀释法重复多次，混匀药液，大批羊只药浴前，应选择少量不同年龄、性别、品种的羊进行安全性试验，药浴后要仔细观察，一旦发生中毒，要及时处理；⑤ 药浴前要让羊只充分休息，饮足水；⑥ 药浴时间为 1~2min，要将羊头压入药液 1~2 次，出药浴池后，让羊只在斜坡处站一会儿，让药液流入池内，并适时补充药液，维持药液的浓度；⑦ 药浴后羊只不得马上渡水。最好在 7~8d 后进行第 2 次药浴。

（2）畜舍要经常保持干燥清洁，通风透光，不要使羊过于拥挤。羊舍及饲养管理用具要定期消毒。

（3）引入羊时应事先了解有无疥螨病存在，引入后应隔离一段时间，详细观察，并作疥螨病检查，必要时进行灭螨处理后再合群。

（4）常注意羊群中有无发痒、脱毛现象，及时检出可疑患畜，并及时隔离治疗。同时，对未发病的其他羊也要进行灭螨处理，对圈舍也应喷洒药液、彻底消毒。做好螨病羊皮的无害化处理，以防止病原扩散，同时要防止饲养人员或用具散播病原。

2. 治疗

治疗螨病的药物较多，方法有皮下注射、局部涂擦、喷淋及药浴等，以患病动物的数量、药源及当地的具体情况而定。首选的治疗药物为伊维菌素或阿维菌素注射液或浇泼剂。

治疗患病羊还应注意以下几点：

（1）已经确诊的患羊，要在专设场地隔离治疗。从患羊身上清除下来的污物，包括毛、痂皮等要集中销毁，治疗器械、工具要彻底消毒，接触患畜的人员手臂、衣物等也要消毒，避免在治疗过程中病原扩散。

（2）患畜较多时，应先对少数患畜试验，以鉴定药物的安全性，然后再大面积使用，防止意外发生。治疗后的患畜，应放在未被污染的或消过毒的地方饲养，并注意护理。

（3）由于大多数杀螨药对螨卵的作用较差，因此应间隔 5~7d 重复治疗，以杀死新孵出的幼虫。

（4）如果用涂擦的方法治疗，通常一次涂药面积不应超过体表面积的 1/3，以免发生中毒。

（十一）绵羊地方性流产

绵羊地方性流产又叫羊衣原体病或母羊地方性流产，是由鹦鹉热衣原体（又称流产亲衣原体）引起的羊的传染病。临诊上以发热、流产、死产和产出弱羔为特征。在疾病流行期，也见部分羊表现多发性关节炎、结膜炎等疾患。偶尔致人的肺炎。本病发生于世界各地，对养羊业造成了严重危害。

【诊断】根据流行特点、临诊症状和病理变化仅能怀疑为本病，确诊需进行病原体的检查及血清学试验。

病料样品采集：无菌采取病、死羊的病变脏器、流产胎盘、排泄物、血液、渗出物。流产胎儿的肝、脾、肾及真胃内容物、胎盘绒毛叶和子宫分泌物；关节炎滑液；脑炎病例为脑与脊髓液；肺炎病例为肺组织及气管分泌物、支气管淋巴结；肠炎病例为肠道黏膜、新鲜粪便等。

【防控措施】羊流产型已研究出有效疫苗——羊流产衣原体油佐剂卵黄囊灭活苗，易感母羊在配种前接种该疫苗1次，皮下注射，每只3mL，可使绵羊获得保护力至少达3个怀孕期。预防其他各临床型衣原体病的疫苗也有报道，但尚未得到大规模的临床应用。衣原体外膜蛋白具有良好的免疫原性，利用基因工程技术生产的重组疫苗具有良好的应用前景。

加强检疫，及时淘汰发病畜和检测阳性畜，病死畜、流产胎儿、污物应无害化处理，污染场地进行彻底消毒。

患病动物可注射四环素族抗生素进行治疗。结膜炎患羊可用土霉素软膏点眼。

五、马病

（一）马流行性感冒

马流行性感冒（Equine influenza）是由正黏病毒科（RNA病毒）、马流感病毒引起的马属动物的一种急性、高度接触性传染病，其临诊特征是发热、咳嗽、流浆液性鼻液。呈暴发性流行，发病率高而病死率低。

该病在世界各地的马、驴、骡都有发现。近年来流行毒株为 H_3N_8 亚型，至今仍然发生抗原性漂移，对赛马尤其有致病性。

【诊断】根据临诊症状可做出初步诊断，确诊需进行实验室检验。

病料样品采集：鼻咽拭子或鼻、气管冲洗物。

【防控措施】发生本病时，严格隔离封锁，防止与病马接触，切断传播途径。疫区封锁至少4周。所有病马康复后应严格消毒环境、厩舍及用具，可用食醋熏蒸厩舍。

（1）免疫接种。自然感染后的康复马有较长时期的免疫力。体内血凝抑制抗体可保存相当长的时间。

疫苗预防具有良好效果，目前使用的疫苗是将鸡胚增殖的马流行性感冒病毒经过精制浓缩和灭活后制成，有水剂疫苗和佐剂疫苗两种，以佐剂疫苗的效果更好。使用最多的是马甲1型和马甲2型按比例混合制成的二联疫苗。

（2）治疗。病马应安静休息，注意护理，这是促进病马早日恢复健康，防止并发症和继发症的重要条件。轻症病马一般不需药物治疗，即可自然痊愈。对重症病马要施行对症治疗，给予解热、止咳等药物。必要时可应用抗生素或磺胺类药物，以防治并发症和继发症。

(二) 马腺疫

马腺疫（Equine strangles）是由马链球菌马亚种（旧称马腺疫链球菌）引起马属动物的一种急性、接触性传染病，以发热、鼻和咽喉黏膜发炎以及局部淋巴结的化脓为特征。该病主要发生于4个月至4岁的幼龄马，壮龄马和老龄马很少发病，多呈散发性，偶尔呈地方流行性。

【诊断】根据流行病学、临诊症状及细菌学检验可做出诊断。

病料样品采集：用灭菌注射器抽取未破溃淋巴结中的脓汁。

【防控措施】平时应加强幼驹的饲养管理，提高机体抗病能力。新购马匹应隔离观察1~2个月，证明无病再混群饲养。发病季节要经常对马群进行检查，发现病马立即隔离治疗，同时对污染的厩舍和用具进行严格的消毒。

1. 预防

马匹集中或流行严重的地区应进行马腺疫灭活菌苗的预防注射，但制苗株必须与流行株菌型一致才有效果。抗毒素可以用于紧急预防注射，用量同治疗量。自然感染的马匹恢复后对本病有坚强的免疫力。

2. 治疗

根据不同的发展阶段，有不同的治疗方法：

（1）炎性肿胀期的治疗。发病不久淋巴结轻度肿胀而未化脓时，为了消除炎症，促进吸收，局部可用弱刺激剂如樟脑酒精、复方醋酸铅等进行涂擦，同时结合注射磺胺类药物或青霉素进行全身性治疗。

（2）化脓期的治疗。如化脓性肿胀很大，且硬固无波动，则于局部涂擦较强的刺激剂，如10%~20%松节油软膏等以促进肿胀成熟。如脓肿中心脱毛，渗出少量浆液，触诊柔软并有波动感时证明脓肿已成熟，即可选择波动最明显的部位切开，充分排出脓汁。

（3）并发症治疗。当炎症波及喉部、面部等处时，可外敷复方醋酸铅等。继发咽炎、喉炎必须应用抗生素及磺胺类药物。

(三) 马鼻肺炎

马鼻肺炎（Equine rhinopneumonitis）是由疱疹病毒目（DNA病毒）、疱疹病毒科水痘病毒属的马疱疹病毒1型和马疱疹病毒4型（又称马鼻肺炎病毒）引起的幼龄马的一种急性、热性传染病，其特征为发热、白细胞减少和呼吸道卡他性炎症。

【诊断】在马鼻肺炎流行区，可根据流行病学、临诊症状、流产胎儿病变，尤其是嗜酸性核内包涵体做出初步诊断。确诊要靠病毒分离或血清学试验。

病料样品采集：鼻咽拭子或分泌物；流产胎儿的肝、肾、胸腺和脾。4℃保存及时送检，不能及时送检的样品应-70℃保存。血清学检测应于发病初期和恢复期采集两份血清。

【防控措施】本病的预防需要贯彻执行兽医卫生综合性措施。在本病常发地区，应定期接种疫苗。加强妊娠马的管理，不与流产母马、胎儿和患驹接触；2岁以下幼驹断奶后应即时隔离并防止与其他马群接触，以防感染发病；流产母马要及时隔离，防止传染；流产的排泄物、胎儿、污染的场地和用具要严格消毒。

（四）溃疡性淋巴管炎

溃疡性淋巴管炎（Equine ulcerative lymphangitis）是由伪结核棒状杆菌引起的一种慢性传染病。以皮下淋巴管发生慢性进行性炎症，形成结节和溃疡为特征。

【诊断】本病具有特征性的临诊症状，确诊需进行实验室检查。

病料样品采集：无菌采集病变处的渗出物、病变结节内脓汁、血清。

【防控措施】平时要做好系马场、厩舍的清洁卫生，防止外伤。轻症病例，应用手术疗法，常可收到良好的疗效。对结节、溃疡在清洗消毒后可涂擦碘酊或其他消毒药，若配合应用青霉素等全身疗法，可提高疗效。在治疗过程中应加强饲养管理，保持病畜的安静与休息。

（五）马媾疫

马媾疫（Dourine）拉丁名意为交配疹和麻痹，是由马媾疫锥虫寄生于马属动物引起的一种寄生虫病。早年曾广泛流行于美洲、东欧、亚洲、非洲。我国西北、东北、内蒙古、河南、安徽等地均有报道，经大力防控，目前已很少发生。

【诊断】根据临诊症状可做初步诊断，确诊应进行实验室诊断。

病料样品采集：病原检查可采取尿道或阴道分泌物或丘疹部组织液；血清学检测采集发病动物血清。

【防控措施】目前，我国已基本消灭本病，如发现病畜，除非特别名贵种马，否则应无害化处理；开展人工授精；引进马匹先隔离检疫；公马在配种前用喹嘧胺盐进行预防；公母马分开饲养；阉割无种用价值的公马。

一旦发病，治疗伊氏锥虫病药物均可使用。

六、犬、猫等动物疫病

（一）犬瘟热

犬瘟热（Canine distemper, CD）是由副黏病毒科（RNA病毒）、麻疹病毒属的犬瘟热病毒引起的犬科（尤其是幼犬）、鼬科及一部分浣熊科动物的一种急性、高度接触性传染病。以呈现双相热型、结膜炎、鼻炎、支气管炎、卡他性肺炎以及严重的胃肠炎和神经症状为特征。

【诊断】本病的诊断比较困难，确诊尚有赖于病毒分离鉴定及血清学诊断。

病料样品采集：病原学检查在生前可取鼻黏膜、舌、结膜、瞬膜等，死后可刮取膀胱黏膜。血清学检测可采取发病早期和后期的双份血清样品。

【防控措施】加强综合性防控措施，搞好免疫接种。多使用犬瘟热等六联苗或五联苗进行接种，一般幼犬在6~8周龄首次免疫，以两周为间隔，连续接种3次。

发现病犬，及时隔离治疗，用3%氢氧化钠、1%福尔马林及5%来苏尔彻底消毒。

对尚未发病的假定健康动物和受疫情威胁的其他动物，用犬瘟热单克隆抗体或高免血清做紧急预防注射，待疫情稳定后，再注射犬瘟热疫苗。

治疗：对病犬应在隔离条件下用抗血清进行治疗。病毒感染初期效果较好，出现明显症状时，效果稍差。抗细菌感染及消炎可选用头孢菌素类抗生素、奎诺酮类药物。病初可用糖皮质激素。

（二）水貂阿留申病

水绍阿留申病（Alentian disease of mink）又称浆细胞增多症（plasmacytosis），是由细小病毒科（DNA病毒）、阿留申病毒属的阿留申病病毒引起水貂的一种慢性进行性传染病。其特征是浆细胞增多、高 γ-球蛋白血症、动脉血管周围炎、肾小球肾炎和终生病毒血症，并伴有动脉炎、肝炎、卵巢炎或睾丸炎等。

【诊断】阿留申病被认为是一种自身免疫病，有关本病的诊断研究进展较快，已由非特异性诊断进入特异性诊断阶段。

病料样品采集：血清、血液。

【防控措施】迄今为止，对阿留申病还没有特异性的预防和治疗方法。为控制和消灭本病，必须采取综合性的防控措施。

（1）应着眼于饲养管理，保证给予优质、全价和新鲜的饲料，以提高水貂的机体抵抗力。

（2）坚持貂场内的兽医卫生制度，是防止本病蔓延和扩散的有效方法。貂场内的用具（包括兽医器械）、食具、笼子和地面要定期进行消毒。病貂场禁止水貂输入和输出。

（3）建立定期检疫隔离和淘汰制度，是现阶段扑灭本病的主要措施。以往用碘凝集试验法检查获得一定效果，现广泛应用对流免疫电泳法检查，淘汰阳性病貂，效果良好。每年应在打皮季节和配种前对所有水貂进行认真检疫，严格淘汰阳性水貂，更不准留作种用，这样坚持2年后即可扑灭本病。

（4）采用异色型杂交的方法，在某种程度上可以减少本病的发病率。多年来，国内许多水貂场这样做，都收到了较好的效果。

（5）注射青霉素、维生素 B_{12}、多核苷酸及给予肝制剂等，也是临时性的解救办法，但只能改善病貂自身状况，而不能达到治愈的目的。

（三）水貂病毒性肠炎

水貂病毒性肠炎（Virus enteritis in mink）是由细小病毒科（RNA病毒）、细小病毒属的貂肠炎病毒引起的高度接触性、急性传染病。其特征是胃肠黏膜发炎、腹泻，粪便中含有多量黏液和灰白色脱落的肠黏膜，有时还排出灰白色圆柱状肠黏膜套管。

【诊断】根据流行病学资料，结合临诊症状，可以做出初步诊断，但确诊还要进行实验室诊断。

病料样品采集：大便、血清、小肠、肝脏、脾脏、淋巴结。

【防控措施】预防本病主要应采取科学饲养管理，严格检疫隔离，加强防疫消毒，按时预防接种等综合性兽医卫生防控措施。当场内发生本病时，应及时隔离患病动物，并停止引进或输出种兽；对笼具、饲养管理用具和粪便进行彻底消毒，患病动物应无害化处理。对发病貂群，使用肠炎病毒细胞培养灭活疫苗进行紧急接种。

（1）免疫接种。细小病毒组织培养灭活疫苗是我国于 1987 年首次研制成功的。现在已在全国毛皮动物饲养密集地区推广应用。疫苗质量安全可靠，免疫效果良好，无副作用。免疫期为 6 个月。此疫苗不但可以作为预防接种用，同时也可以在本病流行期间作为紧急接种用。

国内研制的水貂病毒性肠炎—犬瘟热—肉毒毒素中毒三联疫苗，免疫效果也很好。

（2）治疗。迄今尚无特效疗法。对发病动物，为控制细菌性并发症的发生，减轻症状和死亡，可根据临诊表现，酌情使用抗生素或磺胺类药物以及必要的对症治疗。

（四）犬细小病毒病

犬细小病毒病（Canine parvovvirus infection）是由细小病毒科（RNA 病毒）、细小病毒属的水貂肠炎病毒和犬细小病毒 2 型引起犬的一种烈性传染病。临诊表现以急性出血性肠炎和非化脓性心肌炎为特征。

1978 年，在美国、澳大利亚和欧洲几乎同时分离获得犬细小病毒（CPV）。我国 1982 年证实有本病发生，目前已广泛流行于全国各地，是危害我国养犬业最为严重的传染病之一。

【诊断】根据流行性特点，结合临诊症状和病理变化可以做出初步诊断。确诊则需要进行病毒的分离鉴定或血清学检查。

【防控措施】本病发病迅猛，应采取综合性防控措施，及时隔离病犬，对犬舍及用具等用 2%~4% 的氢氧化钠溶液或 10%~20% 漂白粉液反复消毒。

疫苗免疫接种是预防本病的有效措施。为了减少接种手续，目前多倾向于使用联苗。如美国生产的 CPV-CDV-CAV 1-CAY2-CPIV-犬钩端螺旋体六联苗以及国内研制的 CDV-CPV-CAV1-CPIV-狂犬病五联苗。幼犬在 6~8 周龄首次免疫，以后 15d 为间隔，连续接种 3 次。从未接种过犬细小病毒疫苗的成年犬也按以上程序接种，以后每年接种 1 次即可。

CPV-2 感染发病快，病程短，临诊上多采用对症治疗。近年来，国内已研制成功治疗 CPV-2 感染的犬细小病毒单克隆抗体，在发病早期胃肠道症状较轻时，免疫治疗效果显著，结合对症治疗措施可大大提高治愈率，目前已广泛应用。

（五）犬传染性肝炎

犬传染性肝炎（Canine infectious hepatitis）是由腺病毒科（DNA 病毒）、哺乳动物腺病毒属的犬腺状病毒 1 型引起的一种急性败血性传染病。主要侵害 1 岁以内的幼犬，也可见于其他犬科动物，常引起犬急性坏死性肝炎，在狐狸表现为脑炎。该病在临诊上常与犬瘟热混合感染，使病情更加复杂严重。传染性犬肝炎与人类的肝炎无关。1947 年，此病由瑞典的 Rubarth 首先出现报告。目前，本病几乎在世界各地都有发生，是一种常见的犬病。1983 年 6 月，解放军兽医大学从病犬的肝组织中分离到一株犬传染性肝炎病毒，从而证实了我国也有本病的存在。

【诊断】根据病犬典型的临诊症状、病理变化以及流行病学资料，可做出初步诊断，确诊还有赖于实验室检验。

病料样品采集：病犬血液、扁桃体、肝脏、脾脏可用作病毒的分离和鉴定。

【防控措施】

（1）预防。平时要搞好犬舍卫生、消毒，自繁自养，严禁与其他犬混养。最好的预防方法是按免疫程序定期注射疫苗。常用的疫苗有犬传染性肝炎弱毒疫苗，此苗在发生疫情时不应使用。

另外还有犬传染性肝炎与犬细小病毒性肠炎二联苗和犬五联苗。

（2）治疗。对急性的病例，无有效疗法。应立即扑杀、淘汰，进行无害化处理。对污染的环境可用3%福尔马林、氢氧化钠溶液、次氯酸钠或0.3%过氧乙酸进行消毒。对不严重的病例：① 为了缓解病情，控制感染可应用犬传染性肝炎高免血清治疗。针对病犬症状采取适当的对症疗法和全身疗法也是非常必要的。为改善全身状况和提高机体抵抗力可输液，给予多种维生素制剂。② 为防止继发感染可用广谱抗生素治疗。③ 对眼疾应避免投予含有肾上腺皮质眼药。④ 病犬在恢复期常出现角膜混浊现象，此现象是病毒于眼前房液中，会引来抗体的作用，形成抗原-抗体复合物，沉积在角膜上而后引起补体反应，造成角膜损伤，乃属于第Ⅲ型过敏反应，外观上角膜呈现混浊的现象，即所谓的"蓝眼症"。混浊会由角膜周围逐渐向中央扩散，此过程使犬只出现疼痛的现象，通常不予以治疗，但必要时可给予含类固醇的眼用药物滴眼以减轻疼痛感。

（六）猫泛白细胞减少症

猫泛白细胞减少症（Feline panleucopenia，FP）又称猫全白细胞减少症、猫瘟热或猫传染性肠炎，是由细小病毒科（DNA病毒）、细小病毒属的猫泛白细胞减少症病毒（FPV）引起猫及猫科动物的一种急性、高度接触性传染病。临诊以突发高热、呕吐、腹泻、脱水及循环血流中白细胞减少为特征。本病遍及全世界所有养猫的地区，是猫科动物的最重要的传染病。

【诊断】临诊上表现严重的胃肠炎症状，顽固性呕吐（用止吐药无效），呕吐物黄绿色，双相体温，白细胞数明显减少，可初步诊断。白细胞减少程度与临诊症状的严重程度有关。确诊则需要进行病毒的分离鉴定或血清学检查。该病毒具有凝集猪红细胞的特性。

【防控措施】主要依靠免疫接种，目前市售有FPV的灭活苗和弱毒苗两种，其中弱毒苗免疫效果较好，但因其对脑部组织发育具有明显影响，故只能用于4周龄以上的猫。FPV疫苗接种后，免疫力持久，甚至获得终生免疫，因此不必加强免疫。怀孕猫不宜进行免疫接种。

平时应搞好猫舍卫生，对于新引进的猫，必须经免疫接种并观察60d后，方可混群饲养。猫泛白细胞减少症的治疗与犬细小病毒性肠炎相似，主要采取支持性疗法，如补液、非肠道途径给予抗生素和止吐药，精心护理并限制饲喂。近些年应用高效价的高免血清进行特异性治疗，同时配合对症治疗可取得较好的治疗效果。

（七）利什曼病

利什曼病（Leishmaniosis）又称利什曼原虫病、黑热病，是杜氏利什曼原虫引起，流行于人、犬以及多种野生动物的重要人畜共患寄生虫病。由吸血昆虫——白蛉传播，以皮肤或内脏器官的严重损害、坏死为特征。

【诊断】根据临诊症状和病理变化可做出初步诊断，确诊需进一步做实验室诊断，病原学检查查虫体或进行免疫学检查。

病料样品采集：淋巴结、骨髓、肝脏、脾脏、病变处皮肤。

【防控措施】防范昆虫媒介传播利什曼病，尤其是在白蛉生长旺盛的季节，用药物扑杀白蛉，可在住屋、畜舍、厕所等白蛉易出现的场所喷洒菊酯类杀虫剂。由于本病为人畜共患，且已经基本消灭，因此一旦发现患利什曼病的动物，除了特别珍贵的犬种进行隔离治疗外，对其他品种动物应予以扑杀，无害化处理。同时使用灭虫药喷洒栏舍，以控制白蛉，消灭传播媒介。

治疗发现病犬，可用锑制剂，如斯锑波芬、葡萄糖酸锑钠和其他芳香双眯类药物治疗。如有发热、呕吐、咳嗽及腹泻等副反应，一般不必治疗即可自行消失。

出现严重皮肤病变的病犬，可在小结节周围用5%阿的平液注射，同时，用青霉素肌内注射。治疗期间可给犬充足的营养，增加维生素以提高疗效。

思考题

1. 炭疽的诊断要点有哪些？为什么炭疽病死亡的尸体不许剖检？
2. 当猪场发生传染性胸膜肺炎时，应采取哪些应急措施？
3. 简述口蹄疫的预防及扑灭措施。
4. 简述高致病性禽流感的预防及扑灭措施。
5. 简述鸡新城疫的预防及扑灭措施。

附录　畜禽参考免疫程序

免疫程序指根据本地区（单位、饲养厂）的疫病流行情况和规律、动物的用途、年龄及母源抗体水平、疫苗的种类及性质等制订的免疫计划。由于各地区（单位、饲养厂）的上述各种情况不同且不时发生变化，因此，各种疫病的防疫不可能有统一的免疫程序，即使是同一地区（单位、饲养厂）也不可能有固定不变的免疫程序。免疫程序的制订和完善需要进行科学的检测（如母源抗体水平）、跟踪和总结，以下免疫程序仅供参考。

一、禽参考免疫程序

（一）鸡免疫程序

1. 父母代肉用种鸡（附表1）

附表1　父母代肉用种鸡免疫程序

日龄	疫苗种类	免疫方法	备注
1	鸡马立克氏病细胞结合活毒疫苗（液氮菌）	颈背部下 1/3 皮下注射	选用 814 株、CVI988/Rispens 株、HVT+CVI988/Rispens 株
	鸡传染性支气管炎活疫苗	点眼、滴鼻	选用 H120、H94、W93 株
3	鸡球虫活疫苗	滴口、饮水或拌料	平养鸡
7	鸡病毒性关节炎疫苗	颈背部下 1/3 皮下注射	选用 SI133 株
	鸡新城疫、传染性支气管炎二联活疫苗	滴鼻、点眼、喷雾	选用 LaSota 株+H120 株
	鸡新城疫、传染性支气管炎、禽流感（H9 亚型）三联灭活疫苗	皮下注射	选用 LaSota 株＋M41 株＋H9 亚型，HL 株或 LaSota 株＋M41 株＋H9 亚型，HN106 株
12	鸡传染性法氏囊病中等毒力活疫苗	滴口或饮水	
	鸡痘活疫苗	翼膜刺种	
14	禽流感（H5 亚型）灭活疫苗	皮下注射	
	鸡传染性法氏囊病中等毒力活疫苗	滴口、饮水	选用 B87 株、BJ836 株、K 株、MB 株
21	鸡新城疫低毒力活疫苗	点眼、滴鼻	选用 LaSota 株、ZM10 株、N79 株或 VG/GA 株

（续表）

日龄	疫苗种类	免疫方法	备注
28	鸡新城疫、传染性支气管炎、禽流感（H9 亚型）三联灭活疫苗	皮下注射	
	鸡毒支原体弱毒疫苗	点眼	选用 TS11、6/85、F36 株，根据情况选用
35	禽流感（H5 亚型）灭活疫苗	皮下注射	
	鸡病毒性关节炎疫苗	皮下注射	
	鸡传染性鼻炎灭活疫苗	大腿肌内注射	
42	鸡传染性喉气管炎活疫苗	点眼或涂肛	
	鸡沙门氏菌疫苗	皮下注射	根据情况选用
56	鸡新城疫、传染性支气管炎二联活疫苗	点眼、滴鼻	
	鸡毒支原体灭活疫苗	皮下或肌内注射	
70	禽传染性脑脊髓炎、禽痘二联活疫苗	翼膜刺种	
	鸡传染性喉气管炎活疫苗	点眼或涂肛	
	鸡新城疫、禽流感（H9 亚型）二联灭活疫苗	皮下注射	
84	禽流感（H5 亚型）灭活疫苗	皮下注射	
98	鸡新城疫、传染性支气管炎二联活疫苗	点眼、滴鼻	
	鸡新城疫、传染性支气管炎、减蛋综合征、禽流感（H9 亚型）四联灭活疫苗	皮下或肌内注射	LaSota 株+M41 株+AV127 株+H9 亚型，HL 株
112	鸡传染性鼻炎灭活疫苗	大腿肌内注射	选用 A+B+C 或 A+C
	鸡沙门氏菌疫苗	皮下注射	
126	鸡肿头综合征灭活疫苗	皮下或肌内注射	根据情况选用
	鸡毒支原体灭活疫苗	皮下或肌内注射	
140	鸡新城疫、传染性支气管炎二联活疫苗	点眼、滴鼻	
	鸡新城疫、传染性支气管炎、鸡传染性法氏囊、病毒性关节炎四联灭活疫苗	皮下或肌内注射	
154	禽流感（H5 亚型）灭活疫苗	皮下注射	
	禽流感（H9 亚型）灭活疫苗	皮下注射	

以后根据抗体滴度，适时加强鸡新城疫、鸡传染性法氏囊、禽流感（H5）亚型、禽流感（H9）亚型的免疫

2. 父母代蛋用种鸡（附表 2）

附表 2　父母代蛋用种鸡免疫程序

日龄	疫苗种类	免疫方法	备　注
1	鸡马立克氏病细胞结合活毒疫苗（液氮苗）	颈背部下 1/3 皮下注射	选用 814 株、CVI988/Rispens 株、HVT+CVI988/Rispens 株
	鸡传染性支气管炎活疫苗	点眼、滴鼻	选用 H120、H94、W93 株
3	鸡毒支原体活疫苗	点眼	F36
7	鸡新城疫、传染性支气管炎二联活疫苗	点眼、滴鼻	选用 LaSota 株+H120 株或 VH 株+H120 株
	鸡新城疫、传染性支气管炎、禽流感（H9 亚型）三联灭活疫苗	颈背部下 1/3 皮下注射	选用 LaSota 株+M41 株+H9 亚型、HL 株或 LaSota 株+M41 株+H9 亚型、HN106 株
12	鸡传染性法氏囊病中等毒力活疫苗	滴口、饮水	
14	鸡传染性法氏囊病中等毒力活疫苗	滴口、饮水	
	禽流感（H5 亚型）灭活疫苗	颈背部下 1/3 皮下注射	选用适合本场的毒株
	鸡毒支原体活疫苗	点眼	选用 F36 株
21	鸡新城疫低毒力活疫苗	滴鼻、点眼、喷雾	选用 LaSota 株、ZM10 株、V4 株、N79 株
28	鸡毒支原体灭活疫苗	皮下注射	
	鸡新城疫、禽流感（H9 亚型）二联灭活疫苗	颈背部下 1/3 皮下注射	选用 LaSota 株+H9 亚型、HL 株
30	鸡痘活疫苗	翼膜刺种	
35	禽流感（H5 亚型）灭活疫苗	颈背部下 1/3 皮下注射	
42	鸡沙门氏菌疫苗	皮下注射	根据情况选用
45	传染性喉气管炎活疫苗	点眼或涂肛	非喉气污染场禁用
	鸡传染性鼻炎灭活疫苗	腿部肌内注射	
56	鸡新城疫、传染性支气管炎二联活疫苗	点眼、滴鼻	选用 LaSota+H120 株
	鸡新城疫、传染性支气管炎、禽流感（H9 亚型）三联灭活疫苗	颈背部下 1/3 皮下注射	
65	鸡毒支原体灭活疫苗	皮下注射	根据情况选用
	禽流感（H5 亚型）灭活疫苗	颈背部下 1/3 皮下注射	
90	传染性喉气管炎活苗	点眼或涂肛	

（续表）

日龄	疫苗种类	免疫方法	备 注
100	鸡传染性鼻炎灭活疫苗	腿部肌内注射	
	鸡毒支原体活疫苗	点眼	
	禽传染性脑脊髓炎、鸡痘二联活疫苗	翼膜刺种	
110	鸡新城疫、传染性支气管炎、减蛋综合征三联灭活疫苗	颈背部下 1/3 皮下注射或胸部肌内注射、大腿内侧皮下注射	选用 LaSota+M41 株+HSH23 株+CAV 或 LaSota 株 + M41 株 + AV127 株
	鸡沙门氏菌疫苗	皮下注射	
	鸡毒支原体灭活疫苗	皮下注射	
120	鸡新城疫低毒力活疫苗	滴鼻、点眼、喷雾	
130	禽流感（H5）亚型灭活疫苗	翅根与脊柱交界皮下注射	
	禽流感（H9 亚型）灭活疫苗	翅根与脊柱交界皮下注射	选用 F 株或 HL 株、HN106 株
140	鸡新城疫、传染性支气管炎、传染性法氏囊三联灭活疫苗	皮下或肌内注射	
根据抗体滴度适时加强免疫	鸡新城疫、传染性支气管炎二联活疫苗	点眼、滴鼻	选用 LaSota 株+H120 株
	禽流感（H5）亚型灭活疫苗	翅根与脊柱交界皮下注射	
	鸡新城疫、传染性支气管炎、禽流感（H9 亚型）三联灭活疫苗	翅根与脊柱交界皮下注射	选用 LaSota 株＋M41 株＋H9 亚型，HL 株或 LaSota 株＋M41 株＋H9 亚型，HN106 株
	鸡传染性法氏囊灭活疫苗	皮下或肌内注射	

注：洛阳普莱柯生物工程有限公司的"优力尤™"种鸡专用系列疫苗，采用优质佐剂、非甲醛灭活，抗原纯化、含量高，免疫副反应小；选用国内流行毒株，更适合国内种鸡场使用。

3. 商品蛋鸡（附表 3）

附表 3 商品蛋鸡免疫程序

日龄	疫苗种类	免疫方法	备注
1	鸡马立克氏病细胞结合活毒疫苗（液氮苗）	颈背部下 1/3 皮下注射	选用 814 株、CVI988/Rispens 株、HVT+CVI988/Rispens 株
	鸡传染性支气管炎活疫苗（H120）	点眼、滴鼻或喷雾	选用 H120、H94、W93 株
5	鸡新城疫、传染性支气管炎二联活疫苗	点眼、滴鼻	选用 LaSota 株+H120 株
	鸡新城疫、传染性支气管炎、禽流感（H9 亚型）三联灭活疫苗	颈背部下 1/3 皮下注射	选用 LaSota 株＋M41 株＋H9 亚型，HL 株或 LaSota 株＋M41 株＋H9 亚型，HN106 株

（续表）

日龄	疫苗种类	免疫方法	备注
8	鸡痘活疫苗	翼膜刺种	夏、秋季育雏，首次免疫
12	鸡传染性法氏囊病中等毒力活疫苗	滴口、饮水	
14	禽流感（H5 亚型）灭活疫苗	颈背部下 1/3 皮下注射	
	鸡传染性法氏囊病中等毒力活疫苗	滴口、饮水	
21	鸡新城疫低毒力活疫苗	滴鼻、点眼、喷雾	选用 ZM10 株、LaSota 株、V4 株、N79 株活疫苗
28	鸡新城疫、传染性支气管炎、禽流感（H9 亚型）三联灭活苗	颈背部下 1/3 皮下注射	选用 LaSota 株+H9 亚型，HL 株
35	鸡新城疫、传染性支气管炎二联活疫苗	滴鼻、点眼	选用 LaSota 株+H52 株
	禽流感（H5 亚型）灭活疫苗	颈背部下 1/3 皮下或胸部肌内注射	
42	鸡痘活疫苗	翼膜刺种	春、冬季育雏，首次免疫
45	鸡传染性喉气管炎活疫苗	点眼或涂胚	非疫区不免
	鸡传染性鼻炎灭活疫苗	大腿内侧皮下注射	非鼻炎污染场不用
50~60	鸡新城疫中等毒力活疫苗	皮下或肌内注射	选用 CS2 株或 Mukteswar 株
	鸡新城疫、禽流感（H9 亚型）二联灭活疫苗	皮下注射	
80~90	鸡传染性喉气管炎活疫苗	点眼或涂肛	非疫区不免
	鸡痘活疫苗	翼膜刺种	夏、秋季接雏鸡的二次加强免疫。北方地区冬季育雏可仅免疫一次
95	禽传染性脑脊髓炎活疫苗或禽传染性脑脊髓炎、禽痘二联活疫苗	滴口、饮水或翼膜刺种	非传染性脑脊髓炎疫区不免
	鸡传染性鼻炎灭活疫苗	大腿内侧皮下注射	非鼻炎污染场不用
105	鸡新城疫中等毒力活疫苗	皮下或肌内注射	
	鸡新城疫、传染性支气管炎、减蛋综合征、禽流感（H9 亚型）四联灭活疫苗	颈背部下 1/3 皮下或胸部肌肉、大腿内侧皮下注射	选用 LaSota 株+M41 株+HSH23 株或 LaSota 株+M41 株+AV127 株或 LaSota 株+M41 株+AV127 株+H9 亚型，HL 株四联灭活疫苗

（续表）

日龄	疫苗种类	免疫方法	备注
以后根据抗体滴度适时加强免疫	鸡新城疫低毒力活疫苗或鸡新城疫、传染性支气管炎二联活疫苗	滴鼻、点眼或气雾	
	禽流感（H5亚型）灭活疫苗	翅根与脊柱交界皮下或胸部肌肉、大腿内侧皮下注射	
	鸡新城疫、传染性支气管炎、禽流感（H9亚型）三联灭活疫苗	翅根与脊柱交界皮下注射	

注：有鸡毒支原体感染的鸡群，禁用喷雾免疫。鸡新城疫低毒力疫苗 ZM10 株、HB1 株、V4 株、VH 株免疫反应较小，可滴鼻、点眼免疫，更适合喷雾免疫。

4. 商品肉鸡（快大肉鸡）（附表4）

附表4　商品肉鸡（快大肉鸡）免疫程序

日龄	疫苗种类	免疫方法	备注
1	鸡新城疫、传染性支气管炎二联活疫苗	点眼、滴鼻	选用 HB1 株+H120 株或 VH 株+H120 株
	鸡新城疫、传染性支气管炎、禽流感（H9亚型）三联灭活疫苗	颈背部下 1/3 皮下注射	选用 LaSota 株+M41 株+H9 亚型，因 HL 株或 LaSota 株+M41 株+H9 亚型，HN106 株
7	鸡新城疫、传染性支气管炎二联活疫苗	点眼、滴鼻	
	禽流感（H5亚型）灭活疫苗	颈背部下 1/3 皮下注射	
9	鸡痘活疫苗	翼膜刺种	夏秋季蚊蝇滋生季节免疫
12	鸡传染性法氏囊病中等毒力活疫苗	滴口、饮水	选用 B87 株、BJ836 株、K 株、MB 株
18	鸡新城疫低毒力活疫苗	滴鼻、点眼、饮水免疫	选用 ZM10 株 LaSota 株、VH 株

（二）鹅免疫程序

1. 蛋鹅免疫程序（附表5）

附表5　蛋鹅免疫程序

日龄	疫苗种类	免疫方法	备注
1	小鹅瘟疫苗	肌内注射	
7	鸡新城疫低毒力活疫苗	滴鼻、点眼	选用 ZM10 株、Clone30 株、LaSota 株、HB1 株
	鸡新城疫、禽流感（H9亚型）二联灭活疫苗	皮下注射	选用 LaSota 株+H9 亚型，HL 株
	鸭瘟疫苗	肌内注射	

（续表）

日龄	疫苗种类	免疫方法	备注
14	禽流感（H5 亚型）灭活疫苗	皮下或肌内注射	
	小鹅瘟疫苗	皮下或肌内注射	
21	鸡新城疫低毒力活疫苗	滴鼻、点眼或喷雾	
28	鸡新城疫、禽流感（H9 亚型）二联灭活疫苗	皮下注射	
35	禽流感（H5 亚型）灭活疫苗	皮下或肌内注射	
	鸡新城疫低毒力活疫苗	滴鼻、点眼或喷雾	
45	小鹅瘟疫苗	肌内注射	
60	禽流感（H9 亚型）灭活疫苗	皮下或肌内注射	F 株、HL 株或 HL106 株
	鸡新城疫中等毒力活疫苗	皮下或肌内注射	选用 CS2 株或 Mukteswar 株
90	鸭巴氏杆菌灭活疫苗	肌内注射	
	鸭瘟活疫苗	肌内注射	
110	鸡新城疫中等毒力活疫苗	皮下或肌内注射	
	鸡新城疫、禽流感（H9 亚型）二联灭活疫苗	皮下注射	
120	小鹅瘟疫苗	肌内注射	
	鸭瘟疫苗	肌内注射	
	禽流感（H5 亚型）灭活疫苗	皮下注射	
以后根据抗体滴度适时加强免疫	小鹅瘟疫苗	肌内注射	
	鸭瘟疫苗	肌内注射	
	禽流感（H5 亚型）灭活疫苗	皮下注射	
	鸡新城疫、禽流感（H9 亚型）二联灭活疫苗	皮下注射	
	鸡新城疫低毒力活疫苗	滴鼻、点眼、喷雾、饮水	可选用 ZM10 株、LaSota 株

2. 商品肉鹅免疫程序（附表6）

附表6　商品肉鹅免疫程序

日龄	疫苗种类	免疫方法	备注
11	小鹅瘟疫苗	皮下注射	
	鸭传染性浆膜炎、大肠杆菌二联灭活疫苗	皮下注射	
7	小鹅瘟疫苗	皮下注射	
	禽流感（H5 亚型）灭活疫苗	皮下注射	
14	鸡新城疫低毒力活疫苗	点眼、滴鼻、饮水	
21	禽流感（H5 亚型）灭活疫苗	皮下注射	
35	鸡新城疫中等毒力活疫苗	肌内注射	
	鸡新城疫灭活疫苗	皮下注射	

注：如果有鹅用副黏病毒疫苗，可替换鸡新城疫疫苗。鹅用 I 型副黏病毒疫苗更适合鹅用。

（三）鸭免疫程序

1. 蛋鸭免疫程序（附表7）

附表7　蛋鸭免疫程序

日龄	疫苗种类	免疫方法	备注
1	鸭肝炎疫苗	皮下或肌内注射	选用 DHV-81 株、F61 株
	鸭传染性浆膜炎、大肠杆菌二联灭活疫苗	皮下注射	
7	鸡新城疫低毒力活疫苗	滴鼻、点眼	选用 ZM10 株、LaSota 株
	鸡新城疫、禽流感（H9 亚型）二联灭活疫苗	颈背部下 1/3 皮下注射	选用 LaSota 株+H9 亚型，HL 株
14	禽流感（H5 亚型）灭活疫苗	皮下或肌内注射	
	鸭瘟疫苗	皮下或肌内注射	
21	鸭肝炎疫苗	皮下或肌内注射	
	鸡新城疫低毒力活疫苗	皮下注射或滴鼻、点眼	
28	鸡新城疫、禽流感（H9 亚型）二联灭活疫苗	颈背部下 1/3 皮下注射	
	鸭瘟疫苗	肌内注射	
35	禽流感（H5 亚型）灭活疫苗	皮下或肌内注射	
	鸡新城疫低毒力活疫苗	滴鼻、点眼	
53	鸡新城疫中等毒力活疫苗	皮下或肌内注射	选用 CS2 株或 Mukteswar 株活疫苗
60	鸭瘟疫苗	肌内注射	
	鸡新城疫、禽流感（H9 亚型）二联灭活疫苗	颈背部下 1/3 皮下注射	
90	鸭大肠杆菌、巴氏杆菌二联灭活疫苗	皮下或肌内注射	
100	鸡新城疫中等毒力活疫苗	皮下或肌内注射	
110	鸭瘟疫苗	肌内注射	
120	禽流感（H5 亚型）灭活疫苗	皮下或肌内注射	
	鸡新城疫、禽流感（H9 亚型）二联灭活疫苗	皮下或肌内注射	
	鸭肝炎疫苗	皮下或肌内注射	种鸭选用
以后根据抗体滴度定期加强免疫	鸭瘟疫苗	皮下或肌内注射	
	鸭肝炎疫苗		
	禽流感（H5 亚型）灭活疫苗		
	鸡新城疫、禽流感（H9 亚型）二联灭活疫苗		
	鸡新城疫低毒力活疫苗或中等毒力活疫苗	滴鼻、点眼、喷雾或肌内注射	选用 LaSota 株、ZM10 株

2. 番鸭免疫程序（附表8）

附表8　番鸭免疫程序

日龄	疫苗种类	免疫方法	备注
1	鸭肝炎疫苗	皮下或肌内注射	
	鸭传染性浆膜炎、大肠杆菌二联灭活疫苗	皮下注射	
	番鸭细小病毒疫苗	皮下注射	
7	鸡新城疫低毒力活疫苗	滴鼻、点眼	选用 LaSota 株、ZM10 株、Clone30 株、HB1 株
	鸡新城疫、禽流感（H9 亚型）二联灭活疫苗	皮下注射	选用 LaSota 株+H9 亚型，HL 栋
14	禽流感（H5 亚型）灭活疫苗	皮下或肌内注射	
	鸭瘟疫苗	皮下或肌内注射	
	番鸭细小病毒疫苗	皮下或肌内注射	
21	鸡新城疫低毒力活疫苗	滴鼻、点眼	
28	鸭瘟疫苗	皮下或肌内注射	
	鸡新城疫、禽流感（H9 亚型）二联灭活疫苗	皮下注射	选用 LaSota 株+H9 亚型，HL 株
35	禽流感（H5 亚型）灭活疫苗	皮下或肌内注射	
50	鸡新城疫中等毒力活疫苗	皮下或肌内注射	选用 CS2 株或 Mukteswar 株
60	鸡新城疫、禽流感（H9 亚型）二联灭活疫苗	皮下或肌内注射	
	鸭瘟疫苗	皮下或肌内注射	
110	鸡新城疫中等毒力活疫苗	皮下或肌内注射	
	鸡新城疫、禽流感（H9 亚型）二联灭活疫苗	皮下注射	
120	番鸭细小病毒疫苗	皮下或肌内注射	种鸭选用
	鸭肝炎疫苗		
	鸭瘟疫苗	皮下或肌内注射	
	禽流感（H5 亚型）灭活疫苗	皮下注射	
以后根据抗体滴度适时加强免疫	番鸭细小病毒疫苗	皮下或肌内注射	种鸭选用
	鸭肝炎疫苗		
	鸭瘟疫苗	皮下或肌内注射	
	禽流感（H5 亚型）灭活疫苗	皮下注射	
	鸡新城疫、禽流感（H9 亚型）二联灭活疫苗		

3. 商品肉鸭免疫程序（附表9）

附表9　商品肉鸭免疫程序

日龄	疫苗种类	免疫方法	备注
1	鸭肝炎疫苗	皮下注射	
	鸭传染性浆膜炎、大肠杆菌二联灭活疫苗	皮下注射	
7	禽流感（H5亚型）灭活疫苗	皮下注射	
	鸭瘟疫苗	皮下或肌内注射	
21	鸭瘟疫苗	皮下或肌内注射	
	禽流感（H5亚型）灭活疫苗	皮下注射	

注：如果有鸭用副黏病毒疫苗，可替换鸡新城疫疫苗。

（四）鹌鹑免疫程序（附表10）

附表10　鹌鹑免疫程序

日龄	疫苗种类	免疫方法	备
1	鸡马立克氏病细胞结合活毒疫苗（液氮苗）	颈背部下1/3皮下注射	选用814株、CVI988/Rispens株、HVT+CVI988/Rispens株
7	鸡新城疫低毒力活疫苗	滴鼻、点眼、喷雾	选用LaSota株、ZM10株、HB1株
	鸡新城疫、禽流感（H9亚型）二联灭活疫苗	颈背部下1/3皮下注射	选用LaSota株+H9亚型，HL株
12	禽流感（H5）亚型灭活疫苗	皮下注射	
19	鸡新城疫低毒力活疫苗	滴鼻、点眼、喷雾	
26	鸡新城疫、禽流感（H9亚型）二联灭活疫苗	颈背部下1/3皮下注射	
35	禽流感（H5）亚型灭活疫苗	皮下注射	
	鸡新城疫低毒力活疫苗	滴鼻、点眼、喷雾	
45	鸡新城疫灭活疫苗	皮下注射	
	鸡新城疫低毒力活疫苗或中等毒力活疫苗	点眼、喷雾或肌内注射	选用LaSota株、ZM10株或CS2株
以后根据抗体滴度适时加强免疫	鸡新城疫低毒力活疫苗	点眼、喷雾	
	禽流感（H5）亚型灭活疫苗	皮下注射	
	鸡新城疫、禽流感（H9亚型）二联灭活疫苗	皮下注射	

（五）鸽免疫程序（附表11）

附表11　鸽免疫程序

日龄	疫苗种类	免疫方法	备注
7	鸡新城疫低毒力活疫苗	滴鼻、点眼、喷雾	选用 ZM10 株、HB1 株、VH 株、V4 株
9	禽痘活疫苗	翼膜刺种	夏秋发病季节首免
21	鸡新城疫灭活疫苗	皮下注射	
	鸡新城疫低毒力活疫苗	滴鼻、点眼、喷雾	
35	禽痘活疫苗	翼膜刺种	
60	鸡新城疫低毒力活疫苗	滴鼻、点眼、喷雾	
90	禽痘活疫苗	翼膜或鼻瘤刺种	
110	鸡新城疫灭活疫苗	皮下或肌内注射	以后根据抗体滴度适时加强免疫
	鸡新城疫低毒力活疫苗	滴鼻、点眼、喷雾	

注：如果有鸽用Ⅰ型副黏病毒疫苗，可替换鸡新城疫疫苗。鸽用Ⅰ型副黏病毒疫苗更适合鸽用。

（六）鸵鸟免疫程序（附表12）

附表12　鸵鸟免疫程序

日龄	疫苗种类	免疫方法	备注
1	鸡马立克氏病细胞结合活毒疫苗（液氮苗）	颈背部下 1/3 皮下注射	选用 814 株、CVI988/Rispens 株、HVT+CVI988/Rispens 株
7	鸡新城疫低毒力活疫苗	滴鼻、点眼、喷雾	选用 LaSota 株、ZM10 株、HB1 株
	鸡新城疫、禽流感（H9 亚型）二联灭活疫苗	颈背部下 1/3 皮下注射	选用 LaSota 株+H9 亚型，HL 株
14	禽流感病毒（H5 亚型）灭活疫苗	皮下注射	
21	鸡新城疫低毒力活疫苗	滴鼻、点眼、喷雾	
28	鸡新城疫、禽流感（H9 亚型）二联灭活疫苗	皮下注射	
35	禽流感（H5 亚型）灭活疫苗	分别皮下或肌内注射	
60	鸡新城疫中等毒力活疫苗	肌内注射	选用 CS2 株或 Mukteswar 株活疫苗
	鸡新城疫、禽流感（H9 亚型）二联灭活疫苗	皮下或肌内注射	
110	鸡新城疫中等毒力活疫苗	肌内注射	
	鸡新城疫灭活疫苗	皮下注射	
120	禽流感病毒（H5 亚型）灭活疫苗	皮下或肌内注射	

（续表）

日龄	疫苗种类	免疫方法	备注
以后根据抗体滴度适时加强免疫	禽流感病毒（H5 亚型）灭活疫苗	皮下或肌内注射	
	鸡新城疫中等毒力活疫苗	肌内注射	
	鸡新城疫、禽流感（H9 亚型）二联灭活疫苗	皮下注射	选用 LaSota 株+H9 亚型，HL 株

（七）观赏鸟免疫程序（附表 13）

附表 13 观赏鸟免疫程序

日龄	疫苗种类	免疫方法	备注
10	鸡新城疫低毒力活疫苗	滴鼻、点眼、喷雾	选用 LaSota 株、ZM10 株、Clone30 株、HB1 株
14	禽流感病毒（H5 亚型）灭活疫苗	皮下或胸部肌内注射	
	禽痘活疫苗	翼膜刺种	夏秋季高发期孵化鸟首免
24	鸡新城疫低毒力活疫苗	滴鼻、点眼、喷雾	
35	禽流感（H5 亚型）灭活疫苗	皮下或肌内注射	
42	禽痘活疫苗	翼膜刺种	
60	鸡新城疫低毒力活疫苗	滴鼻、点眼、喷雾	
90	禽痘活疫苗	翼膜刺种	夏秋季高发期孵化鸟首免。冬春季孵化鸟可免一次，孵化鸟二免
110	鸡新城疫低毒力活疫苗	滴鼻、点眼、喷雾	
120	禽流感病毒（H5 亚型）灭活疫苗	皮下或肌内注射	
以后根据抗体滴度适时加强免疫	禽流感病毒（H5 亚型）灭活疫苗	皮下或肌内注射	

注：（1）散养禽采用"春秋两季普防，月月补防"的方法。

（2）调运家禽免疫：对调出县境的种禽或非屠宰家禽，要在调运前 3 周进行一次禽流感 H5 亚型强化免疫。

（3）紧急免疫：① 发生疫情时，要对受威胁区的所有家禽进行一次相应病种疫苗的强化免疫。② 边境地区受到境外疫情威胁时，要对距边境 30km 的所有家禽进行一次相应病种疫苗的强化免疫。

二、家畜参考免疫程序

（一）猪参考免疫程序

1. 商品猪（附表 14）

附表 14　商品猪免疫程序

日龄	疫苗种类	免疫方法	备注
3	猪伪狂犬病活苗	0.5 头份滴鼻	伪狂犬低母源抗体仔猪使用选用 Bartha-K61 株、HB-98 株
7	支原体肺炎疫苗	肌内注射	免疫前后 15d，禁止使用抗支原体的药物。选用 168 株活疫苗宜采用肺内注射
14	猪圆环病毒 2 型灭活疫苗	肌内注射	选用 SH 株或 LG 株
14	链球菌病疫苗	肌内注射	链球菌感染严重的猪场使用
20	猪瘟疫苗	肌内注射	
20	支原体肺炎疫苗	肌内注射	
28	猪繁殖与呼吸综合征疫苗	肌内注射	猪繁殖与呼吸综合征阳性场使用
28	猪圆环病毒 2 型灭活疫苗	肌内注射	
35	口蹄疫病毒灭活疫苗	肌内注射	选用适合本场的毒株
35	猪伪狂犬活疫苗	肌内注射	
45	链球菌病疫苗	肌内注射	链球菌感染严重的猪场使用
60	猪瘟疫苗	肌内注射	
67	猪繁殖与呼吸综合征疫苗	肌内注射	
67	口蹄疫病毒灭活疫苗	肌内注射	
74	猪伪狂犬活疫苗	肌内注射	
调运前 1 个月	口蹄疫病毒灭活疫苗	肌内注射	
10~11 月	猪胃肠炎、流行性腹泻二联疫苗	后海穴注射	

2. 后备母猪（前期参考商品猪的免疫程序）（附表 15）

附表 15　后备母猪免疫程序

免疫时间	疫苗种类	免疫方法	备注
配种前 60d	猪圆环病毒 2 型灭活疫苗	肌内注射	选用 SH 株或 LG 株
配种前 45d	猪伪狂犬病活疫苗	肌内注射	3 周后加强一次，选用 Bartha-K61 株、HB-98 株

（续表）

免疫时间	疫苗种类	免疫方法	备注
配种前 40d	乙脑疫苗	同时分不同部位肌内注射	3 周后加强一次
	猪细小病毒灭活疫苗		
配种前 35d	口蹄疫病毒灭活疫苗	肌内注射	
配种前 30d	猪链球菌疫苗	肌内注射	链球菌感染严重的猪场使用
	猪圆环病毒 2 型灭活疫苗	肌内注射	
配种前 25d	猪瘟疫苗	肌内注射	
配种前 20d	猪繁殖与呼吸综合征疫苗	肌内注射	
每年 10—11 月	猪胃肠炎、流行性腹泻二联疫苗	后海穴注射	间隔 3 周加强一次

3. 生产母猪（附表 16）

附表 16　生产母猪免疫程序

免疫时间	疫苗种类	免疫方法	备注
产前 30d	猪伪狂犬疫苗	肌内注射	选用 Bartha - K61 株、HB - 98 株
	猪圆环病毒 2 型灭活疫苗	肌内注射	选用 SH 株或 LG 株
每年 3 次	口蹄疫病毒灭活疫苗	肌内注射	
每年 3 次	猪链球菌疫苗	肌内注射	链球菌感染严重的猪场使用
配种前 7d	猪繁殖与呼吸综合征疫苗	肌内注射	
产后 20d	猪圆环病毒 2 型灭活疫苗	肌内注射	
	猪瘟疫苗	肌内注射	
产后 15d	猪细小病毒灭活疫苗	肌内注射	
每年 3—4 月	乙脑灭活疫苗	肌内注射	间隔 2 周加强一次
每年 10—11 月	猪胃肠炎、流行性腹泻二联疫苗	后海穴注射	间隔 3 周加强一次

4. 种公猪（前期参考商品猪的免疫程序）（附表 17）

附表 17　种公猪免疫程序

免疫时间	疫苗种类	免疫方法	备注
每年 3 次	口蹄疫病毒灭活疫苗	肌内注射	
每年 3 次	猪链球菌疫苗	肌内注射	根据当地情况选用相应菌株
每年 2~3 次	猪瘟疫苗	肌内注射	
每年 3~4 次	猪伪狂犬病疫苗	肌内注射	选用 Bartha - K61 株、HB - 98 株
每年 2 次	猪细小病毒灭活疫苗	肌内注射	

（续表）

免疫时间	疫苗种类	免疫方法	备注
每年 3—4 月	乙脑灭活疫苗	肌内注射	间隔 14d 加强一次
每年 3 次	猪繁殖与呼吸综合征疫苗	肌内注射	猪繁殖与呼吸综合征阳性场使用
每年 3 次	猪圆环病毒 2 型灭活疫苗	肌内注射	选用 SH 株或 LG 株

注：（1）受副猪嗜血杆菌威胁或污染猪场，选用相应血清型的疫苗进行免疫。仔猪可于 14 日龄首免，21d 后加强免疫；后备母猪在配种前 56~63d 首免，21d 后加强免疫一次，以后每胎产前 35~28d 免疫一次；公猪一年免疫 2~3 次。

（2）受胸膜肺炎放线杆菌威胁或污染猪场可于 40 日龄免疫胸膜肺炎多价疫苗。

（3）存在衣原体病的猪场，公猪 2 次/年，母猪于配种前 15d、配种后 30d 进行 2 次免疫。

（4）猪萎缩性鼻炎发病严重场，仔猪在 28d 免疫，后备母猪一个月后加强免疫，配种前 45d 进行第三次免疫，妊娠母猪在分娩前 42d 和 14d 各免疫一次，公猪一年免疫 3 次。

（5）选用 168 株支原体活疫苗肺内注射，方法：右侧肩胛骨后缘中轴线向后第 2~3 肋骨间垂直进针。

（二）羊参考免疫程序

1. 羔羊免疫程序（附表 18）

附表 18　羔羊免疫程序

日龄	疫苗品种	使用方法	备注
7	羊传染性脓包皮炎灭活疫苗	口唇黏膜注射	免疫保护期一年
15	山羊传染性胸膜肺炎灭活苗	皮下注射	免疫保护期一年
28	口蹄疫疫苗	肌内注射	基础免疫
35	牛羊伪狂犬疫苗	皮下注射	仅用于疫区及受威胁区。灭活苗 1 年免疫 2 次，弱毒疫苗 1 年免疫 2 次
42	羊链球菌灭活苗	皮下注射	90 日龄以下羔羊第 1 次注射后间隔 2~3 周加强 1 次，以后每 6 个月免疫 1 次
50	小反刍兽疫疫苗	皮下注射	免疫保护期 36 个月
58	山羊痘疫苗	尾根皮内注射	免疫保护期一年
	口蹄疫疫苗	肌内注射	以后每隔 4 个月免疫一次
90	羊梭菌病三联四防灭活苗	皮下或肌内注射	
105	羊梭菌病三联四防灭活苗	皮下或肌内注射	以后每隔 4 个月免疫一次
	Ⅱ号炭疽芽孢菌苗	皮下注射	（近 3 年内曾发病场用）免疫保护期：山羊 6 个月，绵羊 12 个月
150	布鲁氏菌病活苗（S2 株）	肌内注射或口服	疫区或发病场用，免疫保护期 3 年

2. 成年母羊（附表 19）

附表 19　成年母羊免疫程序

免疫时间	疫苗种类	免疫方法	备注
怀孕前或怀孕后 30d	羊衣原体灭活苗	肌内注射	衣原体污染场使用
配种前 14d	口蹄疫疫苗	肌内注射或后海穴注射	免疫保护期 6 个月
	羊梭菌病三联四防灭活苗	皮下或肌内注射	免疫保护期 6 个月
配种前 7d	羊链球菌灭活苗	皮下注射	免疫保护期 6 个月
	Ⅱ号炭疽芽孢菌苗	皮下注射	免疫保护期：山羊 6 个月绵羊 12 个月（近 3 年内曾发病场用）
产后 30d	口蹄疫疫苗	肌内注射或后海穴注射	免疫保护期 6 个月
	羊梭菌病三联四防灭活苗	皮下或肌内注射	免疫保护期 6 个月
	Ⅱ号炭疽芽孢苗	皮下注射	免疫保护期：山羊 6 个月，绵羊 12 个月（近 3 年内曾发病场用）
产后 45d	羊链球菌灭活苗	皮下注射	免疫保护期 6 个月
	山羊传染性胸膜肺炎灭活苗	皮下注射	免疫保护期 1 年
	布鲁氏菌病活苗（S2 株）	肌内注射或口服	免疫保护期 2～3 年（疫区或发病场用）
	山羊痘疫苗	尾根皮内注射	免疫保护期 1 年

注：公羊可参考母羊免疫注射时间进行免疫。

（三）牛参考免疫程序

1. 牛免疫程序（附表 20）

附表 20　牛免疫程序

日龄	疫苗种类	免疫方法	备注
30 日龄后	牛流行热灭活疫苗	颈部皮下注射	每年 4 月底至 5 月初，间隔 21d 免疫 2 次
37	Ⅱ号炭疽芽孢苗或无荚膜炭疽芽孢苗	颈部皮下注射	近 3 年有炭疽发生的地区使用。一年加强一次
44	牛羊伪狂犬疫苗	颈部皮下注射	弱毒疫苗仅用于疫区及受威胁区。牛免疫期 1 年，山羊免疫期 6 个月以上
51	牛出血性败血病疫苗	颈部皮下注射	疫区使用
90	口蹄疫疫苗	颈部皮下注射	
120	口蹄疫疫苗	颈部皮下注射	以后每隔 4 个月免疫一次
130～180	牛传染性鼻气管炎疫苗	颈部皮下注射	

（续表）

日龄	疫苗种类	免疫方法	备注
150~180	牛布鲁氏菌 19 号菌苗	颈部皮下注射	疫区及污染场使用
180~240	牛副流感Ⅲ型疫苗	颈部皮下注射	
180~2 岁	牛病毒性腹泻弱毒疫苗	颈部肌内注射	免疫期 1 年以上。受威胁较大的牛群每隔 3~5 年接种 1 次。育成母牛和种公牛于配种前再接种 1 次，多数可获得终生免疫

2. 空怀及妊娠母牛（附表 21）

附表 21　空怀及任振母牛免疫程序

免疫时间	疫苗种类	免疫方法	备注
配种前 40~60d	Ⅱ号炭疽芽孢苗或无荚膜炭疽芽孢苗	颈部皮下注射	近 3 年曾发生炭疽的地区使用。一年加强一次
	牛传染性鼻气管炎疫苗	颈部皮下注射	
	牛病毒性腹泻弱毒疫苗	颈部肌内注射	
分娩后 30d	牛传染性鼻气管炎疫苗	颈部皮下注射	
	牛病毒性腹泻弱毒疫苗	颈部肌内注射	
	口蹄疫疫苗	颈部肌内注射	
配种前	牛黏膜病弱毒疫苗	颈部肌内注射	

（四）马属动物免疫程序（附表 22）

附表 22　马属动物免疫程序

免疫时间	疫苗种类	免疫方法	备注
1 月龄以后	马流产沙门氏菌弱毒疫苗	皮下注射	30 日龄首免，离乳后二免
	流行性淋巴管炎 T21-71 弱毒疫苗	皮下注射	疫区使用。免疫保护期 3 年
	无荚膜炭疽芽孢苗	皮下注射	近 3 年有炭疽发生的地区使用。一年加强一次
	马流行性感冒疫苗	颈部肌内注射	首免 28d 后进行第 2 次免疫。以后每年注射 1 次
	破伤风类毒素	皮下注射	间隔 6 个月加强一次。发生创伤或手术有感染危险时，可临时再注射一次
	马病毒性动脉炎弱毒疫苗	肌内注射	我国尚无该病发生。美国推广使用 HK-131、RK-111/Bucyrus 弱毒苗

（续表）

免疫时间	疫苗种类	免疫方法	备注
幼马驹在 3 月龄和 6 月龄各接种 1 次	马传染性鼻肺炎弱毒活疫苗	皮下注射	母马在妊娠 2~3 个月和 6~7 个月各免疫 1 次。欧美一些国家列为常规免疫
离乳前幼驹	马腺疫灭活疫苗	皮下注射	间隔 7d 加强一次，免疫期 6 个月
断奶以后、蚊虫亡出现前 3 个月	马传贫驴白细胞弱毒疫苗	皮内或皮下注射	疫区使用。以后每年加强一次
每年 4 月底~5 月初	乙脑疫苗	皮下注射	1 年免疫 1 次

三、其他动物参考免疫程序

（一）兔免疫程序（附表 23）

附表 23 兔参考免疫程序

日龄	疫苗种类	免疫方法
30~35	多杀性巴氏杆菌病灭活苗	皮下注射
40~45	兔病毒性出血症灭活疫苗	皮下注射
60~65	兔病毒性出血症、多杀性巴氏杆菌病二联灭活苗	皮下注射
70	产气荚膜梭菌病（魏氏梭菌病）灭活苗	皮下注射

注：（1）以后每隔 6 个月加强免疫兔病毒性出血症、多杀性巴氏杆菌病二联灭活疫苗和产气荚膜梭菌病（魏氏梭菌病）灭活疫苗。

（2）魏氏梭菌病的免疫预防时间可根据兔场发病情况适当调整。

（二）犬、猫免疫程序

1. 犬免疫程序

首免：仔犬出生 5~6 周，皮下注射六联苗或七联苗。

二免：首免 2 周后，接种六联苗或七联苗。

三免：二免 2 周后，接种六联苗或七联苗。

为了保证狂犬病免疫效果，狂犬病疫苗一年免疫一次。

成年后（1 岁以上）：每年两次（春、秋）注射六联或七联苗。

说明：① 六联苗包含：犬瘟热、细小病毒、传染性肝炎、副流感、传染性支气管炎、狂犬病；② 七联苗包含：犬瘟热、细小病毒、传染性肝炎、副流感、传染性支气管炎、狂犬病、钩端螺旋体。

2. 猫免疫程序（附表 24）

附表 24　猫免疫程序

日龄	疫苗种类	免疫方法	备注
21 日龄以上	猫杯状病毒弱毒疫苗	皮下注射	每年接种 1 次
30 日龄以上	狂犬病疫苗	皮下注射	以后每年免疫 1 次
56~70	猫泛白细胞减少症灭活疫苗	皮下注射	
63~64	猫病毒性鼻气管炎弱毒疫苗	皮内注射	以后每 6 个月免疫 1 次
70~84	猫泛白细胞减少症灭活疫苗	皮下注射	以后每年免疫 2 次

（三）鹿免疫程序（附表 25）

附表 25　鹿免疫程序

免疫时间	疫苗种类	免疫方法	备注
3~5 日龄	卡介苗	皮内注射	以后每年接种 1 次
每年 4 月底至 5 月初	鹿流行性出血热疫苗	皮下注射	每年接种 1 次。主要用于白尾鹿
每年 4 月底至 5 月初	乙脑疫苗	皮下注射	每年接种 1 次
30 日龄以上	鹿黏膜病弱毒疫苗	皮下注射	每年免疫 1 次
30 日龄以上	无荚膜炭疽芽孢苗	皮下注射	近 3 年有炭疽发生的地区使用。以后每年加强 1 次
每年 4 月	羊梭菌病三联四防灭活疫苗	皮下注射	每年免疫 1 次
30 日龄以上	破伤风类毒素	皮下注射	第二年加强 1 次，免疫期可达 4 年。发生创伤或手术有感染危险时，可临时再注射 1 次
30 日龄以上	巴氏杆菌疫苗	皮下注射	每 6 个月免疫 1 次
28~35 日龄	口蹄疫疫苗	肌内注射或后海穴注射	基础免疫
58~65 日龄	口蹄疫疫苗	肌内注射或后海穴注射	加强免疫，免疫保护期半年。以后每隔 6 个月免疫 1 次
繁育母鹿配种前 2 周	口蹄疫疫苗	肌内注射	免疫保护期 6 个月
繁育母鹿产后 1 个月	口蹄疫疫苗	肌内注射	免疫保护期 6 个月

参考文献

崔治中，金宁一，2013. 动物疫病诊断与防控彩色图谱［M］. 北京：中国农业出版社.

高作信，2010. 兽医学.［M］. 3 版. 北京：中国农业出版社.

乐汉桥，李振强，朱信德，等，2011. 动物疫病诊断与防控实用技术［M］. 北京：中国农业科学技术出版社.

雷运清，肖秀川，2013. 重大动物疫病防控技术手册［M］. 北京：中国农业出版社.

农办牧〔2021〕3 号，2021-01-15〔2021-08-24〕. 农业农村部办公厅关于印发《牲畜耳标技术规范（修订稿）》《牲畜电子耳标技术规范》的通知［EB/OL］. http：//www. moa. gov. cn/govpublic/xmsyj/202101/t20210115_6360020. htm.

农业部人事劳动司，农业职业技能培训教材编审委员会，2014. 动物疫病防疫员［M］. 北京：中国农业出版社.

农医发〔2017〕25 号，2017-07-31〔2019-05-24〕. 病死及病害动物无害化处理技术规范［EB/OL］. http：//www. cadc. net. cn/sites/MainSite/zcfg/201801/t20180112_94359.html.

推荐性国家标准. 国家标准全文公开系统［EB/OL］. http：//www. gb688. cn/bzgk/gb/std_list_type？r=0.3251830383650711&page=212&pageSize=10&p.p1=2&p.p5=PUBLISHED&p.p6=65&p.p7=6&p.p90=circulation_date&p.p91=desc.

闫若潜，孙清莲，李桂喜，等，2014. 动物疫病防控工作指南［M］. 3 版. 北京：中国农业出版社.

张其艳，车有权，2012. 动物疫病综合防制技术［M］. 北京：中国农业科学技术出版社.

中华人民共和国国务院令第 450 号，2005-11-16〔2019-05-24〕. 重大疫情应急条例［EB/OL］. https：//baike. so. com/doc/2025879-2143722. html.

中华人民共和国农业部令 2010 年第 6 号，2010-02-01〔2019-05-20〕. 动物检疫管理办法［EB/OL］. http：//www. cadc. net. cn/sites/MainSite/zcfg/201712/t20171204_91640. html.

中华人民共和国农业部令第 67 号，2006-06-29〔2021-08-24〕. 畜禽标识和养殖档案管理办法［EB/OL］. http：//www. gov. cn/flfg/2006-06/29/content_322763. htm.

中华人民共和国农业农村部, 2021-04-25〔2021-08-24〕. 中华人民共和国动物防疫法〔EB/OL〕. http://www.cadc.net.cn/sites/MainSite/zcfg/202104/t20210430_111405.html.

附 图

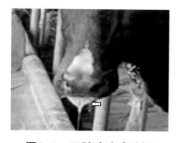

图8-1 口蹄疫病牛流涎

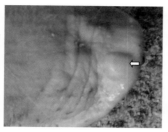

图8-2 口蹄疫病猪嘴唇及鼻镜出现水疱

图8-3 非洲猪瘟病猪体表出血斑

图8-4 非洲猪瘟病猪脾脏出血肿大

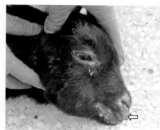

图8-5 小反刍兽疫病羊口腔糜烂

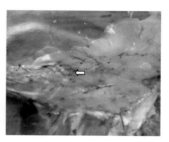

图8-6 高致病禽流感病鸡肌肉出血

图8-7 高致病性蓝耳病母猪流产

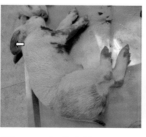

图8-8 高致病性蓝耳病猪耳朵发绀

图8-9 伪狂犬病怀孕母猪流产、死胎

图8-10 伪狂犬病仔猪神经症状

图8-11 伪狂犬病初生仔猪
肝脏坏死

图8-12 伪狂犬病初生仔猪
脾脏坏死

图8-13 猪细小病毒感染母
猪产黑色木乃伊胎

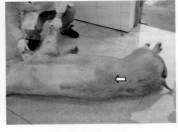

图8-14 败血型猪丹毒体表发紫

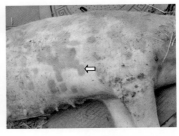

图8-15 亚急性猪丹毒体表疹块

图8-16 猪丹毒"大红肾"
肾脏肿大变圆柱形

图8-17 猪巴氏杆菌病口鼻
流出泡沫

图8-18 猪巴氏杆菌病气管
充满白色泡沫

图8-19 猪链球菌脑炎
（神经症状）

图8-20 猪链球菌病关节肿大

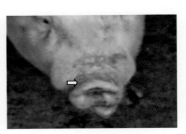

图8-21 猪萎缩性鼻炎鼻筒
变短、歪曲

图8-22　猪萎缩性鼻炎鼻甲骨
变形

图8-23　喘气病生猪消瘦、腹
式呼吸

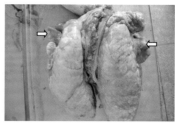

图8-24　喘气病猪肺对称性实变

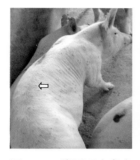

图8-25　猪圆环病毒病
皮炎（皮肤上有丘疹）

图8-26　猪圆环病毒病白斑肾
（肾脏布满白色斑点）

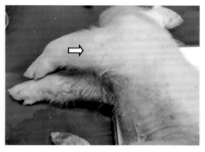

图8-27　副猪嗜血杆菌病猪
（皮毛粗乱、关节肿大）

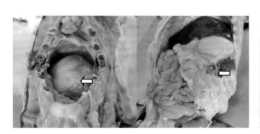

图8-28　副猪嗜血杆菌病猪胸腹腔浆膜渗出

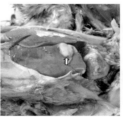

图8-29　鸡马立克氏
病肝脏白色肿瘤

图8-30　马立克氏病鸡脾脏肿
瘤（布满白色点状肿瘤组织）

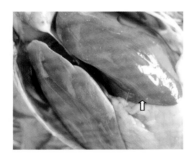

图8-31　禽霍乱肝脏白色坏死点

图8-32　禽毒支原体感染流泪
（眼睑内充满液体）

图8-33　禽毒支原体感染鼻腔
充满黏液

图8-34　仔猪黄痢
（黄色糊状粪便）

图8-35　仔猪白痢
（白色糊状粪便）

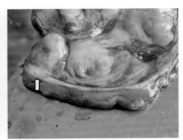

图8-36　仔猪水肿病胃壁
水肿增厚

图8-37　仔猪眼睑水肿

图8-38　鸡大肠杆菌心包炎、
肝周炎（肝脏、心脏上布满黄色
纤维素性物质）

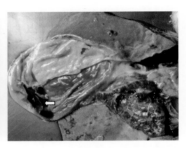

图8-39　牛胆囊中的肝片吸虫

图8-40　痢疾病猪带血粪便
（淡红色稀粪）

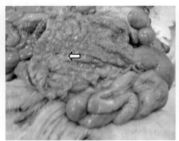

图8-41　仔猪慢性纤维素性
坏死性肠炎(肠壁布满黄色
糠麸样物质)

图8-42　鸡传染性鼻炎面部肿大